液压系统建模与仿真分析

宋锦春　王长周　蔡　衍　编著

东北大学出版社

·沈阳·

© 宋锦春　王长周　蔡　衍　2021

图书在版编目（CIP）数据

液压系统建模与仿真分析 / 宋锦春，王长周，蔡衍
编著. — 沈阳：东北大学出版社，2021.6
ISBN 978-7-5517-2683-2

I. ①液… Ⅱ. ①宋… ②王… ③蔡… Ⅲ. ①液压系
统—系统建模 ②液压系统—系统仿真 Ⅳ. ①TH137

中国版本图书馆 CIP 数据核字（2021）第 ……… 号

ISBN 978-7-5517-2683-2

定价 45.00 元

图书在版编目（CIP）数据

液压系统建模与仿真分析 / 宋锦春，王长周，蔡衍
编著. — 沈阳：东北大学出版社，2021.6
ISBN 978-7-5517-2683-2

Ⅰ.①液… Ⅱ.①宋… ②王… ③蔡… Ⅲ.①液压系
统－系统建模②液压系统－系统仿真 Ⅳ.①TH137

中国版本图书馆 CIP 数据核字（2021）第 104805 号

内容简介

本书为普通高等教育机械类专业教材，全书共 8 章：第 1 章介绍液压系统建模的概况、液压系统设计过程、建模主要考虑的因素、数学建模的由来及建模分类、液压系统的动态定律和液压技术在各个领域的应用等；第 2 章介绍液压系统建模的过程和液压基本元件建模方法；第 3 章介绍液压介质的主要物理性质及其对液压建模的影响；第 4 章介绍液压系统数学模型的建立方法；第 5 章介绍系统参数的测定和辨识方法，包括物理测定、参数辨识、系统辨识等；第 6 章介绍液压系统方程的数值求解方法；第 7 章介绍液压系统动态和稳态特性分析方法，包括时域、频域特性和典型系统特性分析；第 8 章介绍几种典型液压系统的建模与仿真案例。

本书既可以作为普通高等院校机械类专业液压系统建模与仿真课程教材，也可供相关工程技术人员参考。

出 版 者：东北大学出版社
　　　　　地址：沈阳市和平区文化路三号巷 11 号
　　　　　邮编：110819
　　　　　电话：024－83683655（总编室）　83687331（营销部）
　　　　　传真：024－83687332（总编室）　83680180（营销部）
　　　　　网址：http://www.neupress.com
　　　　　E-mail: neuph@ neupress.com
印 刷 者：辽宁一诺广告印务有限公司
发 行 者：东北大学出版社
幅面尺寸：183 mm×256 mm
印　　张：14
字　　数：315 千字
出版时间：2021 年 6 月第 1 版
印刷时间：2021 年 6 月第 1 次印刷
策划编辑：向　阳　　　　　　　　　　　　　　责任编辑：张　媛
责任校对：孙　锋　　　　　　　　　　　　　　封面设计：潘正一

ISBN 978-7-5517-2683-2　　　　　　　　　　　定　价：45.00 元

前　言

　　本书为普通高等教育机械类专业教材。本书基于理论联系实际的指导思想编写而成，注重基本概念的建立和应用，介绍了目前本领域的新技术和新方法，读者可以通过本书了解液压系统建模与仿真技术的主要方法和发展趋势。

　　本书由东北大学宋锦春、王长周、蔡衍编著。具体撰写分工为宋锦春，第 1 章、第 8 章；王长周，第 2 章、第 3 章、第 4 章；蔡衍，第 5 章、第 6 章、第 7 章。

　　限于编者水平，书中难免存在疏漏和不足之处，诚望广大读者不吝指正。

编　者

2020 年 12 月

目 录

第1章 绪 论 ………………………………………………………… 1

1.1 液压系统建模概况 ……………………………………………… 1

   1.1.1 模型的定义 ……………………………………………… 1

   1.1.2 数学模型的分类 ………………………………………… 2

   1.1.3 液压系统的静态特性与动态特性 ……………………… 3

   1.1.4 液压系统动态建模的描述 ……………………………… 4

1.2 液压系统设计过程 ……………………………………………… 5

1.3 液压系统建模主要考虑的因素 ………………………………… 11

1.4 数学模型的由来及建模分类 …………………………………… 12

   1.4.1 建模要求 ………………………………………………… 13

   1.4.2 静态模型和动态模型 …………………………………… 13

   1.4.3 分布参数模型和集中参数模型 ………………………… 13

   1.4.4 随机性模型和确定性模型 ……………………………… 13

   1.4.5 参数模型与非参数模型 ………………………………… 14

   1.4.6 线性模型和非线性模型 ………………………………… 14

   1.4.7 液压系统建模解决的问题 ……………………………… 14

1.5 液压系统的动态定律 …………………………………………… 15

   1.5.1 研究液压系统动态特性的意义 ………………………… 15

   1.5.2 液压系统动态特性产生的原因 ………………………… 15

   1.5.3 研究液压系统动态特性分析需关注的内容 …………… 16

   1.5.4 研究液压系统动态特性的主要方法 …………………… 17

   1.5.5 液压系统动态分析的一般流程 ………………………… 18

1.6 液压技术在各个领域中的应用 ………………………………… 18

   1.6.1 液压技术在工业领域中的应用 ………………………… 18

   1.6.2 液压技术在能源领域中的应用 ………………………… 19

   1.6.3 液压技术在军事领域中的应用 ………………………… 20

   1.6.4 液压技术在工程机械领域中的应用 ················· 21

 1.7 仿真 ·· 22

   1.7.1 国内外液压系统仿真技术发展概况 ················· 22

   1.7.2 液压系统常用仿真软件与应用 ····················· 23

   1.7.3 现代液压系统仿真技术特点 ······················· 24

   1.7.4 液压系统仿真技术的发展趋势 ····················· 24

 1.8 建模方法 ·· 25

   1.8.1 数学建模方法 ······································ 25

   1.8.2 常见液压系统建模方法 ···························· 26

第2章 基本液压元件建模 ······························· 31

 2.1 液压系统的建模过程 ·· 31

   2.1.1 划分子系统 ·· 31

   2.1.2 建立基本模型 ······································ 31

   2.1.3 集总模型 ·· 32

   2.1.4 建模假设 ·· 32

 2.2 基本液压元件建模 ·· 33

   2.2.1 基本容性元件建模 ································· 33

   2.2.2 基本阻性元件建模 ································· 38

   2.2.3 基本感性元件建模 ································· 38

 2.3 金属外壁的模型 ·· 40

   2.3.1 液压系统发热及传热分析 ·························· 40

   2.3.2 金属外壁传热模型 ································· 44

   2.3.3 基本液压元件模型的连接规则 ····················· 47

 2.4 典型液压元件建模 ·· 53

   2.4.1 液压缸模型 ·· 53

   2.4.2 节流阀模型 ·· 55

   2.4.3 管路模型 ·· 55

第3章 液压介质的主要属性 ···························· 59

 3.1 密度、比容和相对密度 ······································ 59

   3.1.1 密度 ·· 59

   3.1.2 比容 ·· 59

   3.1.3 流体的相对密度 ··································· 60

 3.2 压缩性和温度膨胀性 ·· 61

3.2.1 压缩性 ·· 61

3.2.2 温度膨胀性 ···································· 61

3.3 黏性与黏度 ·· 62

3.3.1 黏性的物理本质 ······························ 62

3.3.2 流体内摩擦定理 ······························ 62

3.3.3 黏度 ··· 63

3.3.4 黏度的影响因素 ······························ 64

3.4 比热容、导热系数与散热系数 ···················· 65

3.4.1 热量和热功当量 ······························ 65

3.4.2 比热容 ·· 65

3.4.3 导热系数 ······································· 66

3.4.4 散热系数 ······································· 67

第4章 液压系统数学建模 ································· 68

4.1 液压系统数学模型的建立 ·························· 68

4.1.1 系统模型微分方程的建立 ················· 68

4.1.2 微分方程的简化 ······························ 72

4.2 数值积分方法 ··· 75

4.3 初值对系统的影响 ··································· 78

4.4 代数方程的排序与代数环 ·························· 80

第5章 系统参数的测定与辨识 ·························· 83

5.1 系统、模型与参数 ··································· 83

5.1.1 系统 ··· 83

5.1.2 模型 ··· 84

5.1.3 参数 ··· 87

5.2 物理测定 ·· 88

5.3 参数辨识 ·· 89

5.3.1 黏性阻尼系数测定方法 ····················· 89

5.3.2 液压油体积弹性模量测定方法 ············· 92

5.3.3 泄漏系数 ······································· 93

5.4 系统辨识 ·· 94

5.4.1 非参数模型辨识 ······························ 94

5.4.2 参数模型辨识 ································· 112

第6章　数值求解方法 ……………………………………………………… 120

6.1　基础概念、预备知识以及基本定理 ……………………………… 120

6.1.1　构造差分方法的基本思想 …………………………… 120

6.1.2　欧拉法 …………………………………………………… 121

6.1.3　李普希兹条件 ………………………………………… 123

6.1.4　差分公式的误差分析 ………………………………… 123

6.1.5　差分方法的收敛性和稳定性 ………………………… 124

6.1.6　差分方法的分类 ……………………………………… 127

6.2　数值求解微分方程的方法 …………………………………… 129

6.2.1　改进的欧拉法 ………………………………………… 129

6.2.2　龙格-库塔法 …………………………………………… 130

6.2.3　ADAMS 显式多步法 …………………………………… 132

6.2.4　向后差分法 …………………………………………… 135

6.3　特殊的常微分方程初值问题 ………………………………… 137

6.3.1　常微分方程组与高阶方程 …………………………… 137

6.3.2　刚性微分方程 ………………………………………… 138

6.4　数值求解软件在常微分方程计算中的应用 ………………… 141

6.4.1　MATLAB 提供的定步长求解器 ……………………… 142

6.4.2　MATLAB 提供的变步长求解器 ……………………… 143

6.4.3　求解器的选择 ………………………………………… 145

第7章　系统动态特性和静态特性分析 ……………………………… 146

7.1　动态过程和稳态过程 ………………………………………… 146

7.2　时域响应分析 ………………………………………………… 147

7.2.1　系统时域响应的性能指标 …………………………… 147

7.2.2　一阶系统的时域分析 ………………………………… 149

7.2.3　二阶系统的时域分析 ………………………………… 150

7.2.4　高阶系统的时域分析 ………………………………… 157

7.2.5　线性系统的稳定性分析 ……………………………… 160

7.3　频域响应分析 ………………………………………………… 164

7.3.1　系统频率特性 ………………………………………… 164

7.3.2　典型液压系统的频域分析 …………………………… 165

第 8 章　液压系统仿真建模实例 ……………………………………… 190

8.1　精密液压播种机 …………………………………………………… 190

　　8.1.1　系统工作原理及建模过程 …………………………………… 190

　　8.1.2　液压伺服系统模型的建立 …………………………………… 190

　　8.1.3　液压系统的 MATLAB/Simulink 仿真 ……………………… 193

8.2　风力发电机变桨距液压系统的键合图法建模 …………………… 195

　　8.2.1　风力发电机变桨距液压系统原理图 ………………………… 195

　　8.2.2　液压缸输出力与阻力矩的关系 ……………………………… 197

　　8.2.3　液压系统的数学建模 ………………………………………… 197

8.3　预制地下综合管廊的多缸同步控制仿真 ………………………… 200

　　8.3.1　地下综合管廊模板同步设计简介 …………………………… 200

　　8.3.2　数学模型的建立 ……………………………………………… 201

8.4　三缸、四缸同步顶升系统控制策略 ……………………………… 203

参考文献 ……………………………………………………………… 210

第1章　绪　论

1.1　液压系统建模概况

1.1.1　模型的定义

为了研究系统的某些特定的运动规律，人们构造了一个实物，即物理模型，用一个数学表达形式来描述一个系统，即数学模型。

（1）物理模型

将研究对象实际的物理过程抽象化，使其成为一个与实际系统具有相同、相似工况或相同、相似工作规律的物理系统，即物理模型。物理模型的主要作用是便于进行模拟研究，其主要特征应类似该实际系统，但是比较理想化和简单化，这样便于做理论研究和实验研究，例如用电路来模拟液压系统或机械系统等。

在物理模型的构成中，既常用又有效的近似方法有以下几种：

① 略去作用小的因素；

② 假设物理变量之间有线性关系；

③ 假设参量不随时间而变化；

④ 用集中参量（lumped parameter）代替分布参量（distributed parameter）；

⑤ 假设系统除边界条件外不受环境影响；

⑥ 略去不确定因素如噪声等。

在物理模型确定后，应把这个想象中的系统用草图表示出来，所有的近似化假设均准确地用文字写明，模型边界条件也应测试出来，以确保这些条件代表实际系统与外部环境之间的相互作用。

由于实际的物理系统或元件，从来不是纯粹理想化的东西，因此，物理模型只反映了其中某个起决定性作用的物理量性质。例如实际的液流管道，包括液容和液感（以储存能量），还有液阻（使能量散失），在静态或低频状态下，管道的主要特征是液阻；至于长管道在高频状态下工作，则可足够准确地由液感来模拟。

（2）数学模型

数学模型是一个或一组用来描述系统的信息或能量传递规律的数学方程式。数学模型与实际系统之间虽然有区别，但它能用最简洁的方式来描述或表达实际系统的本质和基本规律。数学模型是根据力学、热力学等物理原理和工程原理的基本定律，将物理模型系统中人们感兴趣的变量之间的关系用数学形式定量地表示出来，并将输出变量、输入变量和系统内部参变量有机地联系在一起，便于人们对系统进行分析和研究。

与物理模型相比，数学模型具有以下主要优点：

① 抽象性。数学模型忽略系统的具体物理特征，突出主要参数和变量间的本质联系，定量地描述系统中元件之间和系统与外界之间的关系和相互作用，精确性高。

② 解析性。数学模型可借助数学规则进行求解，进而对系统进行响应分析、预测、优化和改进，可以获得难以直观得到的认识或数据。

③ 方便性。数学模型可根据实际系统或不同的工况，很方便地进行修改或完善，也便于保存或交流。

④ 经济性。用数学模型对系统进行研究是最经济的方法，而且系统越复杂，这一特点越明显。特别是随着计算机的使用和普及，用数学模型来分析液压系统的响应和动态特性已成为方便、快捷和有效的手段。

1.1.2 数学模型的分类

数学模型的具体表达可以是多种形式，如常微分方程、偏微分方程、差分方程、状态方程和代数方程等，也可用图形或数表的形式来表示。随着计算机技术的应用与普及，数学模型的优点和重要性更为突出，不论是工程系统还是软科学系统，均可以用数学模型表示出来，并用计算机或其他手段求出其数值解、理论解、图形解。工程上常用的数学模型大致可分为以下几种类型。

（1）静态模型与动态模型

静态模型一般用来描述系统的输入变量、输出变量和内部参变量之间的静态关系即稳定状态下的关系，不考虑各参变量随时间变化的情况，因此静态模型的形式多为代数方程或方程组。而动态模型用来分析和研究系统的动态特性，即研究系统中各参变量随时间变化的规律或输出变量对输入变量的跟随情况，动态模型的形式是微分方程组、偏微分方程组或差分方程组。

（2）连续时间模型和离散时间模型

按照时间变量取值形式的不同，系统动态数学模型又可分为连续时间模型和离散时间模型。根据时间连续变化的系统所建立的模型就是连续时间模型；根据时间间断取值的系统所建立的模型即为离散时间模型。

（3）定常参数模型和非定常参数模型

描述输入输出特性不因独立时间变量的平移而变动而变化的这类系统的数学模型，称为定常参数模型；相反为非定常参数模型。

（4）集中参数模型和分布参数模型

系统的变量随着所处空间不同的变化，相对于时间推移的变化而言可以忽略，允许近似地作为集中在空间一点或有限点来处理，这样建立的模型称为集中参数模型；需要考虑参数在空间各点的差异所建立的模型，称为分布参数模型。集中参数模型可用常微分方程表示，分布参数模型则需用偏微分方程表示。

除此以外，数学模型还可用图形或算图、数表来表示。图形和算图的运用在工程中领域很流行，因为它向分析者提供物理现象的定性分析，从而省去其费时的求解过程，然而图形只容许改变为数不多的变量，因而受到限制。数学模型中的数表，在计算机上经常使用。

对于液压系统或机、液系统的研究，常用的数学模型是连续的定常集中参数模型。常用的数学模型形式有微分方程形式、传递函数形式、方块图与信号流图形式以及状态变量数学模型形式等。常用的建模方法有解析法、传递函数法、状态空间法和功率键合图法等。

1.1.3 液压系统的静态特性与动态特性

机械装备上应用的液压系统主要分为两类：一类是以传递功率为主的液压传动系统，其主要作用是驱动执行机构做功；另一类是以传递信息为主的液压控制系统，要求其具有良好的响应特性、控制精度和控制稳定性。因为这两类液压系统的作用不同，所以对性能的要求也有所不同，无论哪种系统都存在静态特性和动态特性两方面要求。

（1）液压系统的静态特性

液压系统静态特性是指系统由动态过程进入静态过程后的输出状态。当液压系统处于规定的静态条件时，给系统输入不同的标准量，测量与之相应的系统实际输出量，所得到的输出量与输入量之间的关系就是静态特性。例如，泵或阀的流量、执行机构的速度、元件的效率、系统的稳定性等。

求解静态特性一般需要建立系统的静态模型，静态模型通常是一组代数方程，然后利用计算机进行数值求解，静态计算除了用于系统静态特性设计外，所求解的静态值又是系统动态特性分析的起点。

（2）液压系统的动态特性

当液压系统受到外部扰动的影响或液压系统的参考输入量发生变化时，被控参量就会随之发生变化，经过一段时间后，被控参量恢复到原来的平衡状态或到达一个新的给定状态时，通常称这一过程为动态过渡过程。液压系统动态特性就是指在这一动态过渡过程中所表现出来的特性，或是指控制系统在接收输入信号以后，从初始状态到最终状态的相应过程，即动态响应。

引起动态过渡过程的原因主要有两个：一个是由传动与控制系统的过程变化引起的；另一个是由外界干扰引起的。在这一动态过渡过程中，系统中各参变量都在随时间变化而变化，这种变化过程性能的好坏决定系统动态特性的优劣。对于液压系统来说，其动态特性主要是指高压系统管道和高压系统容腔的压力瞬态峰值与波动情况、负载或控制机构(控制阀和变量泵的变量机构)的相应反应速度。求解动态特性需要建立动态模型，动态模型通常是一组以时间为独立变量的微分方程。

液压系统动态特性需研究的问题主要有两个方面：一方面是稳定性问题，即高压系统(管道和容腔)中压力瞬间峰值与波动情况，主要分析液压系统是否会因为压力峰值过高而产生压力冲击，或分析系统经过动态过渡过程后，能否很快达到新的平衡状态或形成较持续的动荡；另一方面是动态过渡过程的品质问题，即执行机构和控制机构(如负载和液压元件)的响应品质和响应速度，主要研究系统达到新的稳定状态经历的过渡时间、达到压力峰值的时间以及速度、位移等参数随时间的变化等。

液压系统不仅应该具有良好的静态特性，而且应该具有良好的动态特性。传统的液压系统设计方法通常是以完成设备工作循环和满足系统静态特性为目的，这显然已经不能适应现代产品的设计和性能要求，需要充分考虑系统的动态特性优劣。随着计算机技术的高速发展，计算机仿真技术已经成为液压系统动态特性分析最实用、最有效的方法与手段，具有周期短、成本低、结果准确可靠等优点。

1.1.4 液压系统动态建模的描述

研究一个动态系统的输入变量和输出变量之间的动态关系，过去常用微分方程或传递函数等数学模型来描述。在这些数学模型中，只注重描述系统输入变量和输出变量的因果关系，即输出变量随输入变量的变化而动态变化，而在建模过程中忽略了各种中间变量，所以这种对系统的描述方式称为系统的外部描述。系统的外部描述虽然表达了系统输入变量与输出变量之间的函数关系，但是它只适用于单输入和单输出的系统，而且无法考察系统内部参数变化情况，故使用起来有一定的局限性。

随着液压技术不断发展和人们对液压系统性能的要求不断提高，了解液压系统工作过程中的动态性能和内部各参变量随时间的变化规律，已成为液压系统设计和研究人员的重要任务。在液压系统工作过程中，主要液压元件的动态响应、系统各部分压力变化执行元件的位移和速度等都是人们非常关心的，因此，引入了状态空间建模方法。用一组状态变量表示上述各项系统内部状态参数，并建立输入变量、输出变量与系统内部各参变量之间的联系。这样不仅可以使人们了解系统输入、输出之间的关系，而且可以使人们了解系统工作过程中系统内部各参变量的动态变化情况。此外用状态空间建模方法所建立的状态变量模型更适合于用计算机对液压系统进行数字仿真。

现代液压系统设计不仅要满足静态特性要求，而且要满足动态特性要求。随着计算机技术的发展和普及，利用计算机进行数字仿真已成为液压系统动态性能研究的重要手段。而计算机仿真必须具有两个主要条件：一是建立准确描述液压系统动态特性的数学模型，二是利用仿真软件对建立的数学模型进行数字仿真。利用计算机对液压元件和系统进行仿真研究和应用已有几十年的历史。随着流体力学、现代控制理论、算法理论和可靠性理论等相关学科的发展，特别是计算机技术的迅猛发展，液压仿真技术也得以快速发展成熟，日益成为液压系统设计人员的有力工具。

1.2　液压系统设计过程

无论考虑哪种类型的系统，都应该始终遵循一个通用的设计过程。首先，应该明确设计目标，在这个基础之上就能够形成公式化的设计理念。这种设计理念源于设计师对自然规律和技术发展最新水平的了解。一方面，设计师可以从自然规律中学习物理定律，如运动学方程等；另一方面，设计师从经验中获得知识、了解技术发展最新水平，这种知识通常被称为"技术诀窍"。

因此，对于一个液压系统来说，设计工作应该从对预期设计目标进行明确描述开始。描述内容应包括负载情况和工作周期，并充分考虑应用程序的环境敌对性。负载描述应对所需求的力扭矩关系和机器占空比的大小做简单的陈述，使得液压系统的工作周期可以完全定义。环境敌对性会严重影响部件的使用寿命和可靠性，影响系统性能，进而影响整机系统的整体安全。

一旦确定了液压系统的设计目标，就可以启动实际设计过程。广义的液压系统设计与分析过程如图 1.1 所示。从设计目标出发，必须建立与液压系统相结合的设计方案。编制系统原理图和系统的具体操作规程。一旦这些任务完成，设计人员将进入组件型号、尺寸的调整与选择过程。在过去，当完成尺寸型号选择阶段后，未经仿真就开始购买组件并构建原型系统。一个特定系统的成功，主要凭借设计者的经验和运气。利用该系统原型通过实验室和现场测试，对系统的实际性能进行评价。优化是一个过程的函数，通常被称为"试凑法"。因此，为了适应竞争激烈的工程环境（包括技术和市场两方面），在设计过程中都必须进行分析和仿真。

由图 1.1 可知，分析仿真之前要先对系统建立数学模型。

（1）建立数学模型

数学模型是根据流体力学、动力学、机构学、热力学等物理或工程上的基本定律，将物理系统中人们感兴趣的输出变量，用数学形式表示为有关的输入变量和参数的函数。人们之所以可以用模型来模仿实际系统，因为模型和系统具有一定对应关系。虽然很多系统的组成和元素有差异，其组成元素的微观结构不尽相同，但通过一定的组织之后，都可以表现出几乎同样的行为。

数学模型按照表达形式分为数学方程式、图形曲线或算图、数表三种。

a. 数学方程式：数学方程式是最常用的数学模型，具有能准确描述物理模型的特点。

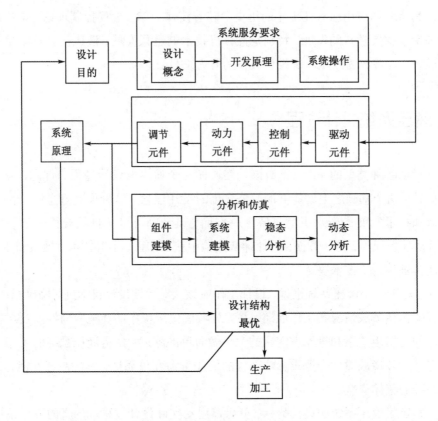

图 1.1　液压系统设计和仿真过程

b. 图形曲线或算图：图形曲线方式只许改变少量的变量，修改不是很方便，例如表征溢流阀溢流特性的溢流曲线，能修改的参数仅包括斜率、截距等，很难达到较高精度。算图向用户提供对物理现象的定性理解，采用算图形式，省去费时的求解过程，在工程中应用较多。

c. 数表：即数据查表的形式。由于计算机检索运算速度很高，因此数表最适合在计算机上使用。但是，数表跟图形曲线方式一样，包含参数不多，修改不方便，并且如果模型庞大，需存储的空间也很大。

总的来说，图形曲线函数表一般用来表示系统的静态特性，而系统的动态特性，多用数学方程式的形式来表示。

数学模型按照获得的途径可分为三类：解析模型（也称理论模型）、经验模型和介于两者之间的半经验模型。

a. 解析模型：把系统分解为若干基本要素，用方程描述每个要素的行为，再建立不同要素间的相互关系而得到的模型。

b. 经验模型：采用"黑箱"模式求得，以试验数据作为建模基础，得到描述系统输入和输出之间的关系表达，其参数一般不具备真正的物理意义。

c. 半经验模型：仍以实验数据为基础，但表达形式与解析式模型的物理原理相关，介于解析模型和经验模型两者之间。

系统的数学模型建立起来后，就能用各种方法进行仿真和分析。

（2）仿真的定义

系统仿真是研究系统的一种重要手段，而系统模型则是仿真要研究的直接对象。研究一个系统的目的是了解系统各组成部分之间的关系，或者了解系统在一种新的工作策略下的执行情况。然而，由于许多系统不具有实际实验的可能性，这时就需要按实际系统建立系统模型进行研究，然后利用模型实验研究的结果来推断实际系统的工作，这种使用模型来研究系统的方法称为系统仿真，简称仿真。

（3）仿真的分类

可以从不同的角度对系统仿真进行分类，例如按照实现方式的不同，可以将系统仿真分为三类：物理仿真、数学仿真、半实物仿真。

① 物理仿真：基于物理模型进行的仿真。它是指研制某些实体模型，使之能够重现原系统的各种状态。早期的仿真大多属于这一类。它的优点是直观形象，至今仍然被广泛应用。例如为了研究飞机翼型，不仅要建立翼型的比例模型，更要在地面建立对空中气流环境的模拟。但是为系统构造一套物理模型是一件非常复杂的事情，投资巨大、周期长、很难改变参数、灵活性差。至于社会经济、生物系统则根本就无法用实物进行实验。

② 半实物仿真：又称数学—物理仿真或者混合仿真。为了提高仿真的可信度或者仿真一些难以建模的实体，在系统研究中往往把数学模型、物理模型和实体结合起来，组成一个复杂的仿真系统，这种在仿真环境中存在实体的仿真称为半实物仿真。这样的仿真系统有飞机半实物仿真、制导导弹半实物仿真等，许多模拟器也属于半实物仿真。

③ 数学仿真：基于数学模型进行的仿真。数学仿真把研究对象的结构特征或者输入输出关系抽象为一种数学描述（微分方程函数、状态方程，可分为解析模型、统计模型）来研究，具有很大的灵活性。它不但可以方便地改变系统结构、参数，而且速度快，可以在很短的时间内完成实际系统很长时间的动态演变过程；精确度高，可以根据需要改变仿真的精度；重复性好，可以很容易地再现仿真过程。然而数学仿真也有局限性。对某些复杂系统可能很难用数学模型来表达，或者难以建立精确模型，或者数学模型过于复杂而无法求解，或者计算量太大而无法利用现有的计算资源进行仿真。

数学仿真使用的模型是数学模型，其模型运行工具为计算机及其支撑软件，因此数学仿真也称计算机仿真。数学仿真有三个基本要素：系统、数学模型、计算机。联系数学仿真三要素的是三项基本活动：数学建模、仿真建模、仿真实验。

a. 数学建模：根据研究目的，确定系统的模型形式、结构和参数，以得到正确描述系统特征和变化过程的数学表达式。

b. 仿真建模：根据系统的特点和仿真要求，采用合适的仿真算法，将数学模型转化为计算机上能运行的模型。

　　c. 仿真实验：根据仿真的目的设定仿真参数，在计算机上进行实验，并校正、修改和优化系统模型，获得仿真结果。

　　数学仿真的一般过程如图 1.2 所示。

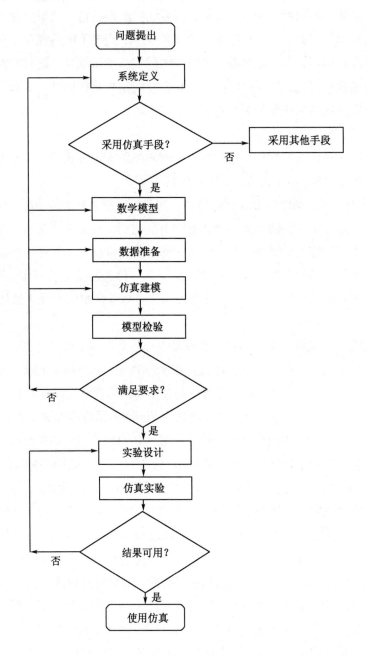

图 1.2　数学仿真的一般过程

　　a. 描述仿真问题，明确仿真目的。

　　b. 系统定义与仿真规划：根据仿真目的，确定仿真对象（系统的实体、属性、活动）及环境（系统的边界条件与约束条件），规划相应的仿真系统结构（实施仿真，还是非实时仿真；纯数学仿真，还是半实物仿真等）。

c. 数学建模：根据系统的先验知识、实验数据及其机理研究，按照物理原理或者采取系统辨识的方法，确定模型的类型、结构及参数，对模型进行形式化处理，得到系统的数学模型，并对模型进行可信性检验。

d. 仿真建模：根据数学模型的形式、计算机类型和仿真的要求，选择合适的算法，采用高级语言或其他仿真工具，将数学模型转换成能在计算机上运行的程序或其他模型，获得系统的仿真模型。

e. 仿真实验：根据仿真的目的，确定仿真实验的要求，如仿真运行参数、控制参数、输出要求等，对模型进行多方面的运行实验，相应地得到模型的输出。

f. 仿真结果分析：根据仿真目的和实验要求，对仿真实验的结果进行分析处理（整理及文档化）。根据分析结果，修正数学模型、仿真模型或仿真程序，以进行新的实验。模型是否能够准确地表示实际系统，是需要不断的修正和验证的，它不是一次完成的，而是比较模型与实际系统的差异，不断修正和验证。

（4）仿真技术在液压领域中的应用

液压系统仿真是指通过建立液压系统的数学模型并在计算机上进行解算，用以对系统的动态特性进行研究的过程。液压系统仿真作为系统仿真的一个分支，为液压系统的设计、优化与控制、特别是系统动态特性的提高提供了一种有力的技术手段，已经成为现代液压系统设计体系中一个非常重要的环节。

采用计算机仿真方法可以分析多输入、多输出的非线性系统和各种复杂液压系统，可在时域里模拟出任何输入作用下系统的动态响应和系统中参数变化情况，从而获得对系统动态过程直接全面的了解，使研究人员在设计阶段就可以预测液压系统的动态特性，以便及时对设计结果进行验证和改进，保证系统的工作性能和可靠性。因此，液压系统仿真具有很广泛的实用价值，随着系统仿真技术的发展，它将更加受到人们的重视。

计算机仿真技术在液压领域的应用主要包括以下几个方面。

① 通过理论推导建立已有液压元件或系统的数学模型，用实验结果与仿真结果进行比较，验证数学模型的准确度，并把这个数学模型作为今后改进和设计类似元件或系统的仿真依据。

② 通过建立数学模型和仿真实验，确定已有系统参数的调整范围，从而缩短系统的调试时间，提高效率。

③ 通过仿真实验研究测试新设计的元件各结构参数对系统动态特性的影响，确定参数的最佳匹配，提供实际设计所需要的数据。

④ 通过仿真实验验证新设计方案的可行性及结构参数对系统动态性能的影响，从而确定最佳控制方案和最佳结构。

（5）液压系统的列线图解分析法

液压系统的稳态分析通常采用列线图解法。而一阶微分方程的求解和系统瞬态特性的描述则采用坡场(等斜线)法。由于应用坡场法求解液压系统分析中常见的高阶和非线性系统方程存在一定的局限性。故本书将集中演示使用列线图解法来帮助设计师解决静态操作功能。

列线图解法是变量之间数学关系的图形表示。它是以一种易于理解的形式传递技术信息的有效方法。虽然计算机以强大功能和广泛使用取代了列线图解法在工程应用中重要的地位,但是列线图解法快速分析设计变量之间的相互关系的简单性和便利性的作用是不容忽视的。

一般来说,列线图解法有两种类型:并发关系图和列线图,如图1.3所示。并发关系图是一个笛卡儿直角坐标图,它描述了一组表示变量之间特定关系的曲线。大多数组件特性曲线都用并发关系图表示。在液压应用中,也可称为静态性能图。列线图表的最简单形式使人们可以在上面画一条直线(称为等值线),这条直线将与三个刻度相交,这些刻度的值是渐变的,满足一个控制方程或给定的一组条件。应该承认,在并发关系图上,每画一条线,在对齐关系图上就有一个对应的点,画一条直线可以得到一个控制方程(问题)的解(答案),是非常简单和快捷的,这使得非专业人员可以像训练有素的分析人员一样容易地进行稳态计算,并得到数值答案。

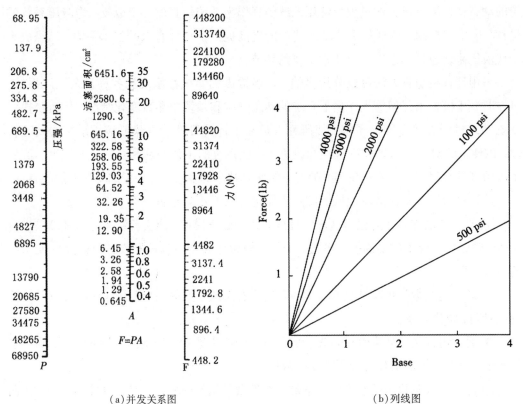

(a)并发关系图 (b)列线图

图1.3 并发关系图与列线图比较

1.3　液压系统建模主要考虑的因素

对于普通的液压系统，工程技术人员可以根据对液压系统的分析，利用各种物理定律和系统中各种参数间关系，直接建立描述液压系统的数学模型；复杂的液压系统，工程技术人员也可以借助方块图、信号流图分析法，然后再将该系统转换成方程形式的数学模型。

建立液压系统数学模型是对液压系统进行分析、抽象、概括和综合的过程；建模过程也是一个权衡多方面要求的判断、优选过程，要求工程技术人员既要熟悉对系统中各种元件和各种装置性能起决定作用的物理量和关系式，同时也要熟悉元件之间与系统结构之间的关系和相互作用。

建立液压系统数学模型的步骤和应考虑的问题大致如下。

(1)确定主要影响因素

在建立数学模型时，正确分析出需要考虑的因素和可以忽略的因素并非易事，这需要较好的理论基础和一定的实际经验。有时虽然经过仔细分析，自认为所建立的数学模型合适了，但是数学仿真结果与一般理论分析或实验的实际情况不符，除了有可能是推导数学模型或仿真编程中出现错误外，也有可能是在建模中考虑了不该考虑的次要因素，或者忽略了不该忽略的某些主要因素。

(2)液压系统的静态特性

液压系统的静态特性是系统由瞬态过程进入稳态过程后的输出状态。例如在泵和阀的流量、执行机构的速度、元件的效率和系统的稳定性等问题求解时，先建立静态模型，即一组代数方程，然后用数学方法求出结果。

(3)液压系统动态特性

液压系统动态特性指控制系统在接到输入信号以后，从初始状态到最终状态的响应过程，即动态过程，或系统工作过程中各参变量随时间的变化规律在液压系统动态特性方面通常主要研究的问题有以下 3 个：

① 高压管道与低压腔的压力瞬态峰值与波动情况。

② 负载或控制机构(控制阀和变量泵的变量机构)的响应速度。

③ 系统中其他参数随时间的变化规律。

(4)明确所建模型的目的和要求

例如首先应该明确的是定性分析还是定量分析，其次应该明确其精度要求，确定模型的功能和形式，最后应该明确的是微分方程模型还是其他形式的模型。所建的模型要便于计算机分析处理，应明确如何对模型的正确性进行评价和检验。

（5）建立合理边界条件

根据建模的目的和要求，确定液压系统与外界的联系，建立合理的边界条件。

（6）选择系统变量或参数

选定输入变量和输出变量，并使所选择的系统变量或参数能直观、准确地描述系统动态特性，输入变量的变化能直接引起系统动态特性和响应的变化。

（7）复杂液压系统化分为若干子系统

若所研究的液压系统是一个大型复杂系统，则应将系统进一步划分为若干子系统，先对子系统进行分析，然后再合成。

（8）在建模过程中要进行必要的简化

做适当的假设，确定系统动态特性的研究重点，如是针对某个控制元件动态特性进行研究，还是对执行机构响应特性进行研究，或是对整个液压系统动态特性进行研究。可能成立的典型假设包括：输入的驱动速度恒定；所有被驱动的惯量都集中在所选定的负载惯量上；所有的摩擦都是黏性的；回油管路中的压力很小时可以忽略不计，液动机与负载的联系是刚性的等。

（9）建立用以描述元件或系统动态特性的方程

确定初始条件，即所有系统变量的初始值。用解析法建模时要应用物理学或热力学定律和方程对元件及其组成的系统进行分析，同时要考虑液体压缩性、黏性、阻尼和摩擦特性的影响，在分析过程中，对于不同的研究对象，所采用的方法和手段也不同。

1.4 数学模型的由来及建模分类

数学模型是运用数理逻辑方法和数学语言建构的科学或工程模型。

从人类使用数字开始，就不断地建立各种数学模型，以解决各种各样的实际问题。例如对各行各业工作业绩的评定以及访友、采购等日常活动，都可以建立一个数学模型，确立一个最佳方案。建立数学模型是一座联接实际问题与抽象之间必不可少的桥梁。

数学模型（mathematical model）是近些年发展起来的新学科，是数学理论与实际问题相结合的一门科学。它将现实问题归结为相应的数学问题，并在此基础上利用数学的概念、方法和理论进行深入的分析和研究，从而从定性或定量的角度来刻画实际问题，并为解决现实问题提供精确的数据或可靠的指导。

数学模型是一种为特殊目的而作的、抽象的、简化的，关于部分现实世界的描述。具体来说，数学模型就是为了某种目的，用字母、数字及其他数学符号建立起来的等式或不等式及图表、图象、框图等描述客观事物的特征及其内在联系的数学结构表达式。它是一种真实系统的抽象。数学模型是研究和掌握系统运动规律的有力工具，它是分析、设计、预报或预测、控制实际系统的基础。

1.4.1 建模要求

（1）真实可靠

① 真实地、系统地、完整地、形象地反映客观现象；

② 必须具有代表性；

③ 具有外推性，即能得到原型客体的信息，在做模型的研究实验时，根据实验结果（现象）能得到关于原型客体产生该结果（现象）的原因；

④ 必须反映完成基本任务所达到的各种条件，而且要与实际情况相符合。

（2）简明实用

在建模过程中，要把本质的东西及其关系反映出来，把非本质的、对反映客观真实程度影响不大的因素去掉，保证模型在一定精确度的条件下尽可能简单和可操作、数据易于采集。

（3）适应变化

随着有关条件的变化和人们认识的发展，通过调整相关变量及参数，使所建模型能很好地适应新情况。

1.4.2 静态模型和动态模型

静态模型是指要描述的系统各量之间的关系不随时间的变化而变化，一般都用代数方程来表达。动态模型是指描述系统各量之间随时间变化而变化的、规律的数学表达式，一般用微分方程或差分方程来表示。经典控制理论中常用的系统的传递函数也是动态模型，因为它是从描述系统的微分方程变换而来的（见拉普拉斯变换）。

1.4.3 分布参数模型和集中参数模型

分布参数模型是用各类偏微分方程描述系统的动态特性，而集中参数模型是用线性或非线性常微分方程来描述系统的动态特性。在许多情况下，分布参数模型借助于空间离散化的方法，可简化为复杂程度较低的集中参数模型。

模型中的时间变量是在一定区间内变化的模型称为连续时间模型，各类用微分方程描述的模型都是连续时间模型。在处理集中参数模型时，也可以将时间变量离散化，所获得的模型称为离散时间模型。离散时间模型是用差分方程描述的。

1.4.4 随机性模型和确定性模型

随机性模型中变量之间关系是以统计值或概率分布的形式给出的，而在确定性模型中变量间的关系是确定的。

1.4.5 参数模型与非参数模型

用代数方程、微分方程、微分方程组及传递函数等描述的模型都是参数模型。建立参数模型就在于确定已知模型结构中的各个参数。通过理论分析总是得出参数模型。非参数模型是直接或间接地从实际系统的实验分析中得到的响应，例如通过实验记录得到的系统脉冲响应或阶跃响应就是非参数模型。运用各种系统辨识的方法，可由非参数模型得到参数模型。如果实验前可以决定系统的结构，则通过实验辨识可以直接得到参数模型。

1.4.6 线性模型和非线性模型

线性模型中各量之间的关系是线性的，可以应用叠加原理，即几个不同的输入量同时作用于系统的响应，等于几个输入量单独作用的响应之和。线性模型简单，应用广泛。非线性模型中各量之间的关系不是线性的，不满足叠加原理。在允许的情况下，非线性模型往往可以化为线性模型，方法是把非线性模型在工作点邻域内展成泰勒级数，保留一阶项，略去高阶项，这样就可得到近似的线性模型。

1.4.7 液压系统建模解决的问题

应用数学分析方法研究实际系统，就必须采用数学方法对实际系统做出描述，即必须建立实际系统的数学模型。所谓实际系统的数学模型是指对实际系统的内部特性以及实际系统与外部联系的一种数学描述。对某一个系统，由于采用的数学方法多种多样，因此其数学模型表示方法也是多种多样的。但是由于实际的物理系统是不变的，因此尽管表达这个系统的数学模型表面形式不一样，但其实质是一样的，都代表了这一个或这一类的系统的内部特征及其与外部的联系。正因为如此同一系统的各种数学模型表达方法之间是可以相互转换的。

液压系统是一种物理系统，同样可以用数学方法进行描述，即可以建立数学模型。常用于描述液压系统的数学模型有高阶微分方程、传递函数、方块图、状态空间表达式等，但是它们之间是可以相互转换的。

（1）对液压系统进行描述

研究一个动态系统的输入量和输出量之间的动态关系，常用微分方程或传递函数等数学模型来描述。这些数学模型用于描述系统输入变量和输出变量的因果关系，即输出变量随输入变量的动态变化而变化，而在建模过程中忽略了各种中间变量，所以这种对系统的描述方式称为系统的外部描述。系统的外部描述虽然表达了系统输入变量与输出变量之间的函数关系，但是它只适用于单输入和单输出的系统，而且无法考察系统内部参数变化情况，故使用起来有一定的局限性。在液压系统工作过程中，主要液压元件的动态响应、系统各部分的压力、执行元件的位移和速度等，都是人们非常关心的，因此，引入了状态空间建模方法。组状态变量表示上述各项系统内部状态参数,并建立了输入变量、输出变量与系统内各参变量之间的联系。这样不仅使人们了解了系统输入变量、输出变量之间的关系,更使人们了解了系统工作过程中系统内部各参变量的动态变化情况。此外用状态空间建模法所建立的状态变量模型更适合于用计算机对液压控制系统进行数字仿真。

(2)便于分析液压系统的静态特性

液压系统的静态特性是系统由动态过程进入静态过程后出状态。例如泵和阀的流量、执行机构的速度、元件的效率和系统的稳定性等。求解时,先建立静态模型,即一组代数方程,然后用数学方法求出结果。

(3)利于分析液压系统动态特性

液压系统动态特性指控制系统在接到输入信号以后,从初态到最终状态的响应过程,即瞬态过程,通常主要研究的问题有两个方面:一是高压系统管道与高压系统容腔的压态峰值与波动情况;二是负载或控制机构(控制阀和变量泵的变量机构)的响应速度是系统中其他参数随时间的变化规律。研究系统动态特性,要首先建立动态模型,即列出一组微分方程或状态方程,以时间为独立变量,然后用计算机仿真求解。

数学模型是人们通过对实际液压系统进行分析抽象、概括或综合后得到的数学表达。数学模型应该具有以下特征:首先,它要能反映液压系统实际工作状况,能够准确地表达系统中各参数之间的相互关系;其次,它要有一个简洁和便于求解的形式,应特别适应于计算机求解。

1.5　液压系统的动态定律

1.5.1　研究液压系统动态特性的意义

随着液压技术的不断发展与进步和其应用领域范围的不断扩大,液压系统本身也变得越来越复杂,要求的传递动力范围更大、控制精度更高,系统柔性化与系统各种性能要求更高,所有这些都对液压系统的设计提出了更高的要求。采用传统的以完成执行机构预定动作循环和满足系统静态性能要求的系统设计远远不能满足上述要求。因此对于现代液压系统的设计研究人员来说,对液压系统进行动态特性研究,了解和掌握液压系统工作过程中动态工作特性和参数变化,以便进一步改进和完善液压系统,提高液压系统的响应特性,提高运动和控制精度及工作可靠性,是非常必要的。

1.5.2　液压系统动态特性产生的原因

液压系统动态特性是其在失去原来平衡状态到达新的平衡状态这一过程中,所表现出来的特性，即动态过程中的特性。液压系统的动态过程可由很多原因引起，归纳起来有以下两个方面：

（1）控制与传动过程

为实现系统所要求的动作，某个或某些元件要受控并改变状态。如启动、制动、运动方向或速度、压力的转换等。

（2）外界干扰

液压系统在产生动态过程以前，是在某一稳态状况下工作的，即系统中各参量相互间的关系都处于静平衡状态。系统产生动态过程时，这种平衡状态遭到破坏；动态过程结束时，系统由达到新的平衡状态。在这一过程中，系统中各参量都在随时间发生变化，这种变化过程性能的好坏，就是系统动态特性的优劣。

1.5.3 研究液压系统动态特性分析需关注的内容

研究液压系统动态特性需要关注：一个是系统稳定性，即高压系统（管道或容腔）中压力瞬间峰值与波动情况，主要分析液压系统是否会因为压力峰值过高而产生压力冲击，或系统经过动态过程后，是否很快达到新的平衡状态，还是形成较持续的振荡；另一个是过渡过程品质，即执行机构和控制机构（如负载和液压元件）的响应品质和响应速度，主要研究系统达到新的稳定状态所经历的过渡时间，达到压力峰值的时间以及速度、位移等参数随时间的变化等。

因研究对象性质的不同，动态特性分析所关注的内容也有所区别。

（1）内反馈机制液压元件动态特性分析主要内容

对于具有内反馈机制的液压元件，如溢流阀、恒压泵等，动态特性分析的主要内容如下：

① 稳定性。因其存在反馈作用，动态特性分析最关注的就是能否稳定工作。影响稳定性的因素有多方面。第一，该类元件在设计条件下，是否存在由于内部参数设计不合理导致系统不稳定；第二，在系统中使用时，与该类元件上下游的连接条件发生变化，是否会出现由此引起的稳定性问题；第三，即使硬件连接相同，元件的工作参数如压力、流量等也会有一定的变化，是否会出现因此而引起的稳定性问题。

② 对干扰因素的抑制特性。总有一些量的变化会引起被控制量的变化，如溢流阀溢流流量的变化会引起设定压力的变化。当这些干扰发生变化时，被控量的响应过程（最大变化幅度、恢复稳定时间、振荡次数、最终稳定值等）是我们所关心的。

③ 对指令的响应。当指令信号改变时，被控量跟随变化的特性，如跟随的快速性、超调量、振荡次数等。

（2）液压传动系统内反馈元件动态性分析主要内容

对于液压传动系统，因其工作在开环状态，故没有稳定性问题。系统内含有的内反馈式元件特性归于第一类中研究。动态特性分析的主要内容如下：

①　启车、停车过程的快速性与平稳性。这两者是矛盾的，设计不当可能会使一种特性严重不足。快速性不足则影响效率，而平稳性不足则会影响寿命。对于频繁启停的系统，这两个特性更是至关重要的。

②　不同工作状态间切换的快速性、平稳性和精确性。如快进与工进的切换、行程终点的换向等，一般都要求切换快速、平稳和准确。不同的系统可能侧重点不同，有些系统可能侧重要求平稳性，有些系统侧重准确性等。

1.5.4　研究液压系统动态特性的主要方法

研究液压系统动态特性的主要方法有传递函数分析法、模拟仿真法，实验研究法和数字仿真法等。

（1）传递函数分析法

传递函数分析法是基于经典控制理论的一种研究方法。用经典控制理论对液压系统进行动态特性分析通常只局限于单输入、单输出的线性系统，一般先建立系统的数学模型，写出其增量形式，然后进行拉普拉斯变换，从而得到传递函数，再将传递函数用伯德图表示。通过相频曲线或幅频曲线分析其响应特性，或者进行拉普拉斯逆变换。遇到非线性系统，常常不考虑其非线性或将其简化成线性系统。而实际上的液压控制系统多是非线性的，因此用这种方法分析液压系统的动态特性具有一定的局限性，也不可避免地会出现误差。

（2）模拟仿真性

在计算机特别是微型计算机还未发展到如今这样普及的时候，用模拟计算机或模拟电路来进行液压系统动态特性的模拟与分析，也是一种实用的研究手段。模拟计算机是一种连续计算装置，它把实际系统物理量用电压量表示，通过连续运算，求解描述系统动态特性的微分方程。该方法具有接近实际情况、方便系统参数调整和调试简单以及运算速度快等优点，但最大的缺点是运算精度低。

（3）实验研究法

用实验研究法分析液压系统的动态特性曾是一种行之有效的研究手段，特别在过去还没有数字仿真等实用的理论研究方法时，只能依靠实验方法进行分析。通过实验研究法可以直观地、真实地了解液压系统动态特性和参数变化，但是用这种方法分析系统周期长、费用大，并且不具有通用性。如今，实验研究法常常作为对重要液压系统动态特性的数字仿真或其他理论研究结果进行验证的手段。

（4）数字仿真法

近年来，控制理论研究的进步及计算机技术的发展为液压系统动态特性研究开辟了新的途径，数字仿真法便是利用计算机技术研究液压系统动态特性的一种新方法。此方法首先建立液压系统动态过程的数字模型——状态方程，然后在计算机上求出系统中各种主要变置在动态过程的时域解。数字仿真法既适用于线性系统，又适用于非线性系统，可以模拟出任何输入函数作用下系统中各参变量的变化情况，从而获得对系统动态过程直接的、全面的了解，使得设计人员在设计阶段就可以预测液压系统动态性能，以便及时对设计结果进行验证和改进，以保证系统的工作性能和可靠性。与其他研究系统动态性能的手段和方法相比，数字仿真技术具有精确、可靠、适应性强、周期短和费用低等优点。

1.5.5 液压系统动态分析的一般流程

液压系统动态分析的一般流程为以下 4 个步骤。

① 分析系统的工作原理，明确所需要研究的动态特性。

② 列写系统动态方程组，一般来说应包含流量方程、流量连续性方程和运动部件动力学方程，有时还包括一些辅助方程。

③ 按照实际系统构成和规定的工作条件确定有关参数，对以上方程进行计算机求解，即可获得系统的有关动态特性。

④ 如果是非线性元件，还可以在静态工作点处作线性化，转化到频域进行讨论。

1.6 液压技术在各个领域中的应用

在工业各个领域，如机械、电子、钢铁、运输车辆及制造、橡胶、纺织、化工、食品、包装、印刷和烟草等领域，液压传动技术已成为基本组成部分。在尖端科技领域如核工业领域和航空航天领域中，液压技术也占据重要的地位。

目前，液压技术分别在实现高压、高速、大功率、低噪声、长寿命、高度集成化、小型化与轻量化、一体化和执行件柔性化等方面取得了重大发展。同时，由于与微电子技术密切配合，能在尽可能小的空间内传递尽可能大的功率并加以准确的控制，所以这一优点更使得它们在各行各业中发挥巨大作用。

特别应该提及的是，近年来，世界科学技术不断迅速发展，各部门对液压技术提出了更高的要求。液压传动与电子技术配合在一起，被广泛应用于智能机器人设计制造、海洋开发、宇宙航行、地震预测及各种电液伺服系统，使液压传动的应用提高到一个崭新的高度。

1.6.1 液压技术在工业领域中的应用

液压技术一般应用于重型、大型、特大型设备，如冶金行业轧机压下系统，连铸机压下系统等；军工中高速响应场合，如飞机尾舵控制，轮船舵机控制，高速响应随动系统等；在工程机械领域中，对功率重量比、抗冲击能力等要求系统一般都采用液压系统。冶金、军工、工程机械领域是应用液压技术的最大领域。

液压技术——液压传动控制，是工业中经常用到的一种控制方式，它采用液压完成传递能量的过程。液压传动控制方式因其灵活性和便捷性，在工业上受到广泛的重视。液压传动是研究以有压流体为能源介质，实现各种机械和自动控制的学科。液压传动利用这种元件来组成所需要的各种控制回路，再由若干回路有机组合成为完成一定控制功能的传动系统，以完成能量的传递、转换和控制。

从原理上来说，液压传动的最基本的原理就是帕斯卡原理，即连通域内液体的压力处处相等，这样，在平衡的系统中，比较小的活塞上面产生的推力比较小，而大的活塞上产生的推力则比较大，这样能够保持液体的静止。所以通过液体的传递，可以得到不同端面上的不同的压力，这样就可以达到变换的目的。日常生活中的液压千斤顶就是利用了这个原理来达到力的传递。

1.6.2 液压技术在能源领域中的应用

液压技术大量应用于风电领域。风力发电机中的风机有许多转动部件。机舱在水平面旋转，随时跟风。风轮沿水平轴旋转，以便产生动力。在变桨矩风机中，组成变桨矩风机风轮的叶片要围绕根部的中心轴旋转，以便适应不同的风况。在停机时，叶片尖部要甩出，以便形成阻尼。液压系统就是在调节叶片桨矩、调节阻尼、停机、刹车等状态时使用。

驱动系统：风力发电机使用两个驱动系统，即制动系统（偏转器和主轴——高速轴回转系统）和叶片角度控制及机舱偏转器回转控制系统。制动系统用液压控制，而叶片角度控制及机舱偏转器回转控制系统则采用液压或电气驱动方式。采用哪一种传动控制方式的争论，在风力发电机的设计中经常出现。至于采用液压驱动方式还是电气驱动方式来控制叶片角度的输出功率、速度或频响，一般取决于制造厂家的经验。

变桨控制系统：在进行叶片角度（变桨）控制系统设计时，主要应考虑：当风力发电机遇到像台风等强风力时，机组能立即停止运行，以使电源中断，而此时的叶片需要控制在和风向相平行的位置上，确保叶片不再转动；电源中断后，机组的能量贮存系统开始工作，如液压蓄能器或蓄电池。当系统处于液压控制时，用的是液压直线驱动器（液压缸）；当系统处于用电气控制时，采用的是电气回转式驱动器。装在主轴内的液压直线驱动器，及停止时应用的蓄能器也装在轴内。

液压直线驱动器是将液压、电子、电气的优点融合在一起的液压直线驱动装置（elector-hydraulic system），简称 Hybrid 系统，这种系统节能是值得提倡的。这种由液压缸、液压泵、AC 马达、蓄能器、电磁阀、传感器和动力源组成的集成式电气液压伺服驱动系统具有动态性能好、输出功率大、电气安装性和维护性好等优点。它可以弥补液压系统的缺点，如消除漏油和油污染的影响，使可靠性得到显著提高；当电力中断时，Hybrid 系统又能充分显示出液压传动的优点，即和液压缸串联的液压缸从蓄能器获得供油，使叶片迎风面和风向平行，使叶轮停止转动。液压系统由带有位置传感器的液压缸和双向供油的齿轮泵直接供油，中间没有阀，减少了压力损失和漏油点，这种系统比伺服控制系统节能 40% 以上。

除上述 Hybrid 系统外，叶片角度控制和机舱偏转器回转控制系统采用直线式电液伺服比例液压缸和回转型液压比例伺服驱动马达。这些系统具有动静态性能好、寿命长等优点，但在节省能耗和油液污染度等方面较 Hybrid 系统差。

目前世界各大公司提供的风电液压系统，广泛采用比例伺服闭环控制系统。美国 Parker 公司为风力发电提供各种液压元件和成套风电系统（包括制动、偏转器和叶片角度等的控制系统）。角度控制系统由特殊设计的液压缸组成，装在风轮轮毂内，液压缸内装有位置传感器，缸上还集成了所需的液压阀，每台风电设备都设有两三套独立的角度控制系统（每个叶片一个）。该系统具有高可靠性和安全性，还具备动静态性能好、维护方便、泄漏少等优点。角度控制系统采用高性能比例伺服控制，根据硬件设备的不同，可以由模拟信号或数字信号控制。Parker 公司提供的阀总成预先都经过严格验证，可减少安装调试时间，降低成本，还可节省运行维护费用。液压源由过滤性能良好的单独液压站提供。偏转器回转控制系统可以良好地保持叶片正确与风向对中，使风力发电机具有良好的性能。Parker 公司可提供电控和液压控制两种系统，液压系统可实现更加紧凑的直接驱动，还具有良好的过载保护，避免部件损坏，系统采用闭环比例伺服控制，动态性能和静态性能良好。为了与上述 3 个系统配套（制动、偏转器、叶片角度的控制系统），Parker 公司还提供独立的、过滤性好的、并可在停电故障时由蓄能器发出的液压动力源，保证安全停止和机组安全。

美国伊顿（Eaton）公司在风力发电液压控制系统方面做了不少研究工作，所提供的风轮叶片角度闭环比例控制系统可承受高温、低温的工作条件，系统的动静态性能好、位置精度高。

1.6.3 液压技术在军事领域中的应用

军用工程机械是外国军事领域中开发和研制的主要内容，尤其是战斗工程车，是外国军用工程机械的发展重点。他们认为，野战工程机械质量和水平的高低是直接决定战时野战工程保障任务能否顺利完成的关键因素。而野战工程机械质量和水平的高低大部分取决于液压技术的发展水平。目前外国军队在这方面的典型装备有：美军清除障碍车，该种类的车装有复合式全宽扫雷犁或推土铲刀、两根液压伸缩臂及各种附加作业装置如抓钩、螺旋钻头、吊钩、液压锤和磁性扫雷装置等。该种类的车一般都以装甲输送车做底盘，车前部装有推土铲刀，可清除障碍和散布地雷，车上携有液压钻和液压起重机，同时还备有链锯、木锯、绞盘等保障和抢救装置。这些功能大部分是由液压设备完成的。

1.6.4　液压技术在工程机械领域中的应用

（1）液压式可变高频冲击锤

液压式可变高频冲击锤在海洋和地质勘探领域中具有非常好的应用前景。一般振动冲击锤的激振频率为 10~20 Hz，而日本新近推出的液压式可变高频冲击锤激振频率可达 60 Hz。并可在施工中根据现场的实际情况改变激振频率和振幅，同时可实现优化振动及适应工况要求。目前我国研制的液压振动设备的激振频率可在 10~100 Hz 范围内随意调整，并能和相应的设备组合使用，既可进行水下作业又可用于矿山作业。

液压式可变高频冲击锤的工作原理为：来自专用液压泵站的高压油通过三级伺服阀与激振液压缸结合，其激振频率和振幅由控制台控制。控制台以电气信号的形式设定，可根据实际工况进行调节。激振液压缸为开环控制，不设位移传感器，在此状态下，若柱塞触到限制挡块就不能高效率作业。为使激振液压缸经常处于激振器中心附近保持振动，在结构上将其与定位液压缸设计成整体式。定位液压缸上装有称为定位阀的方向控制阀，液压缸的位移不采用机械式伺服阀。当液压缸发生位移时。定位阀将缸上的运动部件利用油的吸排压力将其反馈供给定位液压缸，以实现控制。但如果定位阀的灵敏度高，激振缸和定位缸会经常产生相反的力，这样就会导致能量利用率的降低。解决这一问题的措施是：对定位阀设置一定的重叠量，定位液压缸与集流腔连通，将定位系统的增益调整在低水平。

液压式振动冲击锤的结构特征是：采用一般的伺服阀得到高频振动冲击，达到其开采矿石的目的，它主要取决于该装置控制系统和液压、机械部分所构成的要素。

控制上的因素，液压式可变高频冲击锤的输出能量大，最大输出可超过 3 t，要使此等级的液压缸以主频 60 Hz 运动，伺服阀的流量必须在 400 L/min 以上。因此选用满足此流量的 626F 高速型伺服阀，构成一般的定位系统。

（2）新型液压挖掘机

新型液压挖掘机具有重量轻、体积小、结构紧凑、传动平稳、操纵简单，以及容易实现无级变速和自动控制等一系列优点，其性能正向着高效率、高可靠性、安全节能及自动化、智能化的方向发展。

新型液压挖掘机工作装置是由动臂、斗杆、铲斗和液压油缸等构成的连杆机构，通过电液控制系统控制液压油缸的伸缩来实现运动控制。并在作业过程中，采用电磁比例先导阀控制多路换向阀的方法。

（3）水下机器人

随着技术的发展，水下机器人功能越来越强，已经不再局限于观察型，作业型的水下机器人更有发展空间和市场。在整个作业工具里，机械手是用途最广、最复杂的部件，灵活的机械手有助于水下机器人出色地完成作业任务。水下机械手分为开关手和关节手，其中关节手最为灵活，其控制系统也最为复杂。

（4）深海液压主从式机械手

深海液压主从式机械手控制器是一个比较复杂的系统，可靠性要求高。该控制器运行稳定。机械手动作精度、速度满足使用要求。所控制的机械手具有大腕、小腕、肘、肩、肩转和手抓等 6 个自由度。液压驱动元件是由伺服阀来实现。系统中使用了 5 个伺服阀和 1 个电磁阀。机械手控制器通过液压阀间接控制液压执行元件油缸和马达，完成既定的任务。

1.7　仿真

随着机电液一体化在现代设备中的应用，液压装置的造价通常占一台工程机械设备总造价的 20%~30%，有的甚至超过 50%，因此，对液压系统进行设计和分析，运用计算机仿真技术就具有重大的价值。在许多液压技术应用场合，如果设计人员在设计阶段就考虑到液压系统的动态特性与静态特性，就可以缩短液压系统或元件的设计时间，避免重复试验和加工带来的损失，并且可以提前了解系统在动态特性与静态特性方面存在的问题并加以改进。计算机仿真技术不仅可以在设计中预测系统性能，减少设计时间，还可以通过仿真对所设计的系统进行整体分析和评估，从而达到优化系统、缩短设计周期和提高系统稳定性的目的。

1.7.1　国内外液压系统仿真技术发展概况

液压系统仿真技术始于 20 世纪 50 年代，当时 Hanpun 和 Nightingaie 分别对液压伺服系统作了动态性能分析，当时他们运用传递函数法，仅分析系统的稳定性及频率响应特性，这是一种用于单输入单输出系统的非常简单实用的方法，如今还在被广泛地使用。

1973 年，美国俄克拉马州立大学推出了第一个直接面向液压技术领域的专用液压仿真软件 HYDSIM，该软件首次采用液压元件功率口模型方式进行建模，所建模型可重复使用。1974 年德国亚琛工业大学开始研制液压系统仿真软件包 DSH，该软件在建模方式上采用面向原理图的建模方式，具有模型直观、物理意义强、模型包含非线性等优点。但所有模型库都需要人工管理，新元件描述繁琐，系统阶次不宜降低并且具有系统描述文件需要人工编辑等不足。英国巴斯大学开发了液压系统仿真软件包 HASP，该软件采用功率键合图法的建模方式，数学模型可采用 FORTRAN 子程序自动生成，面向键合图的建模虽然物理表达比较清楚，但键合图不如原理图直观，用户需要学习键合图的绘制方法，描述文件也需要人工编辑。

20 世纪 80 年代，一批液压仿真软件包相继问世，美国俄克拉马州立大学于 1984 年推出了 PERSIM，芬兰坦佩雷工业大学于 1986 年推出了 CATSIM，瑞典于 1988 年推出了 Hopsan 等。这些软件虽然各具特点，但从建模原理、程序结构和功能上均未能超过 DSH

与 HASP。

到了 20 世纪 90 年代，液压系统仿真软件又有了新的发展，1992 年巴斯大学以全新面貌推出了 HASP 的升级版 Bash/fp。1995 年，法国 IMAGINE 公司推出 AMESim 软件，建模方式类似于功率建合图法，但 AMESim 所建立的系统模型与系统工作原理图几乎一样，更能直观反映系统的工作原理，并可以在仿真过程中监视方程特性的改变并自动变换积分算法以获得最佳结果。

进入 21 世纪，一些大公司也在原有软件的基础上开发了液压仿真软件包或流场分析软件，例如波音公司的 Easy5 软件、Math Works 公司的 MATLAB 软件下的 Simulink 工具箱等。同时，各液压仿真软件开发公司出现了强强联合的趋势 2003 年，ANSYS 收购了 AEA 公司的 CFX 软件业务，2006 年 5 月，又并购了著名的计算流体力学分析软件公司 Fluent 公司。此外，较为著名的液压系统仿真和流场分析软件还有 Flowmaster、Femlab等。

中国液压系统仿真技术始于 20 世纪 70 年代末到 80 年代初，通过引进国外仿真软件进行消化改进或自主开发，取得了一些进展。如浙江大学、东北大学通过引进德国 DSH 液压仿真软件进行二次开发，在此基础上推出了 SIMUL/ZD 液压仿真专用软件。

1.7.2 液压系统常用仿真软件与应用

目前在液压系统仿真领域，主要涌现出像 Hopsan、ADAMS/Hydraulics、MATLAB/Simulink 及 AMESim 等仿真软件。

Hopsan 软件的建模方法是元传输线法、源于特征法和传输线建模。这种方法特别适合于并行计算，从而提高计算速度和实现分布计算功能。Hopsan 软件的最重要的 3 个特点为：动态的图形元件库和图形建模功能、优化方法用于对系统行为的优化和参数的离线评估、具有实时仿真和分布式计算功能。

ADAMS(automatic dynamic analysis of mechanical system) 软件是由美国 Mechanical Dynamics Inc 公司开发研制的一套机械系统动力学仿真分析软件。ADAMS/Hydraulics 模块是 ADAMS 的一个对液压系统进行仿真的扩充模块，利用 ADAMS/Hydraulics 模块可以在同一界面下建立机械系统与液压回路之间相互作用的模型。可以在计算机中设置系统的运动特性，进行各种静态、模态和动态的分析，如：液压系统峰值压力和运行压力、液压系统滞后特性、液压系统控制、功率消耗、液压元件和管路尺寸等。由于 ADAMS/Hydraulics 采用了与 ADAMS/View 相同的参数化功能和函数库，因此用户在液压元件设计中同样可以运用设计研究(DS)、试验设计(DOE)及优化设计(OPTIMIZE)等技术。

MATLAB 是 MathWorks 公司于 1982 年推出的一套高性能的数值计算可视化软件，广泛应用于自动控制、图像信号处理、信号分析、振动理论、时序分析与建模、优化设计等领域，并表现出一般高级语言难以比拟的优势。MATLAB/Simulink 可以对动态系统进行建模、仿真和分析，从而可以在设计系统的时候先对系统进行仿真和分析，然后及时进行必要的修正，以实现高效的系统开发。Simulink 支持线性和非线性系统、连续和离散时阻力系统以及多进程系统。Simulink 包含有 Continuous（连续量）、Discrete（离散量）、Functions&Table（功能）、Math（计算）、Nonlinear（非线性环节）、Signals systems（信号系统）、Sinks（输出方式）、Source（信号输入源）、Subsystems（子系统）子模型库。并且在每个子模型库中包含有相应的功能模块，用户也可以制定和创建适合需要的模块。

AMESim 软件最初于 1995 年由法国 IMAGINE 公司推出，至今已经历了二十多年的丰富和完善。AMESim 代表 "Advanced modeling environment performing simulations of engineering systems"，即"执行工程系统仿真的高级建模环境"。它具有完全图形界面，在整个仿真过程中系统都是以图形的形式显示的，在表示元件方面，对于液压元件采用基于工程领域的标准 ISO 符号；对于控制系统，则采用图表符号；对于没有标准符号的，则采用能代表系统的容易识别的图画符号。

1.7.3　现代液压系统仿真技术特点

（1）图形操作界面

为了使不精通计算机操作的普通液压技术人员能够顺利地进行液压系统仿真，从而使仿真技术更广泛地应用于工程实际，友好的交互界面是不可缺少的。几乎所有知名的液压仿真软件都支持图形化操作界面。

（2）多领域建模仿真

在实际工程应用中，液压和机械、电子等元器件组合构成整个系统，这就要求仿真时可以加入其他领域的模型，如 AMESim 自带有液压、机械、控制、信号、热力学、气动等多种模型库，方便仿真人员调用。

（3）数据库技术的应用

仿真系统最重要的技术资料是系统的原理图、元件的数学模型以及相关参数、仿真结果，传统的文件系统无法处理大量的信息，而能够规范存储的数据库技术被引入仿真技术。

（4）标准化模型库

大多数液压系统仿真软件一般将仿真元件分为液压泵、液压马达、液压阀、液压缸和液压辅件等五类，据此建立标准元件，方便用户快速进行仿真。当然，用户自定义元件模型的创建也是液压系统仿真软件必不可少的功能。

1.7.4　液压系统仿真技术的发展趋势

随着数值模拟技术和计算机技术的发展，人们对液压仿真技术也提出了更高的要求。目前，液压系统数字仿真技术的发展趋势主要有以下 7 个方面。

（1）多场耦合分析

多场耦合场分析是涉及不同物理现象的多物理场的模拟分析。过去由于多场耦合问题的建模和解算过程都比较复杂，因此多场耦合问题的仿真模拟实现起来比较困难。而近年来随着液压技术、模型解算方法和计算机软件的发展，液-固、液-气以及同时考虑热力场和应力场等多场耦合问题的求解越来越成为液压流场分析的发展趋势。

（2）三维动态流场分析

对于某些无法简化成二维流场的结构中，三维流场分析是十分必要的。在目前计算机运算速度快速提升的前提下，三维流场分析成为液压流场分析技术发展的必然趋势。

（3）可视化技术

三维流场技术的发展必然会带动可视化技术的发展，包括分析结果的可视化及分析过程的可视化两方面。目前，可视化程度已经成为衡量一个仿真软件好坏的标准之一。

（4）机电液一体化系统分析

综合考虑机电液系统的建模及分析仿真将是系统设计和性能评价的最好方法。因此能够同时建立机械、电气及液压结构的数学模型，并能把三者有机地结合起来的仿真软件将越来越受到青睐。

（5）并行仿真技术

由于数学模型需考虑多种因素而变得越来越复杂，而仿真结果的输出则希望越来越快，因此，仿真方法对数据处理速度提出了很高的要求。多计算机或多 CPU 同时对同一问题进行仿真计算，是解决大量数据计算的有效途径，因此并行仿真方法应用而生。

（6）多媒体技术

多媒体技术使仿真结果的表示方法更加多样化，例如动画技术与仿真技术的结合，给仿真结果的输出带来了全新的感觉。目前，大多数仿真软件都可轻松实现仿真结果以动画的形式输出。

（7）半物理仿真

半物理仿真的特征是仿真模型中包含一部分物理模型。当一些系统部件和现象难于建模时或在某些特殊要求下，系统的模型部分或其相似系统成为仿真模型的一部分，从而使仿真结果更具说服力。而半物理仿真中要解决的关键问题是处理好仿真模型中数学部分和物理部分的衔接问题。

1.8 建模方法

1.8.1 数学建模方法

传统的数学建模方法基本上有两大类，即机理分析建模与实验统计建模。后来出现了层次分析和定性推理建模方法，实验统计建模也有新的发展，产生了具有现代活力的系统辨识建模方法。

基于上述四大类数学建模方法的具体建模方法，目前已超过数十种，其常见方法有：直接相似法、回归统计法、极率统计法、量纲分析法、网络图论法、图解法、模糊集论法、蒙特卡洛法、"隔舱"系统法、"灰色"系统法、多分面法、分析统计法及计算机辅助建模法等。

机械系统建模一般采用机理分析、数据分析法、仿真等方法。

机理分析是从基本物理定律以及系统的结构数据推导出模型，其中常用的方法有比例分析法、代数方法、逻辑方法、常微分方程、偏微分方程。

数据分析法是从大量的观测数据中利用统计方法建立数学模型，其中常用的方法有时序分析法、回归分析法。

仿真一般使用计算机仿真（模拟），实质上是统计估计方法，等效于抽样实验。常用的有离散系统仿真和连续系统仿真。

1.8.2 常见液压系统建模方法

（1）方块图和信流图法

两者都是系统动态方程的图解表达法，方块图（图1.4）更接近于物理系统。

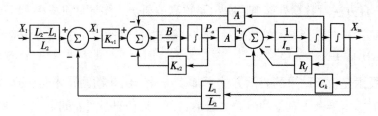

图 1.4 方块图

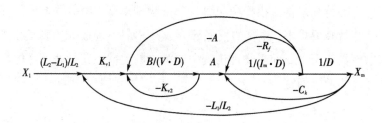

图 1.5 信流图

信流图（图1.5）是现代控制理论中建立系统状态方程的一种常用方法。虽然和直接法一样，首先要有系统微分方程，只适用子线性系统和非本质非线性系统，但与直接法相比，它具有以下优点：

① 可处理多输入、多输出问题，且很方便。

② 利用曼逊（S.J.Mason）公式，不仅可直接、迅速地得到各变量间关系式，而且可以

直接求解状态方程。

③ 信流图在运用模拟机计算分析时，所需要的编排图一致，只是符号和表示方式不同，故应用极其方便。

(2)传递函数建模法

经典控制理论借助传递函数分析系统动态特性，在频域中分析系统性能。这种方法对于非线性因素无法表达，对于时变的非线性的多输入、多输出系统(除简单的非线性系统可转化为线性系统处理外)也无法取得满意效果。这种方法适用于单输入、单输出的线性系统，且在很多方面是近似的，许多影响因素不能如实地反映到模型中。传递函数描述了响应随输入的时域变化，并与输入形式无关。虽然此方法已比较成熟，可是必须线性化这一点却使其在液压系统中的应用受到限制。

(3)功率键合图法

功率键合图(power bond graph)是美国 MIT 的 Henry Paynter 于 1959 年提出来的，可用来研究各个工程领域的系统动态性能。后经 Dean C.Kamopp、Ronald C.Rosenberg 等人发展与完善，P.Pransfield 使此法得到较全面系统的应用并体现出液压专业特点。以液压台实验系统(如图 1.6 所示)为例，可建立实验台系统的键合图模型(如图 1.7 所示)。

功率键合图法是基于系统中功率流向分析，根据"势变量"和"流变量"两个功率变量在系统中传递、分配、汇集、转换状况，建立适合计算机仿真的状态变量模型。该方法是用图形方式描述系统中各元件间的相互关系，以能量守衡定律为依据，从相似性原理出发，把不同能量领域中的功率变量及相互关系用统一的符号来表达，能反映元件间的负载效应及系统中的功率流动情况，表示出系统动态特性有关的信息。利用有关变量间的因果关系，用规范化的步骤，方便地由键合图直接列出适合于仿真的状态方程，并用系统的物理结构为基础，利用集中参数法简化系统，形成系统的图式动态模型。但该方法工作量大，由于视系统为"白箱"，有些参数如液感、液容、液阻和阀口流量系数等难以准确确定和计算。功率键合图法用于液压系统分析，可同时描述压力和流量两个主要参量的传递，所以特别适合于描述传递功率为主的流体动力系统，被誉为"流体动力系统研究强有力的新工具"。

(4)系统分析法

系统分析法实质上是大系统理论用于液压系统分析的产物。它把液压系统视为由一些子系统组合而成的大系统，根据系统的拓扑分析关系式，将子系统的状态空间表达式综合出整个系统的状态空间表达式，特别适合于高度复杂系统的分析，因为删去或导入某些子系统时，只要改动一下拓扑约束方程就可以了。

选取建模方法的依据主要应该取决于对模型的要求：

① 能得到简明、扼要的模型。所采用方法只要能相对真实地描述系统工作状态，得到能获得有意义分析结果的模型即可，不必盲目地去追求细致和完整的模型。要知道，这时困难往往并不在于建立复杂模型的本身，而在于取得这个完善模型所需的全部准确

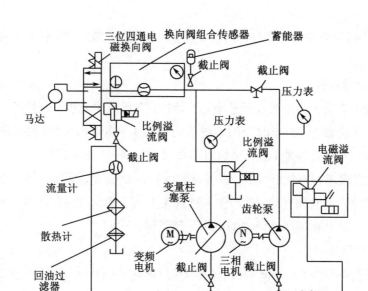

图 1.6   液压台实验系统

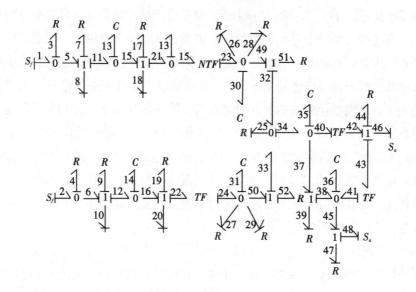

图 1.7   液压台实验系统的键合图模型

数据。

② 适合于计算机求解。正如前述，即意味着希望得到以状态方程、矩阵形式表示的数学模型。

③ 元件或部件的模型能被调用，方便地综合成各种系统模型。

④ 模型的标准化。这是属于一项远景规划工作。可以设想如果使液压元件模型达

到标准化的水平，则可以实现使各厂产品建立数学上的互换性。在供应商品的同时，提供该产品的标准数学模型及数据，不仅可以大大避免许多重复无意义的劳动，也为建立液压元件、组件及系统模型库、数据库带来极大方便。但此项工作须专门建立有权威的、全国性的液压元件模型委员会来规划领导，才能逐步实现。

（5）解析建模法

解析法建模是在液压系统分析的基础上，利用各种物理定律和系统中各参数之间的关系，直接建立系统的数学模型。解析建模法可以建立系统的静态模型、动态的微分方程模型、传递函数模型或状态变量模型。该方法视系统为"白箱"（透明箱），是通过分析系统中节点、回路、元件或执行机构的流量特性、压力特性和运动方程求出描述系统动态特性的数学模型。该建模方法要求所有结构参数和性能参数都已知，而有些性能参数如流量系数、摩擦阻力等难以确定，常需借助经验或资料选取，与实际系统难免有出入。但目前还是一种较常用的建模方法，然而用这种方法建模理论分析量大，且建立的数学模型也很难保证能确切地描述系统的动态性能。

（6）面向对象技术建模法

面向对象技术建模法是将液压系统的各元件视为"对象"，并将液压系统看成一系列离散对象的结合，对象的功能是通过为其定义的一组方法来描述；对象的结构特征由它的内部状态信息表示，对象间的相互作用通过"消息"传递实现。采用面向对象方法进行液压系统动态特性仿真，则不同对象间的结合及相互作用便构成所要设计的液压系统动态特性的仿真模型，使描述问题的问题空间和解决问题的方法空间在结构上获得比较好的一致性。

（7）液压大系统建模法

液压大系统建模法是一种理论分析与辩识实验相结合的建模方法。液压大系统建模法将液压系统视为"灰箱"，其中有些参数如元件或系统的结构参数已知，有些性能参数如阀口流量系数和阻尼系数待定。首先根据元件的功能和作用建立元件的子模型（或子系统），然后根据系统拓扑结构分析、节点拓扑约束条件和边界条件，由元件子模型生成液压大系统模型子模型和液压大系统模型的待定参数，通过对元件或子系统的参数辩识获得由数学模型生成仿真模型，输入已知参数和辨识参数，即可进行仿真。液压大系统是由若干元件和子系统按一定的方式组合而成的，所以在液压大系统建模方法中对系统进行拓扑结构分析，就是分析液压系统液压元件模型的方法将液压大系统及其功能进行简化和抽象化，以利于由子模型方便而迅速地构成液压大系统模型。在由元件子模型生成液压系统数学模型时，还要依据元件间节点信息、节点拓扑约束条件和边界条件。液压大系统建模法中充分利用拓扑结构分析技术、系统拓扑结构信息流图、节点信息与节点拓扑约束条件和边界条件来分析描述系统，有利于实现液压系统自动建模，具有形象化和方便直观的优点。

（8）实验建模法

实验建模法就是利用简单实验得到的实验数据，对系统进行参数辩识，得到这些难以确定的参数。实验建模法建立的模型适合于计算机的仿真，能准确地描述系统的动态性能。

第 2 章　基本液压元件建模

2.1　液压系统的建模过程

液压系统的动力学模型和热力学模型是描述系统动态特性的数学模型,而建立系统的数学模型通常有两种途径:理论建模法和实验建模法。理论建模法是从已知的定理、定律出发,通过机理分析找出系统内在的运动规律,借助数学工具推导出数学模型,故又称解析建模法。实验建模法是通过测量、观察系统实体的有关可观测量,经过数据和数学处理获得数学模型,也称辨识建模。就液压系统而言,系统的理论分析已经比较成熟和完善,通过机理分析得出的模型结构具有相当高的精度。本书主要介绍解析建模法建立系统数学的动力学和热力学模型。

建模过程就是将系统进行概括、抽象和数学解析处理的过程。一般可通过划分子系统、建立基本模型、集总模型 3 个阶段完成。

2.1.1　划分子系统

实际的液压系统通常比较复杂,由很多液压元件组成,直接建立系统的动态模型比较困难,而且不利于系统的分析和调试。所以为了便于建立系统的动力学模型和热力学模型,必须将液压系统分解成若干子系统,从子系统的模型入手建立和分析整个液压系统的模型,这些划分的子系统之间相互连接,实现系统能量和信息的传递。而一个子系统又可分解成许多元件,元件可以被认为系统的最基本的组成部分。为了使系统模型简单直观,本书将每个液压元件看成一个子系统,相连的液压元件实现能量和信息传递。

2.1.2　建立基本模型

组成液压元件模型的最基本要素称为单元(或作用元),单元不等于元件,而是经过分析概括以后,抽象化、按性质划分的、更基本的组成部分。单元用来表达对系统动态特性产生某种影响作用的因素。对于液压系统而言,通常有阻性元、容性元和感性元 3 种。液压元件的模型不是这些作用元的简单几何,而是很多这些单元相互作用、相互依存,最后使系统具有某种特定功能,有规可循的集合整体。对于通常的液压元件,严格来说是由这 3 种作用元共同作用完成其功能的。在简化计算中,某些元件也可以被近似认为由某个基本元组成，如节流阀在近似计算中可以认为其模型仅由阻性元组成，忽略其内部容腔内流体的体积。所以必须根据实际工程需求选择元件模型的负载度。

为了实现液压元件模型的公式更加具有通用性，必须从元件模型中提出更加基本的元素，这就是基本模型。基本模型是能够解释系统实体研究范围的输入-输出行为模型，不要求它能提供系统实体行为的全部解释，建立模型只是作为了解系统、研究系统的手段和工具，因此模型的形式应该适用于应用的目的。本书根据研究对象和研究目的，为了便于建模和研究，定义三种基本液压元件：容性元件、阻性元件和感性元件。容性元件仅由容性元组成；阻性元件仅由阻性元组成；感性元件仅由感性元组成。在工程中很难找到某液压元件属于基本液压元件，当然，某些元件的简化模型可以被近似认为基本液压元件。所有液压元件的热力学模型都由一个或多个基本液压元件模型组成。

2.1.3 集总模型

根据已知的子系统的模型和划分的边界条件，按照一定的规则步骤就可以归纳建立描述整个模型的集总模型。液压系统是由液压元件连接而成的，液压系统的动力学和热力学模型也由液压元件的动力学和热力学模型组成。但是液压系统的模型不是液压元件模型的简单组合，液压元件根据系统工作原理进行连接，所有液压系统的模型不仅需要根据液压元件的连接关系确定数据流向，而且必须满足液压元件模型对输入和输出数据的需求，以便方程求解能够顺利进行。

子系统模型虽然从局部的角度看已经比较简单，但经集总处理后，又会使模型过于复杂，导致响应求解困难。因而尚需根据模型的使用目的对所研究的系统做合理的假设，提出简化设想，将系统模型进一步简化，从而实现快速求解。

2.1.4 建模假设

液压系统的动态分析是建立在正确的数学模型的基础之上的，而液压元件种类很多，所以建立液压元件的模理必须推导出对大多数液压元件适用的计算方程和通用的建模方法。

流体质点的一切物理量必然都是坐标与时间变量 (x, y, z, t) 的单值、连续、可微函数。对于集总参数建模，需要将液压元件的动力学和热力学模型简化，认为液压油液的温度、压力和流量仅是时间的函数，避免采用偏微分方程描述液压元件的模型。所以在模型推导之前将做如下假设：

① 流动是一维的；

② 在计算节点所对应的容腔内油液属性是均匀的；

③ 不考虑油液内部的热传导和辐射；

④ 计算的压力和温度是节点所对应的容腔内油液的平均压力和温度。

通过如上的假设，液压元件的动力学和热力学模型将可以用集中参数模型表示。对于集中参数模型，模型参数在被建模对象的整个空间区域内适用。

对于集中参数模型，在考虑液压元件的动态建模时，通常认为液压元件的模型由三种基本作用单元相互作用组成：容性元、阻性元和感性元。为了便于建模和研究，定义了三种基本液压元件：容性元件、阻性元件和感性元件。容性元件仅由容性元组成，模型中通常考虑传热；阻性元件仅由阻性元组成，通常按绝热元件处理。在实际工程中很难找到某个液压元件属于基本液压元件，但某些元件的简化模型却可以被近似认为基本液压元件。阻性元件内部没有容腔，所以阻性元件的模型是静态模型，这也就意味着通过阻性元件的液压油液的压力和温度是瞬间变化的，不考虑其变化时间和变化过程。容性元件内部有液压容腔，容腔内部油液的压力和温度在模型中是状态变量，由相应的微分方程描述，所以容性元件的模型是动态模型。所有液压元件的模型都由一个或多个基本液压元件模型组成。

2.2　基本液压元件建模

2.2.1　基本容性元件建模

基本容性元件内部有液压容腔，其模型是动态模型，需要用微分方程描述。而建立被建模对象的微分方程首先需要选择状态变量，状态变量通常有压力、温度、焓等。通常我们希望状态变量可以测量，而且比较符合工程习惯，这样对压力、温度控制以及故障检测都有好处，并且在液压系统工作过程中，工作的流体介质通常不换相，所以可以选择压力和温度作为状态变量来建立质量守恒方程和能量守恒方程，描述容性元件的动力学特性和热力学特性。

（1）质量守恒定律

顾名思义，质量守恒定律是指质量不能被创造也不能被销毁；如果流入某一控制体的质量超过流出的质量，质量就会在控制体内部积累。质量守恒定律要求控制体（CV）内质量的变化率与流出控制体表面（CS）的质量流量之和等于零，即

$$\frac{\partial}{\partial t}\iiint_{cv}\rho\mathrm{d}v + \oiint_{cs}\rho V\mathrm{d}S = 0 \qquad (2.1)$$

式（2.1）中左边第一项表示控制体内质量的变化率，第二项表示流出控制体表面的质量流量。此方程为流量连续方程，它是质量守恒定律的数学描述。将容性元件内部油液作为研究的控制体，如图 2.1 所示。

图 2.1　控制体

图 2.1 中，$\sum \dot{m}_{\text{in}}$ 表示流入控制体的流体的质量流量，$\sum \vec{m}_{\text{out}}$ 表示流出控制体流体的质量流量。根据上面的假设，流体按一维流动，对于集中参数模型，由式(2.1)得流量连续方程

$$\frac{\mathrm{d}m}{\mathrm{d}t} = \sum \dot{m}_{\text{in}} - \sum \dot{m}_{\text{out}} \qquad (2.2)$$

控制体内流体的质量 $m = \rho \times V$，所以控制体内流体的平均密度可以表达为

$$\rho = \frac{m}{V} \qquad (2.3)$$

将其两边取导数可得

$$\frac{\mathrm{d}\rho}{\mathrm{d}t} = \frac{\dfrac{\mathrm{d}m}{\mathrm{d}t} - \rho \dfrac{\mathrm{d}V}{\mathrm{d}t}}{V} \qquad (2.4)$$

密度是流体的热力学属性，它是流体温度和压力的函数可以表达为

$$\rho = \rho(p, T) \qquad (2.5)$$

所以对 ρ 取微分可得

$$\mathrm{d}\rho = \left(\frac{\partial \rho}{\partial p}\right)_T \mathrm{d}p + \left(\frac{\partial \rho}{\partial T}\right)_p \mathrm{d}T \qquad (2.6)$$

由式(2.6)，可以将流量连续方程表示为

$$\mathrm{d}p = \frac{1}{\left(\dfrac{\partial \rho}{\partial p}\right)_T} \left[\mathrm{d}\rho - \left(\frac{\partial \rho}{\partial p}\right)_p \mathrm{d}T\right] \qquad (2.7)$$

流体的体积弹性模量为

$$\beta_T(p, T) = \frac{\rho}{\left(\dfrac{\partial \rho}{\partial p}\right)_T} \qquad (2.8)$$

流体的体积膨胀系数为

$$\alpha_p(p, T) = -\frac{1}{\rho}\left(\frac{\partial \rho}{\partial T}\right)_p \qquad (2.9)$$

将式(2.8)和式(2.9)其代入式(2.7)可得

$$\frac{\mathrm{d}p}{\mathrm{d}t} = \beta_T\left(\frac{1}{\rho}\frac{\mathrm{d}\rho}{\mathrm{d}t} + \alpha_p \frac{\mathrm{d}T}{\mathrm{d}t}\right) \qquad (2.10)$$

由式(2.4)和式(2.10)可得

$$\frac{\mathrm{d}p}{\mathrm{d}t} = \beta_T\left[\frac{1}{\rho V}\left(\frac{\mathrm{d}m}{\mathrm{d}t} - \rho\frac{\mathrm{d}V}{\mathrm{d}t}\right) + \alpha_p\frac{\mathrm{d}T}{\mathrm{d}t}\right] \qquad (2.11)$$

式(2.11)右边括号内的第二项表示温度变化对压力变化的影响，在计算压力变化时通常被人们忽略，但是如果温度变化较快，此项不能忽略。例如，对于某液压油液，取 $\alpha_p = 7.2E^{-4}(1/K)$，体积弹性模量 $\beta_T = 700\ \text{MPa}$，对于某一封闭体积油液，如果温度变

化缓慢，设其变化速率为 1 ℃/min，相应的压力变化速率为 0.009 MPa/s，压力变化相对较小，在多数仿真中可以忽略。但是如果温度变化比较剧烈(比如燃油喷射系统)，设其变化速率 1 ℃/s，相应的压力变化速率为 0.54 MPa/s，压力变化比较大，此时如果忽略，会带来较大误差。

式(2.11)是集中参数模型的流量连续方程，是质量守恒定律的数学描述，即质量守恒方程，是对容性元件进行集中参数建模中压力计算的基本公式。从式(2.11)中可以看出，系统状态变量(温度和压力)的导数耦合在一起。

当不考虑温度特性时，认为温度的变化率 $\dfrac{\mathrm{d}T}{\mathrm{d}t} = 0$，流量连续方程表达如下：

$$\frac{\mathrm{d}p}{\mathrm{d}t} = \frac{\beta_T}{\rho V}\left(\frac{\mathrm{d}m}{\mathrm{d}t} - \rho \frac{\mathrm{d}V}{\mathrm{d}t} \right) \tag{2.12}$$

定义流入控制体积的流量为正，反之为负，则

$$\frac{\mathrm{d}m}{\mathrm{d}t} = \sum_i \overrightarrow{m_i} \tag{2.13}$$

式中，$\overrightarrow{m_i}$——第 i 条通路流入该控制体积的质量流量，kg/s。

将式(2.13)代入式(2.12)得

$$\frac{\mathrm{d}p}{\mathrm{d}t} = \frac{\beta_T}{V}\left(\sum q_i - \frac{\mathrm{d}V}{\mathrm{d}t} \right) \tag{2.14}$$

其中，$\dfrac{\mathrm{d}V}{\mathrm{d}t}$ 是由于容腔边界的运动而造成的流量变化项，所以对于一定的体积 V，$\dfrac{\mathrm{d}V}{\mathrm{d}t}$ 也可以理解为体积流量，与其他流量部分一起考虑，所以式(2.14)就表达为人们所熟知的形式

$$\frac{\mathrm{d}p}{\mathrm{d}t} = \frac{\beta_T}{V} \sum q_t \tag{2.15}$$

压力的导数等于 $\dfrac{\beta_T}{V}$ 乘以流量和的形式。

(2)能量守恒定律

能量守恒定律又称热力学第一定律，该定律是计算液压元件内流体温度变化的主要依据。该定律实质上描述了热力过程中能量守恒和转换关系，建立了热力过程中的能量关系。热力学第一定律可以表述为：在热能与其他形式能的互相转换过程中，能的总量保持不变。本书将该定律用于液压元件的热力学建模，其详细的数学基础可参见参考文献。为了清晰起见，在此对能量方程进行简单推导。

与流量连续方程的推导类似，将容性元件内部油液作为研究的控制体积，如图 2.2 所示。

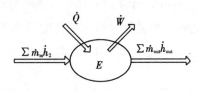

图 2.2

$\sum \dot{m}_{in} h_{in}$ ——流入控制体积的总流量；$\sum \dot{m}_{in} h_{out}$ ——流出控制体的总流量；$\dot{q}$ ——容腔与环境的热交换流量；$\dot{W}$ ——容腔与环境的功率交换流量。在控制体积内，仍然取压力和温度为状态变量。由前面的推导可知，描述压力变化的微分方程可以由流量连续方程计算得到。由前面的假设可知，控制体内部的油液是均匀的，油液的属性在控制体内部各点是相同的。对于控制体积 V，应用热力学第一定律可得能量守恒方程

$$\dot{q} - \dot{W} = \sum \dot{m}_{in} h_{out} - \sum \dot{m}_{in} h_{in} + E \tag{2.16}$$

式中，E 为控制体内的存储能，它是控制体内的热力学能 U、宏观动能 E_k 与宏观位能 E_p 之和，即

$$E = U + E_k + E_p \tag{2.17}$$

在工程上，除了出口流速很大的喷管和进口流速很大的扩压管这西种特殊管道外，通常忽略宏观动能 E_k 与宏观位能 E_p，所以 $E \approx U$，从而 E 的导数为

$$\frac{dE}{dt} \approx \frac{d(mu)}{dt} = m\frac{du}{dt} + u\frac{dm}{dt} \tag{2.18}$$

由于本章所研究的液压油液在工作过程中不换相，而且油液的比焓 h 可以表示为油液温度 T 和压力 p 的函数 $h = h(T, p)$，所以对比焓求导可得

$$\frac{dh}{dt} = \left(\frac{\partial h}{\partial T}\right)_p \frac{dT}{dt} + \left(\frac{\partial h}{\partial p}\right)_T \frac{dp}{dt} \tag{2.19}$$

式中，第一项系数被定义为等压比热容 c_p。

$$c_p = \left(\frac{\partial h}{\partial T}\right)_p \tag{2.20}$$

式(2.19)中第二项系数可以改写为

$$\left(\frac{\partial h}{\partial p}\right)_T = v - T\left(\frac{\partial v}{\partial T}\right)_p = v - v\alpha_p T \tag{2.21}$$

式中，v ——比体积，$v = \dfrac{1}{\rho}$。

将式(2.20)、式(2.21)代入式(2.19)得

$$\frac{dh}{dt} = c_p \frac{dT}{dt} + (1 - \alpha_p T)v\frac{dp}{dt} \tag{2.22}$$

由比焓的定义可知

$$h = u + pv \tag{2.23}$$

将式(2.22)、式(2.23)代入式(2.18)可得

$$\frac{\mathrm{d}E}{\mathrm{d}t} = c_p m \frac{\mathrm{d}T}{\mathrm{d}t} - mT\alpha_p v \frac{\mathrm{d}p}{\mathrm{d}t} + h \frac{\mathrm{d}m}{\mathrm{d}t} - p \frac{\mathrm{d}V}{\mathrm{d}t} \tag{2.24}$$

联立式(2.22)、式(2.16)、式(2.24)可得

$$\frac{\mathrm{d}T}{\mathrm{d}t} = \frac{1}{c_p m} \Big[\sum \dot{m}_{\mathrm{in}}(h_{\mathrm{in}} - h) + \sum \dot{m}_{\mathrm{out}}(h - h_{\mathrm{out}}) + \dot{q} - \dot{W} + p \frac{\mathrm{d}V}{\mathrm{d}t} + mT\alpha_p v \frac{\mathrm{d}p}{\mathrm{d}t} \Big]$$

$$\tag{2.25}$$

在液压元件中，$\dot{W}$ 通常代表边界功率 $\dot{W}_b$ 与轴功率 $\dot{W}_a$ 的和：

$$\dot{W} = \dot{W}_a + \dot{W}_b \tag{2.26}$$

边界功率可由下式计算：

$$\dot{W}_b = p \frac{\mathrm{d}v}{\mathrm{d}t} \tag{2.27}$$

将式(2.26)、式(2.27)代入式(2.25)可得

$$\frac{\mathrm{d}T}{\mathrm{d}t} = \frac{1}{c_p m} \Big[\sum \dot{m}_{\mathrm{in}}(h_{\mathrm{in}} - h) + \sum \dot{m}_{\mathrm{out}}(h - h_{\mathrm{out}}) + \dot{q} - \dot{W}_s + T\alpha_p v \frac{\mathrm{d}p}{\mathrm{d}t} \Big] \tag{2.28}$$

对于容性元件，如果不考虑入口效应，可以近似认为流出控制体积的油液的温度与控制体积内油液的平均温度相同，假设流出控制体积的比焓与控制体积内的平均比焓相同。此时式(2.28)可以表示为

$$\frac{\mathrm{d}T}{\mathrm{d}t} = \frac{1}{c_p m} \Big[\sum \dot{m}_{\mathrm{in}}(h_{\mathrm{in}} - h) + \dot{q} - \dot{W}_s + T\alpha_p v \frac{\mathrm{d}p}{\mathrm{d}t} \Big] \tag{2.29}$$

式(2.24)中的比焓差可以表示为温度和压力的函数：

$$h_{\mathrm{in}} - h = \bar{c}_p(T_{\mathrm{in}} - T) + (1 - \bar{\alpha}_p T)\bar{v}(p_{\mathrm{in}} - p) \tag{2.30}$$

式(2.30)可以由式(2.22)积分得到。式中带上画线的参数符号代表其在控制体积内的平均值。对于通常的液压系统，$\bar{\alpha}$，$\bar{T}$ 项比较小(与 1 相比小两个数量级以上)，所以式(2.30)可以近似地表达为

$$h_{\mathrm{in}} - h \approx \bar{c}_p(T_{\mathrm{in}} - T) + \bar{v}(p_{\mathrm{in}} - p) \tag{2.31}$$

此时式(2.29)可以表达为

$$\frac{\mathrm{d}T}{\mathrm{d}t} = \frac{1}{c_p m} \Big[\sum \dot{m}_{\mathrm{in}} \bar{c}_p(T_{\mathrm{in}} - T) + \dot{q} + \dot{q}_f - \dot{W}_s + T\alpha_p v \frac{\mathrm{d}p}{\mathrm{d}t} \Big] \tag{2.32}$$

式中，$q_f = m_{\mathrm{in}} \bar{v}(p_{\mathrm{in}} - p) = q_{\mathrm{in}}(p_{\mathrm{in}} - p)$。

式(2.32)中包含比焓差(2.31)的表达式的一部分，将其分离出来能更加清晰地表达出压力损失生热，有利于系统模型的表达。

式(2.11)和式(2.32)是集总参数方程，体现了质量守恒和能量守恒。从方程的表达式可以看出两个方程相互耦合，这给求解带来困难。同时也说明，对于液压系统，其动

力学特性受温度特性的影响,反之亦然。所以在仿真时仅考虑其动力学特性或仅考虑其温度特性是不够准确的。但是,对于液压系统的很多工作情况,如果其温度变化较小或变化速度较慢,可以在模型中不考虑温度变化的部分或做一定的近似处理,不计算温度的动态特性,从而大大减少了计算量。

2.2.2 基本阻性元件建模

基本阻性元件内部没有液压容腔,所以元件内部没有状态变量。但是通常在阻性元件中,由于流阻的存在,可以计算元件的功率损失和质量流量。通过阻性元件的质量流量 $\dot{m}$ 与元件两端的压差 Δp 的往往为非线性关系,一般情况下可以描述为

$$\dot{m} = k\rho A\Delta p^n \tag{2.33}$$

式中,k ——与液阻的过流通道形状和液体性质有关的系数;

A ——液阻过流截面积,mm^2;

n ——指数,与液阻结构形式有关。

具体的表达式由具体阻性元件的特性决定。例如,标准的薄壁小孔节流、流动为紊流的压力流量特性方程可以表达为

$$\dot{m} = C_d A\sqrt{2p(\Delta p)} \tag{2.34}$$

式中,C_d ——流量系数。通常人们认为流体流过阻性元件后其功率损失生热量可以由下式计算

$$\dot{q}_t = \Delta p \dot{m} v \tag{2.35}$$

细心的读者可以发现,此项就是焓差中推进功的损失项忽略 $\overline{\alpha_p}\overline{T}$ 之后的表达。对于阻性元件,通常认为是绝热元件,所以流过该元件的流体的焓值不变。阻性元件的输入变量为端口的压力和温度,而压力和温度又是容性元件模型的状态变量;阻性元件模型计算出来的质量流量和热流量又是容性元件模型的输入变量。显然,两种基本元件模型的输入和输出恰好相反。

2.2.3 基本感性元件建模

感性元件的数学模型遵循的定律是动量守恒定律。动量守恒定律作用于具有一定控制体积的油液,其数学表达就是牛顿第二定律,如式(2.36)所示:

$$F = ma \tag{2.36}$$

作用在控制体积内的油液的合力等于油液的质量乘以其加速度,该控制体积的油液将在力的作用下运动。首先分析控制体积的受力,控制体积受到以下两种类型的力。

(1)体力

该项直接与控制体积内油液的质量相关,如重力、电磁力等。对于大多数液压系统,体力主要考虑其重力,但是多数情况下重力对于表面力而言对动量的影响较小,可以忽略(如果需要考虑,必须注意其方向与流体运动方向的夹角)。

（2）表面力

该项直接作用于控制体积内油液的表面。表面力也分为两种：一种为作用在控制体外表面的分布压力；另一种为控制体表面分布的正应力和剪应力，它们通过摩擦的形式表现出来，并且与速度、梯度相关。对于大多数黏性流动，正应力与剪应力相比要小得多，所以通常忽略正应力。剪应力宏观体现为流动阻力，其在某点处的平均值用粘性阻尼项 F_f 表示。

对于流体的运动，其牛顿第二定律最准确的数学表达为 Navier-Stokes 方程。应用不可压黏性流体的 Naviet-Stokes 方程以及上面的分析，可得一维黏性流动的动量方程：

$$\rho \frac{\mathrm{d}v}{\mathrm{d}t} = \frac{\partial(\rho v)}{\partial t} + \frac{\partial(\rho v^2)}{\partial x} = -\frac{\partial p}{\partial x} + \frac{\partial F_1}{\partial x} \tag{2.37}$$

式中，v——流体的速度，m/s；

　　ρ——油液的密度，kg/m³；

　　p——油液的压力，MPa。

由上面假设，容腔内油液的密度取平均密度，且用差分代替在空间 x 方向的偏导数，式（2.37）可写为

$$\rho \frac{\mathrm{d}v}{\mathrm{d}t} + \rho \frac{\Delta(v^2)}{\Delta x} = -\frac{\Delta p}{\Delta x} + \frac{\Delta F_\mathrm{f}}{\Delta x} \tag{2.38}$$

质量流量 $\dot{m}$ 可以表达为

$$\dot{m} = \rho \cdot A \cdot v \tag{2.39}$$

式中，A——油液流过的横截面积。

则由式（2.38）和式（2.39）可得

$$\frac{\mathrm{d}\dot{m}}{\mathrm{d}t} + \frac{\dot{m}_2^2 - \dot{m}_1^2}{\rho A L} = \frac{A(p_1 - p_2)}{L} + \frac{\Delta F_\mathrm{f}}{L}A \tag{2.40}$$

式中，$L = \Delta x$。

对于黏性阻尼项 F_f，代表控制体侧面的流动阻力，根据达西公式可得

$$\Delta F_\mathrm{f} = -\operatorname{sign}(v)f \frac{L}{D_\mathrm{h}} \frac{1}{2}pv^2 \tag{2.41}$$

其中，f 为摩擦系数，其数值通常需要使用通过大量实验确定的经验公式来计算。

应用式（2.39）和式（2.41）可得

$$\frac{\mathrm{d}\dot{m}}{\mathrm{d}t} = \frac{A(p_1 - p_2)}{L} - f \frac{\dot{m}|\dot{m}|}{2\rho A D_\mathrm{h}} - \frac{\dot{m}_2^2 - \dot{m}_1^2}{\rho A L} \tag{2.42}$$

代人式（2.40）得

$$\frac{\mathrm{d}\dot{m}}{\mathrm{d}t} = \frac{A(p_1 - p_2)}{L} - f \frac{\dot{m}|\dot{m}|}{2\rho A D_\mathrm{h}} - \frac{\dot{m}_2^2 - \dot{m}_1^2}{\rho A L} \tag{2.43}$$

假设流出质量流量与内部质量流量相同，则上式可写为

$$\frac{\mathrm{d}\dot{m}_2}{\mathrm{d}t} = \frac{A(p_1 - p_2)}{L} - f\frac{\dot{m}_2 \mid \dot{m}_2 \mid}{2\rho A D_\mathrm{h}} - \frac{\dot{m}_2^2 - \dot{m}_1^2}{\rho AL} \tag{2.44}$$

式中，$\dfrac{\dot{m}_2^2 - \dot{m}_1^2}{\rho AL}$ 项是由流向的迁移加速度产生的，也称对流导数项。

对于实际的液压系统，相邻的两个控制体积的质量流量的差通常很小，所以目前多数液压系统仿真软件在计算过程中通常不考虑该项，所以式(2.44)可以表达为

$$\frac{\mathrm{d}m}{\mathrm{d}t} = \frac{A(p_1 - p_2)}{L} - f\frac{\dot{m} \mid \dot{m} \mid}{2\rho A D_\mathrm{h}} \tag{2.45}$$

该表达式的物理意义比较清晰，可以近似地这样理解：控制流体的动量变化主要由作用在控制体外侧的压力和控制体侧面的剪切黏性阻尼项引起。

在多数液压元件建模过程中，液感项通常是不被考虑的。多数情况下，当考虑长液压管路模型及瞬态液动力时，液感模型才在元件模型中出现，而且液感模型通常与液容模型一起出现(有液感存在则必然有液压容腔)，也就是动量方程与连续方程耦合出现。其中压力和流量为状态量，形成二阶系统，而且通常阻尼较小，从而引起系统油液的振荡。

2.3　金属外壁的模型

液压油液通常在金属的容腔内流动，建立油液的动态模型时不能不考虑金属外壁对模型的影响。所以有必要对金属外壁进行分析，将其特性考虑到油液的模型之中，使其模型更加准确。

金属外壁对油液的动力学特性与热力学特性的影响主要体现在两个方面：一是对弹性模量的影响和对传热的影响；二是对于油液综合弹性模量的影响，这部分将在油液的等温压缩系数及体积弹性模量相关章节中介绍，这里主要介绍金属外壁对传热的影响。

2.3.1　液压系统发热及传热分析

液压系统在工作过程中，不仅自身发热，而且通过金属外壁与外界环境传热，在模型中必须体现这些影响因素才能使模型更加具有通用性和准确性。所以在考虑金属外壁传热模型之前，首先应对液压系统进行发热和传热的分析，以确定影响液压系统热性能的主要因素。

大多数的实际工程液压系统均为开口系统，系统与外界有质量和能量的交换。液压系统由许多液压元件连接而成，所以我们以液压元件为对象研究影响其热性能的主要因素。由热力学第一定律不难发现，元件内部油液温度变化必然是由于油液内部的功率损失以及与外界发生质量、热量和功的交换导致的。

在液压系统的内部，发热量主要是在系统中的有轴功元件（如泵、马达等）的功率损失以及节流孔和阀等对液流起节流和控制作用时产生的。被这些元件消耗的液压功率大部分都用来使油液发热，只有小部分使其本身局部发热，所以有轴功元件和各种有节流作用的阀是液压系统中的主要热量产生源。此外热量还来自液压管道、管接头、油滤和各种元件的阻力压降；密封摩擦、机械摩擦、涡流损耗、泵和马达中接触面间的黏性阻力等也都会产生热量；当泵处于压缩行程，液压油渗入的空气被压缩至高压时，也将产生热量；当充气的蓄能器急速地循环工作时，可能使气体的温度高于油温，这就会使热量传向油液。但是后几种原因产生的热量较有轴功元件和各种有节流孔和阀所产生的热量要小得多，通常在计算时不用都考虑，主要考虑油液流动时受摩擦阻力产生的热量。如果后几种原因产生的热量总的效果比较可观，或这些因素中的某些因素对液压系统的发热影响较大，则模型中必须考虑这些因素。

液压元件除自身发热以外，还与外界环境进行热量的传递。传热按其物理本质可以分为三种不同的方式：热传导、热对流、热辐射。液压系统也不例外。热传导是指在物体内部或相互接触的物体表面之间，由于分子、原子及自由电子等微观粒子的热运动而产生的热量传递现象；热对流是指由于流体的宏观运动使温度不同的流体相对位移而产生的热量传递现象；热辐射是指由于物体内部微观粒子的热运动（或者说由于物体自身的温度）而使物体向外发射辐射能的热量传递现象。对于液压系统而言，三种热传递方式同时存在，但影响的大小各有不同。所以本书只针对液压系统和液压元件的主要传热方式进行分析。

基本阻性元件不含液压容腔，其空间跨度很小，可以被认为绝热元件（如果液压元件空间跨度较大，必须考虑元件与环境的传热，则此液压元件的模型应包含容性元）。对于含有容性元的元件均包含液压容腔，所以以容性元件为对象进行传热分析。对于集中参数模型、通常将容性元件内油液的体积看成一个油液节点，将容性元件的外壳看成一个质量节点，它们分别称为流节点和质量节点。流节点可以反映一定质量的油液的流入和流出，从而反映油液流动中的热运动；质量节点可以反映元件结构在热对流、热辐射、热传导三种传热方式中的热运动。传热模型如图 2.3 所示。

图 2.3 中，$\dot{m}_{in}$ 为流入流节点的质量流量；$\dot{m}_{out}$ 为流出流节点的质量流量；h_{in} 为流入流节点的流体的比焓；h_{out} 为流出流节点的流体的比焓；$\dot{q}_{int}$ 为流节点与质量节点的对流换热流量；$\dot{q}_{ext, cour}$ 为质量节点与环境的对流换热流量；$\dot{q}_{ext, rad}$ 为质量节点与环境的辐射换热流量。流节点和质量节点之间的热传递方式是对流换热；质量节点与环境之间的传热方式是对流换热和热辐射；在有些情况下，还需要考虑相互接触的壁节点之间的导热。根据传热学的知识，当毕渥数 $Bi \leqslant 0.1$ 时，物体内部热阻远小于物体内部的换热热阻，可以忽略物体内部热阻。此时物体内部各点的温度在任意时刻都趋于均匀，物体的温度只是时间的函数，与坐标无关。对于多数液压元件，元件壁为热的良导体，而且壁相对

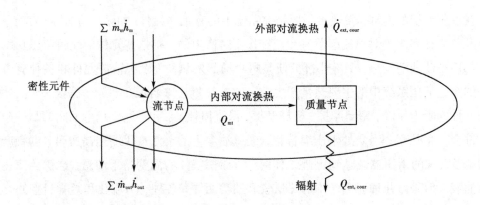

图 2.3　容性元件传热模型

较薄, 通常可以认为毕渥数 $Bi \leq 0.1$, 所以忽略壁的热阻。按集总参数法分析, 将元件壁看作一个质量节点(如果元件空间跨度较大, 毕渥数 $Bi \leq 0.1$, 则将元件分段处理, 用多个质量节点模拟元件壁)通过以上分析可知, 液压元件的主要传热方式是对流换热和辐射换热, 下面对两种传热方式做简单介绍。

(1)对流换热

对流换热是指流体流经固体时流体与固体表面之间的热量传递, 如图 2.4 所示。当流体流过固体表面时, 由于黏滞作用, 紧贴固体表面的流体是静止的, 热量传递只能以导热的方式进行。离开固体表面, 流体有宏观运动, 热对流方式将发生作用。

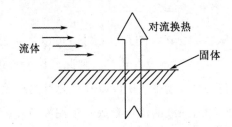

图 2.4　液体与固体之间的对流换热

对流换热量可以用牛顿冷却公式计算, 形式如下:

$$\dot{q}_{\text{conv}} = hA(T_{\text{f}} - T_{\text{w}}) \tag{2.46}$$

式中, h ——整个固体表面的平均表面换热系数;

　　T_{w} ——固体表面的平均温度;

　　T_{f} ——取流体的平均温度。

液压元件流体和壁之间的对流换热通常为强迫对流换热。强迫对流是指流过固体壁面的流体在外力作用下产生的流动。强迫对流换热量计算公式如下:

$$\dot{q}_{\text{fored}} = h_{\text{fored}}A(T_{\text{f}} - T_{\text{w}}) \tag{2.47}$$

式中, h_{fored} ——强迫对流换热系数;

　　T_{w} ——固体表面的平均温度;

T_f ——流体的温度。

强迫对流换热系数可以表示为

$$h_{fored} = \frac{\lambda Nu}{l} \tag{2.48}$$

式中,λ ——流体热导率;

l ——特征尺度。

努塞尔数 Nu 可以表示为普朗特数 Pr 和雷诺数 Re 的函数:

$$Nu = f(Pr,\ Re) \tag{2.49}$$

式(2.49)的具体表达式依元件的不同而不同。普朗特数 Pr 的计算表达式由下式给出:

$$Pr = \frac{\mu c_p}{\lambda} \tag{2.50}$$

式中,μ ——流体的动力黏度;

c_p ——流体的比热容;

λ ——热导率。

但是,由于多数液压元件几何形状比较复杂,特征尺度 l 无法准确给出,努塞尔数 Nu 的具体表达式通常为经验公式,而且对元件的形状和工作条件有严格的限制。通常的液压元件都无法给出经验公式,所以理论计算很难给出液压元件内部油液强迫对流换热系数的具体数值,这些参数需要进行实验辨识才能得到。

液压元件的金属外壁与空间环境的对流换热通常属于自然对流换热。自然对流指流过固体壁面的流体在不均匀的体积力(重力、离心力及电磁力等)的作用下产生的流动。自然对流换热量计算公式如下:

$$\dot{q}_{free} = h_{free}A(T_f - T_w) \tag{2.51}$$

式中,h_{free} ——自然对流换热系数;

T_f ——流体的温度;

T_w ——固体表面的平均温度。

自然对流换热系数也可以表示为

$$h_{free} = \frac{\lambda Nu}{l} \tag{2.52}$$

式中,λ ——流体热导率;

l ——特征尺度。

努塞尔数 Nu 可以表示为格拉晓夫数 Gr 和雷诺数 Re 的函数:

$$Nu = f(Gr,\ Re) \tag{2.53}$$

通常对于液压元件的自然对流换热系数的确定更加困难,不仅与元件的尺寸形状有关,而且与元件的摆放位置、元件表面的颜色,粗糙度以及环境的重力等都有关系。努

塞尔数 Nu 的具体表达式不仅在理论上无法给出，而且实验辨识也有很多困难。

（2）辐射换热

辐射换热是指物体之间以热辐射的形式进行的热量交换。辐射换热公式由斯蒂芬-波耳兹曼（Stefan-Boltzmann）定律得出：

$$\dot{q}_{\mathrm{rad}} = \varepsilon \sigma A (T_1^4 - T_2^4) \tag{2.54}$$

式中，σ ——斯蒂芬-波耳兹曼常数；

$\quad\quad$ ε ——发射率，具体取值可见参考文献。

对辐射换热的值的确定将更加困难，因为液压元件与环境中的很多物体都有辐射换热的发生，而且发射率 ε 不仅与液压元件的尺寸形状有关，还与元件的放置角度、元件表面的颜色、光滑度等都有关系，几乎无法进行理论计算，即使通过实验辨识也很难给出确定的公式。

2.3.2 金属外壁传热模型

如前所述，液压油液与金属外壁发生对流换热，金属外壁是油液与外界环境进行热交换的中间介质，在此将对金属外壁进行热力学建模与分析。在液压系统中液压元件通过管路相互连接，系统中除了存在元件金属外壁与油液和环境换热以外，还存在着液压元件的金属外壁与相连的管路外壁之间的直接接触导热以及由金属外壁内部温度分布不均匀产生的导热。对于大多数液压元件，由于其与管路连接处接触面积较小，液压元件外壁本身的质量较大而且质量比较集中（满足毕渥数 $Bi \leqslant 0.1$ 的要求），元件外壁与相连管路之间的导热对外壁的温度影响相对于其他换热影响较小，所以通常元件外壁与相连管路之间的导热换热量可以忽略。对于金属外壁内部由于温度分布不均匀产生的导热，只要满足毕渥数 $Bi \leqslant 0.1$ 的要求，可以近似认为金属内部温度均匀，不予考虑。

金属外壁与元件内部油液对流换热的热流量为 $\dot{q}_{\mathrm{int}}$，与外界环境的对流换热热流量为 $\dot{q}_{\mathrm{ext,\,conv}}$，辐射换热热流量为 $\dot{q}_{\mathrm{ext,\,rad}}$，根据热力学第一定律，描述金属外壁温度变化的微分方程可以表达为

$$\frac{\mathrm{d}T_{\mathrm{w}}}{\mathrm{d}t} = \frac{1}{c_{\mathrm{nw}}m_{\mathrm{w}}}\left[-\dot{q}_{\mathrm{int}} - \dot{q}_{\mathrm{ext,\,conv}} - \dot{q}_{\mathrm{ext,\,rad}} \right] \tag{2.55}$$

式中，T_{w} ——金属外壁的温度；

$\quad\quad$ c_{nw} ——金属外壁的比热容；

$\quad\quad$ m_{w} ——金属外壁的质量。

该方程是建立在金属外壁满足毕渥数 $Bi \leqslant 0.1$ 的要求的基础上的，认为金属外壁内部温度均匀，而且忽略与液压元件连接的管路的金属外壁对该液压元件的金属外壁的导热。

对于有些液压元件（如长管路），其本身可能较长，金属外壁的温度具有分布特征，其毕渥数 $Bi \leqslant 0.1$，由毕渥数的定义不难得知将元件的金属外壁分段考虑会降低毕渥数

值，所以此时需要将元件的金属外壁分段考虑，采用分段集总参数法建立模型。采用分段集总参数法将元件的金属外壁分为多个质量节点（每个质量节点满足毕渥数 $Bi \leqslant 0.1$ 的要求），此时相接触的金属质量节点间的导热将不可忽略。为了模拟相接触质量块之间的导热热阻，将相接触的质量节点之间插入热阻元件，该元件用来模拟相邻质量块之间的热阻，如图 2.5 所示。

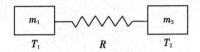

图 2.5　等效热阻示意图

图 2.5 中 R 为相接触的质量节点 m_1 和 m_2 之间的导热热阻。此时金属外壁的某个质量节点的热力学模型可以表达为

$$\frac{\mathrm{d}T_{\mathrm{w}}}{\mathrm{d}t} = \frac{1}{c_{\mathrm{nw}}m_{\mathrm{w}}} \left[\dot{q}_{\mathrm{ext,\,cond}} - \dot{q}_{\mathrm{int}} - \dot{q}_{\mathrm{ext,\,conv}} - \dot{q}_{\mathrm{ext,\,rad}} \right] \tag{2.56}$$

该式在式(2.55)的基础上加入传导换热的热流量 $\dot{q}_{\mathrm{ext,\,cond}}$，其计算公式为

$$\dot{q}_{\mathrm{ext,\,cond}} = \frac{c_{\mathrm{nw}}}{l} \Delta T \tag{2.57}$$

式中，c_{nw}——金属外壁的比热容，J/(kg·k)；

　　A——相邻两质量节点的接触面积，m^2；

　　l——分段长度，m；

　　ΔT——相接触质量节点的温差，℃。

在实际工程应用中，元件的金属外壁通常较薄，元件内部的温度与金属外壁的温度比较接近，虽然上述公式在理论上可行，但是由前面的分析可知，由于很多热参数很难确定，所以限制了这些公式在实际工程中的应用。根据笔者的工程经验，对于金属外壁热模型，可以分以下几种情况处理：

① 液压元件形状规则。如液压管路，此时外壁与油液的对流换热系数可以通过一些经验公式计算。

② 液压元件的形状不规则。没有经验公式可以参考，此时换热系数需要辨识得到。而实际上很难测量液压元件金属外壁的平均温度以及与内部油液的温差，必须做一定的简化处理才能用于实际的工程计算，很多液压元件都属于这一类。由于金属外壁热容量较小，工程上可以近似认为金属外壁内的温度变化较快，不考虑其变化过程，按稳态计算此时金属外壁相当于热阻。下面首先分析金属平壁的稳态传热过程。对于一个无内热源、热导率 λ 为常数、厚度为 δ 的单层无限大平壁，其内外两侧流体温度分别为 T_{f} 和 T_{a}、表面传热系数分别为 h_1 和 h_2 的稳态的传热过程，两侧流体的温度分布如图 2.6 所示。

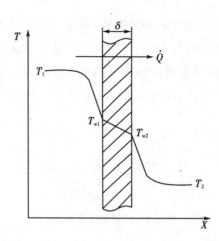

图 2.6　金属平壁的稳态传热示意图

通过平壁的热流量可由下式计算：

$$\dot{q} = kA(T_f - T_a) \tag{2.58}$$

传热系数 k 为

$$k = \frac{1}{\dfrac{1}{h_1} + \dfrac{\delta}{\lambda} + \dfrac{1}{h_2}} \tag{2.59}$$

元件壁形状通常并不规则，而且很多元件壁不能近似为规则形状，但是热流量的计算公式却与式（2.58）类似，只是 k 值的计算有所区别。这样就简化了元件模型，更加适用于实际的工程计算。

金属外壁除了与内部油液对流换热以外，还与外界环境存在辐射换热，而且有时不能忽略。这种对流换热与辐射换热同时存在的换热为复合换热，液压系统与外界环境的换热通常属于复合换热。对于复合换热，工程上为了计算方便，通常将辐射换热量折合成对流换热量，引入辐射换热表面传热系数 h_r，定义如下：

$$h_r = \frac{\dot{q}_r}{A(T_{w2} - T_a)} \tag{2.60}$$

式中，q_r——辐射换热量。

所以式（2.59）中表面换热系数 h，应该为对流换热表面传热系数与辐射换热表面传热系数 h_r 之和，即复合换热表面传热系数。这样就更加简化了元件模型，将对流换热与辐射换热的计算公式统一起来。此种方法实际上是用金属外壁的稳态传热过程代替了瞬态传热过程，如果金属外壁较厚，不能忽略其温度变化过程时，此种方法不再适用。如简化后的式（2.32）可以表达为

$$\frac{dT}{dt} = \frac{1}{c_p m}\left[\sum m_{in}\bar{c}_p(T_{in} - T) - H(T - T_a) + \dot{q}_f - W_a + T\alpha_p v\frac{dp}{dt} \right] \tag{2.61}$$

$$H = hA$$

式中，h ——复合换热系数；

　A ——换热面积。

用于实际计算的热力学模型是以该公式为基础的。

为了更加清晰地理解液压系统的动力学模型和热力学模型，现将各主要进行计算的完整方程综合排列如下。

（1）基本容性元件

① 质量守恒方程：

$$\frac{\mathrm{d}p}{\mathrm{d}t} = \beta_T\left[\frac{1}{\rho V}\left(\frac{\mathrm{d}m}{\mathrm{d}t} - \rho\frac{\mathrm{d}V}{\mathrm{d}t}\right) + \alpha_p\frac{\mathrm{d}T}{\mathrm{d}t}\right] \tag{2.62}$$

当不考虑温度特性时，模型如下：

$$\frac{\mathrm{d}p}{\mathrm{d}t} = \frac{\beta_T}{V}\left(\sum_i q_i - \frac{\mathrm{d}V}{\mathrm{d}t}\right) \tag{2.63}$$

② 能量守恒方程：

$$\frac{\mathrm{d}T}{\mathrm{d}t} = \frac{1}{c_p m}\left[\sum m_{\mathrm{in}}\bar{c}_p(T_{\mathrm{in}} - T) - H(T - T_o) + \dot{q}_f - \ddot{W}_s + T\alpha_p V\frac{\mathrm{d}p}{\mathrm{d}t}\right] \tag{2.64}$$

（2）基本阻性元件

① 压力-流量方程：

$$\dot{m} = k\rho A\Delta p^n \tag{2.65}$$

不考虑温度变化为

$$q = kA\Delta p^n \tag{2.66}$$

② 能量损失方程：

$$\dot{q}_r = \Delta p\dot{m}v \tag{2.67}$$

（3）基本感性元件

动量守恒方程：

$$\frac{\mathrm{d}m}{\mathrm{d}t} = \frac{A(p_1 - p_2)}{L} - f\frac{\dot{m}|\dot{m}|}{2\rho AD_h} \tag{2.68}$$

本书以动力学建模与仿真分析为主，但是为了不失一般性，对热力学建模也有所涉及。如果工程人员非常关心热力学部分，可以以本书为基础，参考其他文献。热力学分析的难点主要在于参数设置，热参数的确定比较困难，所以通常建立的热力学模型相对于动力学模型要简单得多，否则会导致大量无法确定的参数出现，影响仿真结果的准确性。

2.3.3　基本液压元件模型的连接规则

液压元件的模型由一个或多个基本液压元件模型相互连接、相互作用形成。对于基本液压元件模型，其输入和输出的变量是不同的，所以基本液压元件模型的连接需要具有一定的约束，可以从与其相连接的基本液压元件模型的输出中得到模型的输入才，从而实现模型的正确求解。

在分析基本液压元件模型的输入输出关系之前，从功率键图的角度来理解连接规则，这样不仅有利于对连接规则的理解，而且有利于将键合图的理论融入其中，而又不受其束缚。

（1）液压系统建立功率键图的规则

根据键合图理论，液压元件之间通过功率口（工程通口）连接实现功率传递。功率传递的每一通口处同时包含着势（across varable）和流（through variable）两个变量，但是人们只能控制二者之一，而不能同时控制二者。可控的变量为输入变量，另一个变量为输出变量，这就是因果关系的含义。所以基本液压元件模型的连接规则在功率键图上就表现为因果关系。下面通过液压系统建立功率键图的一般性原则，来理解基本液压元件模型的连接规则。

为了说明在液压领域如何建立键合图，先举个简单的例子，如图 2.7 所示。

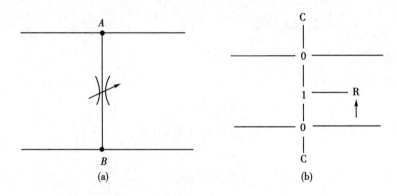

图 2.7　两根管路之间装可调节流阀的等效回路及其键合图

图 2.7（a）中有两条压力不同的管路，其间装有可调节流阀。假定在节流阀上面与 A 点相通的管路中各节点压力相同，而在节流阀下面与 B 点相通的管路中各点压力也相同，但是 A 点和 B 点压力是不相同的。所以在图 2.7（b）的键合图中用了两个"0-结"表示这两根管路中 A 点和 B 点处容腔内部的压力，而节流阀可看作产生压力降的阻性元件。由于 A 点和 B 点之间管路中通过的流量相等，故 R 元件可利用"1-结"连接到两条管路上，而 R 元件上所连的激活键（→）表示节流阀是可调的。A 点和 B 点处容腔的液容效应用 C 元件表示。

在液压系统中，每个液压容腔可以被认为形成一个"0-结"，而基本容性元件内部具有液压容腔，所以如果不考虑基本容性简化元件的传热，只考虑其动力学特性，其键合图如图 2.8 所示。

而基本阻性元件内部不含有液压容腔，其两端通过的流量相等，所以通过"1-结"连接到系统中，如图 2.9 所示。

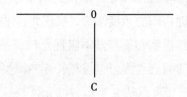

图 2.8　基本容性元件的键合图连接

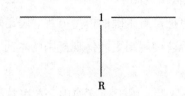

图 2.9　基本阻性元件的键合图连接

对于基本感性元件，其主要用来模拟油液的惯性效应。从牛顿第二定律的角度可以理解为惯性的作用是产生一个对压差做动态响应的流量。而基本阻性元件是用来模拟液阻效应的，从前面推导出的基本阻性元件模型可以看出液阻效应可以理解为产生一个对压差做静态响应的流量。所以显然也可以通过"1-结"连接到系统中，如图 2.10 所示。

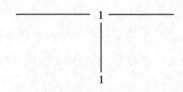

图 2.10　基本感性元件的键合图连接

由键合图的因果关系可知，如果系统中只有"0-结"和"1-结"存在，则"0-结"必须与"1-结"连接才能满足因果关系的要求，如图 2.11 所示。

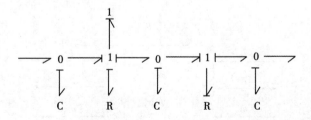

图 2.11　键合图连接关系

以上这些连接并不是唯一的，但却是一种通用的规则，其他的连接可以根据此连接进行简化或变形得到。对于此方面详细的分析可以参考相关文献。

由键合图理论得知，只有系统的因果关系得到满足才能列出系统正确的微分方程，从而实现正常求解。所以从键合图的角度来看，液压元件的连接规则是满足因果关系的必然要求。所以基本容性元件模型必须与基本阻性元件或基本感性元件交替连接才能符合键合图因果关系的要求。前面已经提过，通常长管路模型在考虑油液振动时才考虑油液的惯性，所以对于大多数模型可以认为基本容性元件与基本阻性元件需要交替连接。

以上是从键合图理论得出的连接规则，下面从模型方程的角度来分析连接规则。从方程的角度分析可以更加深入地理解连接规则。

(2)基本模型方程的输入输出规则

键合图的因果关系的目的是得出正确的模型方程，满足输入输出条件。所以直接从基本模型方程的输入输出分析连接规则更能体现规则的本质。

① 基本容性元件。

对于质量守恒方程，状态变量 p 用于计算输出，方程右端计算需要相连接的模型提供的量是 $\dfrac{\mathrm{d}m}{\mathrm{d}t}$ 和 $\dfrac{\mathrm{d}V}{\mathrm{d}t}$。$\dfrac{\mathrm{d}V}{\mathrm{d}t}$ 通常是由于机械部分运动导致的，需要机械动力学模型部分提供，所以对于油液连接模型部分主要提供的量是 $\dfrac{\mathrm{d}m}{\mathrm{d}t}$。由式(2.2)可知，该项等于输入的质量流量 $\Sigma\dot{m}_{\mathrm{in}}$ 与输出的质量流量 $\Sigma\dot{m}_{\mathrm{out}}$ 的差，所以对于基本容性元件模型中的质量守恒方程，其输入的量是流量 $\Sigma\dot{m}_{\mathrm{in}}$ 与 $\dot{m}_{\mathrm{out}}$，它需要与其相连接的模型提供；输出的量是压力 p。

对于能量守恒方程，状态变量 T 用于计算输出，方程右端计算需要相连接的模型提供的量是 $\Sigma\dot{m}_{\mathrm{in}}(h_{\mathrm{in}}-h)$、$\dot{q}$ 和 $\dot{W}_s$，$\dot{q}$ 和 $\dot{W}_s$ 是与环境的热与功的交换，所以对于油液连接模型部分主要提供的量是 $\Sigma\dot{m}_{\mathrm{in}}(h_{\mathrm{in}}-h)$。由式(2.31)可知

$$\sum m_{\mathrm{in}}(h_{\mathrm{in}}-h) \approx \sum m_{\mathrm{in}}\bar{c}_{\mathrm{p}}(T_{\mathrm{in}}-T)+\dot{q}_{\mathrm{f}} \tag{2.69}$$

所以对于基本容性元件模型中的能量守恒方程，其输入的量是 T_{in}、$\dot{q}_{\mathrm{f}}$ 和 $\Sigma\dot{m}_{\mathrm{in}}$；输出的量为 T。输入输出关系如图 2.12 所示。

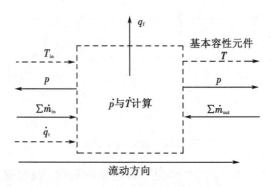

图 2.12　基本容性元件的输入/输出变量

图 2.11 中实线箭头代表功率变量，虚线箭头代表信号变量。

② 基本阻性元件。

对于压力-流量方程，输入为压力 p，输出为质量流量 $\dot{m}$。对于能量损失方程，输入也为压力 p，输出为能量损失 $\dot{q}_\mathrm{f}$。但是方程的系数与温度有关，所以 T 也为输入，但是该元件内部没有进行温度计算的方程，所以 T 不做变化输出。在这里要注意，并不是说流过阻性元件的油液温度不变，从模型的角度，这种温度变化需要通过阻性元件下游的液压容腔体现，所以对于阻性元件模型输入输出温度不变。输入输出关系如图 2.13 所示。

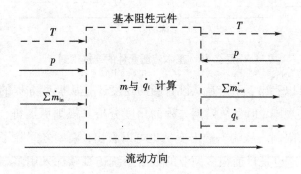

图 2.13　基本阻性元件的输入/输出变量

图 2.12 中虚线箭头所示变量为信号变量（与键合图中功率端口的概念类似）。

③ 基本感性元件。

对于动量守恒方程，输入为压力 p，输出为质量流量 m，与基本阻性元件的输入输出关系似，只是不计算压力损失生热，当建立长管路模型时再详细分析，如图 2-14 所示。

图 2.14　基本感性元件的输入/输出变量

所以对于基本液压元件模型方程，阻性元件的输入变量为端口的压力和温度，而压力和温度又是容性元件模型的状态变量，同时由阻性元件模型计算出来的质量流量和热损失流量又是容性元件模型的输入变量。基本感性元件与基本容性元件之间也有类似的关系。所以从输入输出变量的角度，基本容性元件模型必须与基本阻性元件或（和）基本感性元件交替连接才能正确求解。前面已经提过，通常长管路模型在考虑油液振动时才考虑油液的惯性，所以对于大多数模型可以认为基本容性元件模型与基本阻性元件模型需要交替连接，如图 2.15 所示。

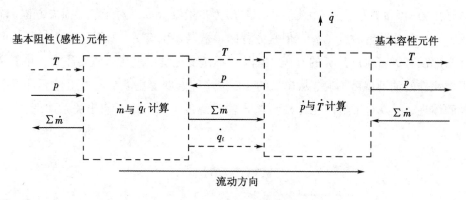

图 2.15　基本液压元件的连接规则

从以上分析可以看出，无论是从键合图的角度还是从模型方程的角度都可以得到基本液压元件的连接规则，但是从模型方程的角度分析其规则更加符合系统本质，不受键合图理论功率口的限制。从输入输出变量也可以看出，模型之间除了进行功率传递外还要进行信号传递，这也是目前很多商业的液压系统仿真软件采用多端口的根本原因。但是功率传递与信号传递在建模时是不同的。

在此主要研究的是液压系统的动力学建模。从本节的分析和研究可以总结出液压系统动力学建模的一般性方法如下：

① 确定油液容腔，不同容腔内的油液的压力不同，液压容腔称为流节点，是基本容性元件模型，用符号 O 表示。

② 容腔之间如果有油液流动则通常是阻性元件，用符号二表示。

③ 如果需要长管路模型，则引入感性元件，通常与容性元件交替连接。

④ 对于机械动力学部分以及其他机电系统模型则可以考虑用键合图的方法建立，也可以扩展本节的方法实现快速建模，这些不是本节的重点。

⑤ 对于控制部分建模也可以考虑用信号流的方法建模，也不是本节的重点。

基本液压元件模型是液压系统最基本的模型单位，所以其连接规则决定了液压系统中元件模型的连接规则，所以此规则适用于整个液压系统。在用户使用成熟的液压系统仿真软件如 AMESim、Simulation X 等时可以发现，不是任何液压端口都是可以直接连接的，有些端口不能直接连接在一起。通过上面的分析用户可以知道这是连接规则限制导致的，是形成正确的方程的需要。当然，用户可能发现，有的仿真软件，如 DSH plus 等则没有连接规则限制。其实这些软件是做了一定处理的，通常的处理方法是将液压容腔提到元件模型外面、所有元件模型的液压端口内部都是阻性作用元，从而使用户感到没有连接的限制，方便使用。

2.4　典型液压元件建模

本节的目的是介绍 3 种比较有特点的液压元件的模型，以加深用户对建模的理解。对于液压系统建模不能停留在元件建模的层次，需要从系统的角度建立和理解模型。元件建模的目的是得到系统模型，所以元件模型的结构形式或参数等可能需要根据系统的需要进行一定的设计和选择。以下 3 种模型仅供参考。

2.4.1　液压缸模型

液压缸含有两个液压容腔，显然含有两个容性元件；考虑液压缸的内泄漏，需要用阻性元件模拟；对于活塞，考虑其动力学模型，模型中考虑黏性阻尼和惯量。图标如图 2.16 所示。

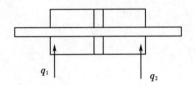

图 2.16　液压缸图标

根据键合图理论，容腔形成“0-结”，“0-结”之间有内泄漏，所以“0-结”通过“1-结”连接，并将模拟内泄漏的阻性元连接到“1-结”上。活塞的质量通过“1-结”模拟，同时考虑惯量和黏性阻尼，所以绘制的功率键合图结构如图 2.17 所示。

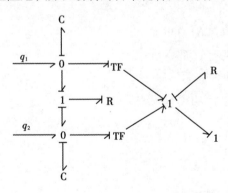

图 2.17　液压缸的功率键合图

键合图的理论比较完整，但应用起来比较麻烦，不够灵活。应用上节所述的建模方法，可以简单绘制系统模型结构图，如图 2.18 所示。当然，此图并非必须绘制，这只是辅助建模用。

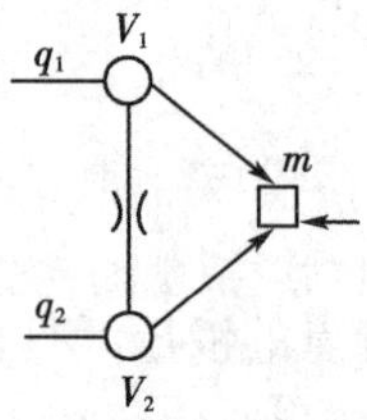

图 2.18　液压缸的模型示意图

图 2.18 中"〇"代表液压容腔，⇌ 代表容腔之间的内泄漏。容腔输出的压力作用于活塞（口）上。这种简单的示意图虽然没有键合图完整和充分，但是仿真人员完全可以通过示意图快速建立仿真模型。

对于容性元件〇，建立动力学模型为

$$\dot{p}_1 = \frac{\beta_{\mathrm{T}}(p_1)}{V_1}(q_1 - A_1 v - q_{\mathrm{il}}) \tag{2.70}$$

$$\dot{p}_2 = \frac{\beta_{\mathrm{T}}(p_2)}{V_2}(-q_2 + A_2 v + q_{\mathrm{il}}) \tag{2.71}$$

式中，p_1——1 腔压力，MPa；

　　V_1——1 腔体积，m^3；

　　q_1——流入 1 腔的流量，L/min；

　　A_1——活塞在 1 腔的有效面积，m^2；

　　β_{T}——体积弹性模量，此处仅为压力的函数（不考虑温度变化），MPa；

　　p_2——2 腔压力，MPa；

　　V_2——2 腔体积，m^3；

　　q_2——流出 2 腔的流量，L/min；

　　A_2——活塞在 2 腔的有效面积，m^2；

　　v——活塞运动速度，m/s。

对于阻性元件（内泄漏），建立模型为

$$q_{il} = K(p_1 - p_2) \tag{2.72}$$

式中，q_{il}——内泄漏流量；

　　K——系数。

对于质量块，其动力学模型为

$$x = v \tag{2.73}$$

$$v = p_1 A_1 - p_2 A_2 - B_v \tag{2.74}$$

从这个元件模型可以看出，对于液压元件建模，需要确定容腔和液阻，并实现其交替连接，以使方程闭合。从微分方程组式（2.70）和式（2.71）可以看出，该模型有 4 个状态变量，微分方程组右端表达式的计算除了需要端口的流量外不再需要其他变量，所以该模型的微分方程组是显式微分方程组，且通过端口实现数据交换。

2.4.2　节流阀模型

节流阀是典型的阻性元件，流量压力特性用式(2.34)描述。但是对于实际液压系统，用于压力流量控制的节流阀以小孔节流为主。当流动为紊流时，其流量压力特性由如下方程描述：

$$\dot{m} = C_d \, \frac{\pi D_h^2}{4} \sqrt{2\rho \mid \Delta p \mid} \, \mathrm{sgn}(\Delta p) \tag{2.75}$$

式中，C_d——流量系数；

　　D_h——水力直径，m。

但是对于实际流体流动，当流动雷诺数 Re 小于某一数值时流动为层流。设层流到紊流转换的临界雷诺数为 Re_T，当 $Re < Re_T$ 时，流量压力特性由如下方程描述：

$$\dot{m} = \frac{\pi \rho D_h^3 C_d^2 \Delta p}{2\mu \, Re_T} \tag{2.76}$$

为了保证转折点的流量的连续性，由式(2.75)和式(2.76)得临界压力的计算公式：

$$\Delta p_T = \frac{1}{2\rho} \left(\frac{\mu Re_T}{D_h C_d} \right)^2 \tag{2.77}$$

所以通过判断端口两端的压差就可以决定采用哪个公式。显然该处节流阀的模型是代数方程。

2.4.3　管路模型

管路模型是液压元件中相对比较难的模型，需要用户根据实际情况选择模型的复杂度，目前流行的液压系统仿真软件都提供多种不同复杂度、不同侧重点的模型供用户选择。几乎所有液压元件都通过管路进行连接，但并不是说所有的液压系统模型都包括管路模型，用户在选择和建立管路模型时需要根据以下两种情况处理。

第一，元件之间通过短管路连接，管路的外壁较厚，管路的动态特性对系统基本不产生影响。此时如果元件端口之间的数据满足连接规则，可以取消管路模型，认为两个液压元件直接连接在一起。如果不满足连接规则，则仍然需要管路连接，此时可以选择满足连接规则的简单管路模型。

第二，元件之间通过长管路连接，管路的动态特性对系统产生影响。此时系统显然必须包含管路模型。众所周知，长管路中油液流动时将产生水锤效应，目前较准确的模型需要用波动方程描述。

用于连接液压元件模型的管路模型，其端口数据流向分为 3 种：

① 当需要连接的两个元件端口处一个呈现阻性，第一个呈现容性时，需要管路端口数据及方向如图 2.19(a)所示。当然此时如果管路的动态特性对系统基本不产生影响，

可以省略其模型。

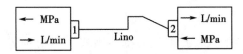

图 2.19(a)　管路端口数据流向(一)

② 当需要连接的两元件端口处均呈现容性(端口处为基本容性元件)时,需要管路端口数据及方向如图 2.19(b)所示。

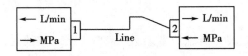

图 2.19(b)　管路端口数据流向(二)

③ 当两个元件端口处均呈现阻性(端口处为基本阻性元件)时,需要管路端口数据及方向如图 2.19(c)所示。

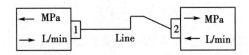

图 2.19(c)　管路端口数据流向(三)

关于管路模型相关的研究文献较多,读者若希望进行更加深入和复杂的研究,可以参考相关文献。本节主要介绍考虑管路油液惯性的管路分段集总参数模型。该模型应用比较普遍,很多仿真软件都提供类似的模型。管路的分段集总参数模型可视为描述管路运动的波动方程(运动方程和连续方程)在一维空间上的离散化。其主要思想是将管路分为多段,每段内部压力相同,压力是状态量,通过流量连续方程计算其导数;在每两个相邻管路段之间,取这两个管路段内侧各一半长度,合起来构成一个管路段,在该段管路内部认为流量相同,流量是状态量(若不考虑液感,只考虑液阻,则流量为代数量),通过动量守恒方程(运动方程)计算其导数。其压力和流量的分布情况见图 2.20。

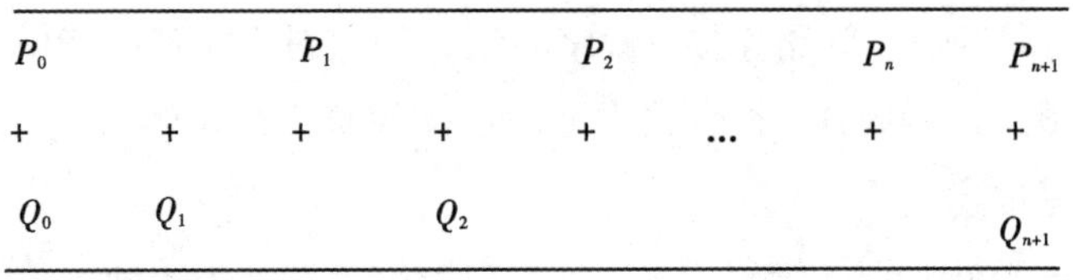

P_0		P_1		P_2		P_n	P_{n+1}
+	+	+	+	+	...	+	+
Q_0	Q_1		Q_2				Q_{n+1}

图 2.20　管路中压力和流量的计算节点分布示意图

对应的键合图表示如图 2.21 所示。

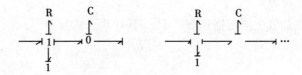

图 2.21　管路分段集中参数的功率键合图模型

所以管路第 i 段的动力学模型方程如下：

$$\frac{\mathrm{d}p_i}{\mathrm{d}t} = \frac{\beta_T(p_i)}{V_i}(q_{i-1} - q_i) \tag{2.78}$$

$$\frac{\mathrm{d}\dot{m}_i}{\mathrm{d}t} = \frac{A(p_{i-1} - p_i)}{L} - f\frac{\dot{m}_i|\dot{m}_i|}{2\rho A D_h} \tag{2.79}$$

式中，f——管路的摩擦系数，具体数值随着 Re 及管路内表面的粗糙度改变，可以通过一些经验公式计算，也可以通过 Moody 图计算。

表 2.1 为 Easy5 高级控制仿真软件提供的计算公式，可以看出其计算公式比较复杂，当用户对管路的计算不需要特别准确时，可以考虑采用图表插值的方法。

表 2.1　Easy5 软件用于管路摩擦系数的计算公式表

Re	公式名称	表达式
<2000	层流	$\dfrac{64}{Re}$
2000~4000	过渡流动	$\dfrac{f_{4k} - f_{2k}}{2000}Re + 2f_{2k} - f_{4k}$
>4000	紊流	$\dfrac{1}{\sqrt{f}} = -2\log_{10}\left(\dfrac{\delta}{3.7} - \dfrac{2.51}{Re\sqrt{f_\delta}}\right)$

注：δ——相对粗糙度。

$$f_{2K} = 0.032, \ \frac{1}{\sqrt{f_{4K}}} = \left[-2\log_{10}\left(\frac{\delta}{3.7} + \frac{2.51}{4000\sqrt{f_{4k}}}\right)\right]^{-1};$$

$$\frac{1}{\sqrt{f_\delta}} = \left[-2\log_{10}\left(\frac{\delta}{3.7} + \frac{2.51}{Re_\delta\sqrt{f_\delta}}\right)\right]^{-1}$$

以上模型中没有考虑频率相关摩擦，感兴趣的读者可参考相关文献。至于管路端口是以流量节点结束，还是以压力节点结束，需要根据管路连接元件的端口的连接规则要求确定。至于长管路应该分为几段，可参考如下公式：

$$N > 10\frac{Lf}{c_0} \tag{2.80}$$

式中，N——管路所分的段数；

L——管长，m；

f——最大摩擦系数；

c_0——声波在油液中的传播速度，m/s，其计算公式为

$$c_0 = \sqrt{\frac{\beta_T}{\rho}}$$

也就是说管路最长的分段的长度要长于最大摩擦系数对应的波长的 10 倍。

本章采用集总参数建模方法，根据流体动力学方程严密地推导了基本液压元件的动力学模型和热力学模型。这些基本的数学公式是液压系统建模的理论基础，工程技术人员需要深刻体会各物理量之间的影响。液压元件的连接规则从本质上讲是为了满足模型方程的可求解性而制定的，是模型可求解的必要条件。

第 3 章　液压介质的主要属性

3.1　密度、比容和相对密度

流体同其他物体一样,具有质量。流体的密度和比容是流体的重要属性。

3.1.1　密度

流体的密度以单位体积流体所具有的质量来表示,它表示流体在空间的密集程度,以符号 ρ 表示。

取包围空间某点微元体积 ΔV ,其中所含流体质量为 ΔM ,比值 $\Delta M/\Delta V$ 即为 ΔV 中 ΔM 的平均密度。若另 $\Delta V \to 0$,即当 ΔV 向该点收缩趋近于零时为该点的流体密度,即

$$\rho = \frac{M}{V} \tag{3.1}$$

式中, ρ ——流体的密度, kg/m^3 ;

　　M ——流体的质量, kg ;

　　V ——流体的体积, m^3 。

3.1.2　比容

通常将单位质量流体所占据的空间体积称为比容,以符号 υ 表示。显然,流体的密度与比容互为倒数,即

$$\upsilon = \frac{1}{\rho} \tag{3.2}$$

式中, υ ——流体的比容, m^3/kg 。

流体的密度 ρ 和比容 υ 都随着其所处的压力 p 和温度 T 而变化,即 $\rho = \rho(p, T)$, $\upsilon = \upsilon(p, T)$ 。又因为压力和温度都是空间点坐标和时间的函数,所以,密度和比容也都是空间点坐标和时间的函数,即 $\rho = \rho(x, y, z, t)$, $\upsilon = \upsilon(x, y, z, t)$ 。水、空气和水银在不同温度下的密度值如表 3.1 所列。

表 3.1　不同温度下水、空气和水银的密度　　　　　单位：kg/m³

液体	温度						
	8℃	10℃	20℃	40℃	60℃	80℃	100℃
水	999.87	999.73	998.23	992.24	983.24	971.83	958.38
空气	1.29	1.24	1.20	1.12	1.06	0.99	0.94
水银	13 609	13 570	13 550	13 500	13 450	13 400	13 350

3.1.3　流体的相对密度

某均质流体的质量与 4 ℃同体积纯水的质量和比率称为该流体的相对密度，用符号 d 表示，即

$$d = \frac{\rho V}{\rho_{\text{w}} V} = \frac{\rho}{\rho_{\text{w}}} \tag{3.3}$$

式中，ρ_{w} ——4℃纯水的密度，m^3/kg；

　　　d——无量纲量。

表 3.2 列出了几种常见流体在一个标准大气压下的密度和相对密度。

表 3.2　常见流体的密度和相对密度

液体	温度/℃	密度/($\text{kg} \cdot \text{m}^{-3}$)	相对密度
空气	0	1.293	0.00129
氧	0	1.429	0.00143
氮	0	1.251	0.00125
一氧化碳	0	1.250	0.00125
二氧化碳	0	1.976	0.00198
水蒸汽	0	0.804	0.00080
蒸馏水	4	1 000	1
海水	15	1020~1030	1.02~1.03
普通汽油	15	700~750	0.70~0.75
石油	15	880~890	0.88~0.89
酒精	15	790~800	0.79~0.8
水银	0	13 600	13.6
甲醇	4	810	0.81
煤油	15	750	0.75
矿物质液压油	15	850~900	0.85~0.90

3.2　压缩性和温度膨胀性

3.2.1　压缩性

液体受压力的作用发生体积变化的性质称为可压缩性，常用体积压缩系数 β_e 表示。其物理意义是单位压力变化所造成的液体体积的相对变化率，即

$$\beta_e = -\frac{\dfrac{\Delta V}{V_0}}{\Delta p} \tag{3.4}$$

式中，β_e ——体积压缩系数，Pa^{-1}；

$\quad\Delta V$ ——液体的体积变化量，m^3；

$\quad V_0$ ——液体的初始体积，m^3；

$\quad\Delta p$ ——液体的压力变化量，Pa。

因为压力增大即 $\Delta p > 0$ 时，液体的体积减小即 $\Delta V < 0$，为使 β_e 取正值故在式（3.4）右端加一负号。常用矿物油型液压油的体积压缩系数值为 $(5\sim7) \times 10^{-10} Pa^{-1}$。

体积压缩系数 β_e 的倒数称为体积弹性模量，以 K 表示，即

$$K = \beta_e^{-1} \tag{3.5}$$

液压油的体积弹性模量 $K = (1.4\sim2.0) \times 10^9 Pa$，约为钢的体积弹性模量的 $0.67\% \sim 1\%$。当液压油中混有空气时，其体积弹性模量将显著减小。

3.2.2　温度膨胀性

液体的温度膨胀性由温度膨胀系数 β_t 表示。β_t 是指单位温度升高值（$1\,℃$）所引起的液体体积变化率：

$$\beta_t = \frac{\dfrac{\Delta V}{V_0}}{\Delta t} \tag{3.6}$$

式中，Δt ——温升，$℃$。

β_t 是压力与温度的函数，由实验确定。水和矿物油型液压油的温度膨胀系数见表 3.3、表 3.4 所列。

表 3.3　水的温度膨胀系数 β_t　　　　　　　　　单位：$10^6\,℃^{-1}$

压力/MPa	温度				
	1~10℃	10~20℃	40~50℃	60~70℃	90~100℃
0.1	14	150	422	556	719
10	44	166	422	548	704
20	73	184	426	539	–
50	130	237	429	523	660
90	150	291	437	514	619

表 3.4　矿物油型液压油的温度膨胀系数 β_t　　　　　　单位：$10^6\,℃^{-1}$

15℃时的密度/(kg·m⁻³)	700	800	850	900	920
β_t	$8.2×10^{-4}$	$7.7×10^{-4}$	$7.2×10^{-4}$	$6.4×10^{-4}$	$6.0×10^{-4}$

3.3　黏性与黏度

3.3.1　黏性的物理本质

什么叫黏性呢？流体在外力作用下流动时，由于液体分子间的内聚力作用，会产生阻碍其相对运动的内摩擦力，液体的这种特性称为黏性。

3.3.2　流体内摩擦定理

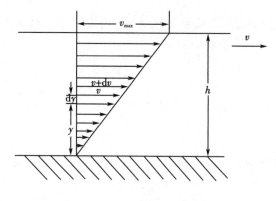

图 3.1　液体的黏性示意图

如图 3.1 所示，两平行平板间充满液体，下平板固定，上平板以速度 v_0 右移。由于液体的黏性，下平板表面的液体速度为零，中间各层液体的速度呈线性分布。

根据牛顿内摩擦定律,相邻两液层间的内摩擦力 F_f 与接触面积 A、速度梯度 $\dfrac{\mathrm{d}v}{\mathrm{d}y}$ 成正比,且与液体的性质有关,即

$$F_f = \mu A \frac{\mathrm{d}v}{\mathrm{d}y} \tag{3.7}$$

式中,μ——液体的动力黏度,$\mathrm{Pa \cdot s}$;

　　A——液层间的接触面积,m^2;

$\dfrac{\mathrm{d}v}{\mathrm{d}y}$——速度梯度,$\mathrm{s}^{-1}$。

将式(3.7)变换成

$$\mu = \frac{F_f}{A \dfrac{\mathrm{d}v}{\mathrm{d}y}} = \frac{\tau}{\dfrac{\mathrm{d}v}{\mathrm{d}y}} \tag{3.8}$$

式中,τ——液层单位面积上的内摩擦力,Pa。

由式(3.8)知,液体黏度的物理意义是:液体在单位速度梯度下流动时产生的内摩擦切应力。

3.3.3　黏度

黏性的大小用黏度来衡量。工程中黏度的表示方法有以下几种。

(1)动力黏度

式(3.8)中的 μ 称为动力黏度,其法定单位为 $\mathrm{Pa \cdot s}$。

(2)运动黏度

液体的动力黏度与其密度的比值,无物理意义,因其量纲中含有运动学参数而称为运动黏度,用 ν 表示。即

$$\nu = \frac{\mu}{\rho} \tag{3.9}$$

我国油的牌号均以其在 40 ℃时运动黏度的平均值来表注。例如,N46 号液压油表示其在 40 ℃时,平均运动黏度为 46 mm^2/s。

(3)相对黏度

相对黏度是指液体在某一测定温度下,依靠自重从恩氏黏度计的 $\phi 2.8\ \mathrm{mm}$ 测定管中流出 200 cm^3 所需时间 t_1 与 20℃ 时同体积蒸馏水流出时间 t_2 的比值,用符号 $°E$ 表示

$$°E = \frac{t_1}{t_2} \tag{3.10}$$

相对黏度与运动黏度的换算关系为

$$\nu = \left(7.13°E - \frac{6.13}{°E}\right) \times 10^{-6}\ \mathrm{m}^2/\mathrm{s} \tag{3.11}$$

3.3.4　黏度的影响因素

（1）温度

温度升高液体体积膨胀，液体质点间的间距加大，内聚力减小，在宏观上体现为液体黏度的降低。一般矿物油型液压油的黏温关系如下：

$$\nu = \nu_{40} \left(\frac{40}{\theta} \right)^n \tag{3.12}$$

式中，ν ——液压油在 θ ℃时的运动黏度；

　　　ν_{40} ——液压油在 40℃时的运动黏度；

　　　n ——指数，见表 3.5。

表 3.5　矿物油型液压油指数 n

$°E_{40}$	1.27	1.77	2.23	2.65	4.46	6.38	8.33	10	11.75
$\nu_{40}/(mm^2 \cdot s^{-1})$	3.4	9.3	14	18	33	48	63	76	89
n	1.39	1.59	1.72	1.79	1.99	2.13	2.24	2.32	2.42
$°E_{40}$	13.9	15.7	17.8	27.3	37.9	48.4	58.8	70.4	101.5

几种国产液压油的粘温特性如图 3.2 所示。

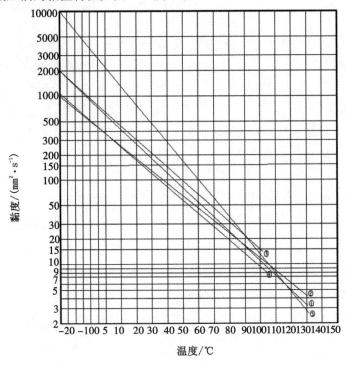

①—普通矿物油；②—高黏度指数矿物油；③—水包油型乳化液；
④—水-乙二醇液压液；⑤—磷酸酯液压液

图 3.2　几种国产液压油的黏温特性

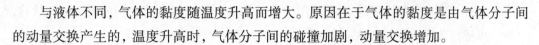

与液体不同，气体的黏度随温度升高而增大。原因在于气体的黏度是由气体分子间的动量交换产生的，温度升高时，气体分子间的碰撞加剧，动量交换增加。

（2）压力

随压力升高流体的黏度增大，一般可用式（3.13）表示：

$$\mu = \mu_0 e^{\alpha p} \tag{3.13}$$

式中，μ——压力为 p 时的动力黏度，$\mathrm{Pa \cdot s}$；

μ_0——压力为 1 大气压时的动力黏度，$\mathrm{Pa \cdot s}$；

α——黏压指数，$\mathrm{Pa^{-1}}$。

一般矿物油型液压油 $\alpha \approx \dfrac{1}{432} \, \mathrm{Pa^{-1}}$。

流体的黏度还与介质本身的组成成分如含气量、多种油液的混合情况有关。

3.4　比热容、导热系数与散热系数

在液压系统中，油温过高会引发诸多问题。要正确分析发热的原因及散热的办法，就必须对液压油的比热容，导热系数和散热系数有所了解。虽然这是属于热力学的范畴，这里作适当讨论。

3.4.1　热量和热功当量

温度仅表示物体受热的程度，而热量则表示物体温度变化时物体本身所含有的能量（热能）的变化。热量和功一样，都是度量能量变化的物理量，二者具有相同的量纲——$\mathrm{L^2 M/T^2}$。

热量的度量单位为 J 或 kJ。过去在工程中常用 cal 或 kcal 来作为热量的单位，1 kacl 是 1 kg 水由 14.5 ℃升到 15.5 ℃所需的热量。

$$1 \ \mathrm{kcal} = 1000 \ \mathrm{cal} \tag{3.14}$$

"cal"与"J"的换算关系为

$$1 \ \mathrm{cal} = 4.1868 \ \mathrm{J} \tag{3.15}$$

3.4.2　比热容

实验结果证明，物体受热时所吸收的热量 Q 与其温度变化（$t_2 - t_1$）成正比，同时与物体的质量 M 成正比，即

$$Q = C(t_2 - t_1) \cdot M \tag{3.16}$$

式中，C 为物体的比热容，其单位为 $\mathrm{J/(kg \cdot K)}$ 或 $\mathrm{kJ/(kg \cdot ℃)}$。C 的物理意义是 1kg 物体温度升高 1℃时所吸收的热量。严格说，比热容不是常数，是随温度变化的，但当温度

变化范围不大时，例如温度为 0~100 ℃，则可用一个平均值表示这一范围内的比热容，因此，可把比热容看作常数。

液压系统中所用矿物油的比热容为 1.88 ~ 2.1 kJ/（kg·℃），一般取 1.88 kJ/（kg·℃）。水的比热容为 4.187 kJ/（kg·℃）。

至于气体的比热容，当气体温度为 0~100℃时可视为不随温度变化。但热力过程不同时，其比热容值差别较大。对定容过程，其比热容称为定容比热容，用 C_V 表示，定压过程的比热容称定压比热容，以 C_P 表示。不同气体的 C_V 和 C_P 是不同的。当空气温度为 0~100℃时 $C_P = 1.00$ kJ/（kg·℃），$C_V = 0.720$ kJ/（kg·℃）。

例 3.1 节流阀前后的压力差 $\Delta p = 10.0$ MPa，试求节流阀前后的温升 Δt。设液压油的密度 $\rho = 0.9$ g/cm³，比热容为 1.88 kJ/（kg·℃）。

解： 压力损失 Δp 代表单位体积流体所损失的机械能，而这一机械能的损失全部转变为热能，使油温升高。

因为 $\Delta p = 10.0$ MPa $= 10^7$ N/m² $= 10^7$ N·m/m³（从单位上也可以看出 Δp 代表单位体积流体损失的热量），$\rho = 0.9$ g/cm³ $= 900$ kg/m³，由式（3.16）可得

$$\Delta t = \frac{Q}{M \cdot C} = \frac{10^7}{900 \times 1.88} = 5.90 \ ℃$$

由此可见，液压油通过阻力时将使油温升高。因此，降低液压油温升高的一个重要措施就是尽量减少液压系统的阻力损失。

3.4.3 导热系数

首先要介绍"热流量" q 的概念，热流量 q 代表单位时间内流过某一表面的热量 Q，即

$$q = \frac{Q}{\tau} \tag{3.17}$$

或 $$Q = q\tau \tag{3.18}$$

式中，τ ——时间，q 的单位为 J/s 或 kJ/h。

显然，热流量与功率是相同的。

在液体内若有温差，则高温区的热量一定要流向低温区，这种现象就是液体的导热性引起的。实验结果证明，由高温区向低温区的热流量 q 与高低温区的接触面积 A 成正比，与温度梯度 $\frac{dt}{dl}$ 成正比。即

$$q = \lambda A \frac{dt}{dl} \tag{3.19}$$

或 $$Q = \lambda A \tau \frac{dt}{dl} \tag{3.20}$$

式中，λ ——液体的导热系数，w/（m·K）或 kJ/（m·℃·h），其物理意义为当温度梯度

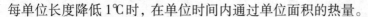

每单位长度降低 1℃ 时, 在单位时间内通过单位面积的热量。

水的导热系数 $\lambda = 2.14\ kJ/(m \cdot ℃ \cdot h)$。

液压矿物油的 λ 在常温下可近似取 $\lambda = 0.46\ kJ/(m \cdot ℃ \cdot h)$。

3.4.4 散热系数

当两种介质的分界面上(例如油箱油面与空气)有温度差 Δt 时, 也将有一热流量穿过分界面, 该热流量为

$$q = aA\Delta t \tag{3.21}$$

或
$$Q = a\tau A\Delta t \tag{3.22}$$

式中, A ——散热面积, m^2;

τ ——散热时间, s;

α ——散热系数, $w/(m^2 \cdot K)$ 或 $kJ/(m^2 \cdot ℃ \cdot h)$, 其物理意义为当界面的温差为 1℃ 时单位时间通过界面的单位面积所流过的热量。

液压系统中油箱的散热系数可参照表 3.6 所列。

表 3.6 油箱的散热系数 α 值

周围环境	$\alpha/(kJ \cdot m^{-2} \cdot ℃^{-1} \cdot h^{-1})$
周围通风很差时	29~33
周围通风良好时	54
用风扇冷却时	84
用循环水冷却或强制冷却时	398~628

例 3.2 设油箱四壁的面积为 $1\ m^2$ 的正方形, 油箱中油液深度为 0.8 m, 液压系统单位时间内的总发热量为 41.8 kJ/min, 周围温度为 20 ℃, 通风较差, 忽略其他部件散热, 试问油温稳定值是多少?

解: 当系统发热量与油箱散热量刚好平衡时, 油温就稳定不变了。油箱底面由于有沉淀物及不通风, 油箱盖板与油面之间有空气层隔热, 故顶面及底面散热性能很差, 一般不考虑其散热量, 而只考虑油箱侧面的散热量。

油箱散热面积 $\qquad A = 4 \times 0.8 \times 1 = 3.2\ m^2$

根据式(2.22)有 $\qquad \Delta t = \dfrac{q}{aA}$

按表 3.6 所列选 $\alpha = 33$, 则

$$\Delta t = \frac{41.8 \times 60}{33 \times 3.2} = 23.4\ ℃$$

则, 油温 $= 20 + 23.4 = 43.4\ ℃$。

第4章 液压系统数学建模

液压系统是由液压元件连接而成的，液压系统的模型也由液压元件的模型组成。但是液压系统的模型不是液压元件模型的简单组合，液压元件根据系统工作原理进行连接，所以液压系统的模型不仅需要根据液压元件的连接关系确定数据流向，而且必须满足液压元件模型对输入和输出数据的需求，以便方程求解能够顺利进行。液压系统的模型在仿真求解时可以根据实际需要对模型进行简化，在满足实际工程需要的前提下实现快速求解。

4.1 液压系统数学模型的建立

根据液压元件模型的连接规则连接的液压元件模型可以方便地建立液压系统的模型。通过流量节点和质量节点可以建立关于压力和温度的常微分方程，与描述阻性元件特性的代数方程共同组成液压系统的模型。但是把这些模型的方程简单堆积起来并不一定能够仿真求解；即使能够求解，求解的结果也不一定正确；即使能够求解正确，很可能仿真时间过长。所以要实现正确的、能够快速求解的数学模型，还需要对液压系统数学模型的建立进行研究。

4.1.1 系统模型微分方程的建立

系统的动态模型用微分方程描述，所以液压系统的模型中最核心的就是描述液压系统动态特性的微分方程组。显然系统的微分方程组是由元件的微分方程实现的，将元件的微分方程罗列起来就组成了系统的微分方程组，微分方程中各状态变量的计算是同步的，也就是同时计算的，所以该方程组中各方程通常没有先后顺序之分。为了更好地建立系统的微分方程组和仿真求解，首先对本节描述的进行液压系统动态计算的基本微分方程的特点进行分析。

式(2.63)和式(2.65)质量和能量守恒定律的数学描述的集中参数表达，也是进行液压系统压力和温度计算的基本微分方程，显然两个方程是耦合的。为了便于对积分算法的研究，本节定义了以下4个符号：

$$a = \frac{\beta_T}{\rho V}\left(\frac{\mathrm{d}m}{\mathrm{d}t} - \rho\,\frac{\mathrm{d}V}{\mathrm{d}t}\right) \tag{4.1}$$

$$b = \frac{\beta_T \alpha_p}{\rho V} \tag{4.2}$$

$$c = \frac{1}{e_j m}\Big[\sum m_{i,c}\bar{c}_\mu(T_{in} - T) - H(T - T_a) + \dot{Q}_f - \dot{W}_a\Big] \tag{4.3}$$

$$d = \frac{T_r \alpha_p V}{c_p m} \tag{4.4}$$

此时式(2.63)和式(2.65)可以改写为

$$\frac{\mathrm{d}p}{\mathrm{d}t} = a + b\frac{\mathrm{d}T}{\mathrm{d}t} \tag{4.5}$$

$$\frac{\mathrm{d}T}{\mathrm{d}t} = c + d\frac{\mathrm{d}p}{\mathrm{d}t} \tag{4.6}$$

由这两个方程可以清晰地看出压力与温度耦合效应的存在。对方程可以方便地进行解耦，解耦之后可得

$$\frac{\mathrm{d}T}{\mathrm{d}t} = \frac{c + ad}{1 - bd} \tag{4.7}$$

$$\frac{\mathrm{d}p}{\mathrm{d}t} = \frac{a + bc}{1 - bd} \tag{4.8}$$

这两个微分方程是描述容性元件内部油液动力学和热力学特性的显式常微分方程，它们与动量守恒方程以及描述阻性元件特性的代数方程共同形成了液压系统的动力学和热力学模型。但是不难发现描述阻性元件特性的数学模型的代数方程都用于计算微分方程的右端项，如果代数方程可以显式表达微分方程的某些右端项，则可以将代数方程代入微分方程的右端项中，从而系统关于描述油液的压力和温度变化的微分方程可以完全由显式微分方程组成。定义

$$\boldsymbol{y}_i = (\boldsymbol{p}_{fi}\boldsymbol{T}_{fi})^{\mathrm{T}} \tag{4.9}$$

$$\boldsymbol{y} = (\boldsymbol{y}_1\boldsymbol{y}_2\cdots\boldsymbol{y}_i\cdots\boldsymbol{y}_n)^{\mathrm{T}} \tag{4.10}$$

$$\boldsymbol{z}_w = (\boldsymbol{T}_{w1}\boldsymbol{T}_{w2}\cdots\boldsymbol{T}_{wj}\cdots\boldsymbol{T}_{wp})^{\mathrm{T}} \tag{4.11}$$

式中，$\boldsymbol{p}_{fi}$——第 i 个基本容性元件内部油液的压力；

　　　$\boldsymbol{T}_{fi}$——第 i 个基本容性元件内部油液的温度；

　　　$\boldsymbol{T}_{wj}$——第 j 个金属节点的温度；

　　　$\boldsymbol{z}_w$——所有金属节点的温度向量。

所以此时液压系统模型的微分方程组可以写为

$$\boldsymbol{Y}' = F(t, \boldsymbol{Y}) \tag{4.12}$$

式中，$\boldsymbol{Y} = (\boldsymbol{y}, \boldsymbol{Z}_w)^{\mathrm{T}}$，$F$ 为微分方程右端项，描述阻性元件特性的代数方程已经代入其中。不考虑液感效应时，求解此常微分方程组便可以得到液压系统的动力学和热力学特性的仿真结果。但是很多情况下描述阻性元件特性的代数方程只能表达为隐式形式，例如，对于薄壁小孔节流元件(阻性元件)，当流动状态为紊流时，体积流量为

$$q = C_d A \sqrt{\frac{2\Delta p}{\rho}} \tag{4.13}$$

式中，C_d 为流量系数。而流量 q 正是与其连接的容性元件模型中的微分方程右端项所需要的量，如果系数 C_d 与流量 q 之间没有函数关系，则可以将代数方程代入微分方程中，从而消去代数方程。但是如果 $C_d = f(|q|)$，则此时代数方程为隐式代数方程，必须迭代求解，而且不能将代数方程代入微分方程中。所以如果系统模型方程中含有隐式代数方程，则系统模型不能仅由微分方程组构成，必须用微分-代数方程组表达。

将阻性元件中的质量流量 $\dot{m}$ 和功率损失热流量 $\dot{q}$（均作为状态变量，设阻性元件模型 i 的代数方程可以表达为

$$q_i(x_i, t) = 0 \tag{4.14}$$

式中，$x_i = (\overrightarrow{m_i q_i})^{\mathrm{T}}$。该方程为隐式代数方程。为了将系统的微分方程与代数方程统一表达，此时定义

$$\boldsymbol{Y} = (\boldsymbol{y} \boldsymbol{z}_w \boldsymbol{x})^{\mathrm{T}} \tag{4.15}$$

式中，$\boldsymbol{x} = (\boldsymbol{x}_1 \boldsymbol{x}_2 \cdots \boldsymbol{x}_i \cdots \boldsymbol{x}_n)^{\mathrm{T}}$，$n$ 是描述系统油液动力学和热力学特性的代数方程的个数。从而系统的微分-代数方程组可以表达为

$$G(t, \boldsymbol{Y}, \boldsymbol{Y}') = 0 \tag{4.16}$$

此时必须求解该微分-代数方程组才能得到液压系统的动力学和热力学特性的仿真结果。

不难发现，在推导液压系统仿真模型时，没有考虑液感元件的动力学特性以及机械元件等的动力学特性。这两部分通常不影响液压系统的热力学特性，但是其模型也是系统模型的组成部分，上文的分析中为了清晰起见忽略了这部分的模型。定义这部分模型中的状态变量组成的向量为 $\boldsymbol{Y}_a$，此时定义 $\boldsymbol{Y} = (y, z_x, \boldsymbol{Y}_a)^{\mathrm{T}}$，当系统模型可以用显式微分方程组表达时，系统模型可以写为

$$\boldsymbol{Y}' = F(t, \boldsymbol{Y}) \tag{4.17}$$

当系统模型必须用微分代数方程表达时，系统模型可以写为

$$G(t, \boldsymbol{Y}, \boldsymbol{Y}') = 0 \tag{4.18}$$

所以系统模型或为常微分方程组，或为微分-代数方程组。微分-代数方程组的求解要比常微分方程组的求解困难得多，所以建模时尽量避免建立微分-代数方程组。但是在以下情况下微分-代数方程组不可避免。

① 当建立物理系统的数学模型时，一些元件模型的动态特性被简化。例如，某些传感器被认为比例元件，不考虑其模型的响应时间。此种简化将导致描述元件特性的微分方程被简化为代数方程。如果做此种简化的模型比较多，系统将可能出现此类简化元件连的闭环，在此闭环中每个元件的输入直接与其输入呈现代数关系，此种现象称为"代数环"。如图 4.1 所示的闭环控制系统。

如果其中某些模型被简化，有的模型的方框图如图 4.2 所示。

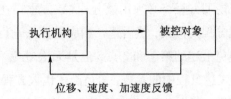

图 4.1　闭环控制系统通用模型

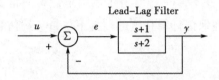

图 4.2　具有代数环的系统模型

此时方程的模型可以写为

$$\begin{cases} e = u - y \\ y = e + x \\ x = e - 2y \end{cases} \tag{4.19}$$

方程组中的第一个方程是比较环节模型，另外两个方程是模型方程，其中 x 是一个内部的状态变量。显然方程组中第一个方程需要第二个方程的输出作为输入，而第一个方程的输出也是第二个方程的输入，所以两个方程先求解哪个都不合适。对于模块化建模第一个方程和第二个方程通常不能自动合并为一个方程，计算机只能自动排序，而第一个方程和第二个方程的先后计算顺序无法确定。关于代数方程的排序问题见下面分析。

② 代数方程中某些物理量无法显式表达出来，而这些物理量又是微分方程右端项所需要的。如前面提到的式(4.13)，如果 $C_d = f(|q|)$，则此时代数方程 $q = C_d A \sqrt{\dfrac{2\Delta p}{\rho}}$ 为隐式代数方程，无法显式地求解流量 q，而 q 又是微分方程右端项所需要的。通常此种代数方程可以通过牛顿迭代法(Newton-Raphson)求解，然后将解出的物理量代入微分方程的右端项。此种方法不仅效率低，而且由于通常采用数值差分的方法计算雅克比(Jaccobi)矩阵，所以容易导致计算发散。

③ 一些系统模型在本质上具有隐式的特征，如多体动力学模型(如果质量矩阵具有时变性)。例如，描述某个模型的微分方程组具有如下形式：

$$M(x, t)\ddot{x} = F(x, u, t) \tag{4.20}$$

式中，x ——状态向量；

　　u ——输入向量。

在计算过程中必须经常求解质量矩阵 M 的逆矩阵，求逆矩阵不仅非常耗时，而且如果质量矩阵奇异，则 **M** 将不可逆，采用显式求解将导致求解失败。

出现以上情况时系统模型方程将必须用微分-代数方程描述。所以在仿真计算时系统必须首先判断系统模型方程的形式，然后选择相应的算法进行求解。本章提出的液压元件建模方法通常可以避免上述的第①和③点，但是无法避免第②点，所以采用本书的建模方法时，应尽量显式表达方程中的参数，避免隐式代数方程的出现。

本书主要研究系统模型的微分方程组是常微分方程组的形式，对于微分-代数方程组不做详细分析。对于大多数液压系统仿真，系统模型通常可以写成常微分方程组的形式，对于微分-代数方程组并不多见。但是实际用于计算的常微分方程组通常需要根据实际情况做一定的简化，在保证计算精度的前提下尽量节约仿真时间。

4.1.2　微分方程的简化

本章推导了液压系统动力学微分方程和热力学微分方程，保证液压系统动态特性的仿真建立在正确的理论基础之上。但正确是相对的，最优也是相对的，复杂并不代表最优。例如，对于液压系统温度特性的研究，如果关注的中心放在系统的温度特性的变化趋势上，对局部温度的小幅抖动并不关心，则可以将推导的微分方程进一步简化，从而减少计算量，加快仿真时间。

为了直观时地描述对仿真算法的研究，本节以阀控液压缸位置闭环系统为例进行分析。对于某组仿真参数，液压缸的位置指令和响应曲线如图 4.3 所示。

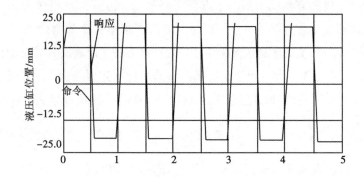

图 4.3　液压缸位置指令和响应曲线

从图 4.3 中可以看出，位置指令为方波，所以液压缸的位置变化较快。液压缸位置的快速变化必然导致液压缸油腔中的压力快速变化。同时由于系统的效率较低，系统温度必然很快升高。所以这个例子可以同时反映系统的动力学特性和热力学特性，可以作为对象研究仿真计算方法。

对应图 4.3 所示的液压缸的位置指令和响应，测量液压缸 2 腔的压力和温度，并显示在同一幅图中，如图 4.4 所示。

由图 4.4 可以看出，在压力发生振动剧烈的地方，温度波动也比较剧烈。这充分体

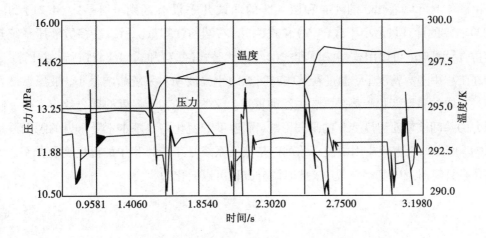

图 4.4　液压缸 2 腔压力和温度响应曲线(1)

现了压力和温度的耦合效应。

微分方程式(4.7)和式(4.8)的右端项比较复杂,因为符号 | a, b, c, d | 是压力和温度的函数、所以表达式 | $1 - bd$, ad, bc, $c + ad$, $a + bc$ | 在每个积分步长都必须计算,采用变步长方法的计算量将更大,耗时更长。由于积分步长又比较小(通常小于 e^{-5},温度振荡的响应时间远小于压力振荡响应时间,所以可以近似认为第 k 步的压力的导数受第 $k - 1$ 步压力的导数影响,如式(4.21)所示。

$$\left.\frac{\mathrm{d}p}{\mathrm{d}t}\right|_k = a + b\left.\frac{\mathrm{d}T}{\mathrm{d}t}\right|_{k-1} \tag{4.21}$$

$$\left.\frac{\mathrm{d}T}{\mathrm{d}t}\right|_k = c + d\left.\frac{\mathrm{d}p}{\mathrm{d}t}\right|_k \tag{4.22}$$

由式(4.21)式(4.22)计算的液压缸 2 腔的压力和温度的响应曲线如图 4.5 所示。

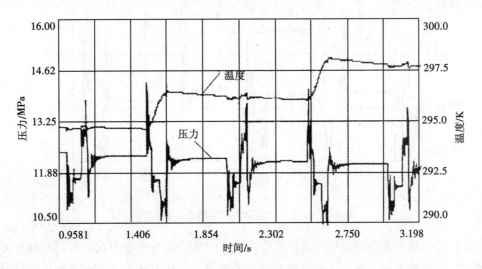

图 4.5　液压缸 2 腔压力和温度响应曲线(2)

由图4.5可以看出，图4.4和图4.5的曲线几乎没有区别。但是式(4.21)和式(4.22)右端的计算量远小于式(4.7)和式(4.8)右端的计算量。所以在多数液压系统热力学仿真计算时，可以用式(4.21)和式(4.22)代替式(4.7)和式(4.8)进行近似计算。

在工程中多数情况下，温度在某些时间点的小幅波动对系统影响很小，液压系统在工作过程中的温度变化趋势是需要关注的重点。又鉴于压力与温度的耦合效应主要反映在压力的瞬间波动对温度变化的瞬间影响，而温度的变化趋势基本不受压力的瞬间波动的影响，所以如果工程应用中关心的重点是液压系统在工作过程中的温度变化趋势，可以在仿真计算时忽略其耦合效应，此时微分方程可以简化为

$$\frac{\mathrm{d}T}{\mathrm{d}t} = c \tag{4.23}$$

$$\frac{\mathrm{d}p}{\mathrm{d}t} = a \tag{4.24}$$

应用式(4.23)、式(4.24)计算的压力和温度曲线如图4.6所示。

从图4.6中可以看到，压力的瞬间波动对温度没有影响，压力对温度的影响主要是通过其影响功率损失的大小而间接实现的。而温度对压力的影响也是通过影响油液的属性参数而间接实现的。在大多数工程应用中，图4.6的仿真结果可以满足工程需要。而且式(4.23)和式(4.24)右端表达式的计算量非常小。所以我们可以根据实际的仿真需求选择不同的微分方程。本书主要研究液压系统的动力学特性，对于热力学特性分析只做理论推导，在理论模型的分析中充分考虑了热力学部分。如对于阀控液压缸的动力学模型，其微分方程将由各元件的模型的微分方程组合而成。

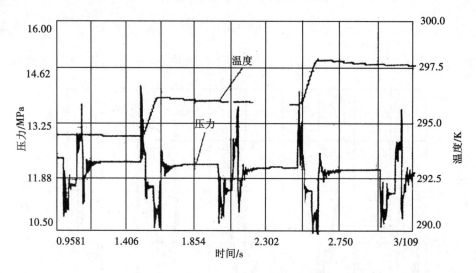

图4.6　液压缸2腔压力和温度响应曲线(3)

液压系统的模型也由液压元件的模型组成，而液压元件模型由代数方程和微分方程组成。所以代数方程和微分方程必然是研究的重点。从仿真计算的角度主要体现在两个

方面：代数方程的排序和微分方程的求解。首先研究微分方程的求解。

4.2　数值积分方法

目前的液压系统仿真软件的求解器可以分为两类：集中式求解器（centralized solver）和分布式求解器（distributed solver）。图 4.7 是目前流行的仿真软件采用的建模与仿真算法的示意图。

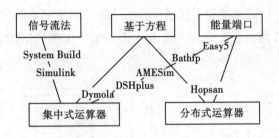

图 4.7　建模与仿真算法

Easy5、AMESim、DSHplus、Simulatin X 等仿真软件都采用集总式求解器，将系统的数学模型集中在一起，形成微分（代数）方程组，采用数值积分的方法统一求解。此种方法简单有效，但是计算过程不能根据每个元件本身的模型特点选择仿真方法和仿真步长。例如，如果方程组中某些方程呈刚性，适合用刚性算法求解，但是系统模型的其他非刚性方程，可以用非刚性算法求解。此时如果系统统一用非刚性算法求解，必然减小仿真步长来满足刚性方程的要求，甚至可能导致求解失败。可是如果统一用刚性算法求解，可能造成仿真时间过长，所以此时求解器的选择可能出现困难。

Hopsan 采用分布式求解器，每个模型单独求解，然后相连接的模型以固定的时间进行数据通信，如图 4.8 所示。

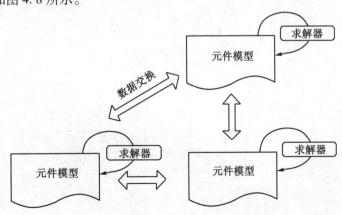

图 4.8　分布式求解器求解方法

此种方法的优点是元件的模型可以根据自身特点选择仿真方法和仿真步长，而且可以实现并行仿真计算。但是由于液压系统仿真步长通常较小，为了保证仿真精度和数值计算的收敛性，必须采用很小的通信步长。采用分布式求解器仿真，其过程很大一部分时间是在进行数据通信，当模型比较复杂时，数据通信所占用的时间过长，从而造成仿真时间过长。

在积分运算器的设计上，大部分软件还是采用集总式运算器。随着计算机硬件技术和算法的发展，集总式运算器的仿真速度已不是瓶颈。而分布式运算器则对系统中的元件分别设定积分步长，提高了仿真速度，可以更好地支持并行处理。

就目前计算机的计算速度和数据通信方法及通信效率的实际情况来看，大多数仿真软件采用集总式求解器，本章也采用集中式求解器。求解器数值积分过程如图4.9所示。

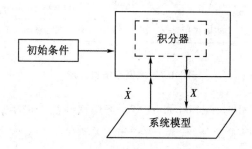

图4.9 数值积分过程

系统的数学模型所形成的微分方程组与积分器模块各自相对独立，主要通过状态变量及其导数进行数据通信。系统模型计算状态变量的导数，将计算结果传送给积分器；积分器将导数积分以后得到的新时间点状态变量返给系统模型。在系统模型中两类基本元件模型是交替进行求解的，如图4.10所示（此处不考虑基本感性元件模型）。

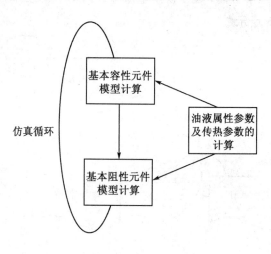

图4.10 求解过程示意图

　　基本阻性元件主要完成基本容性元件模型微分方程右端项的代数求解,基本完成状态变量导数的计算。

　　液压系统的模型由微分方程和代数方程组成,必须通过数值积分的方法求解才能得到仿真结果。目前的数值积分方法很多,也很成熟,但是没有一种积分方法具有普遍性。必须根据微分方程的特点和实际需要选择不同的数值积分算法,甚至可以在仿真过程中根据需要自动切换数值积分算法,如 AMESim。

　　对于显式微分方程组,其求解算法较多,也比较成熟,有单步法(如显式龙格-库塔法)、多步法(如 ADAMS 法、Gear 法)。但是众所周知,液压系统模型通常刚性较大,有些仿真积分算法适合非刚性微分方程(如显式龙格-库塔法、ADAMS 法等),而有些积分算法适用于刚性微分方程(如 Gear 法等)。所以需要根据方程的实际情况选择仿真算法。目前比较流行的方法是 Dormand-Prince5(4)方法、BDF(Backward Differentiation Formulation)方法。Dormand-Prince5(4)方法主要求解非刚性常微分方程,BDF 法主要求解刚性常微分方程。

　　对于微分-代数方程组,如果索引(Index)数较高(Index > 1),则用目前的数值方法求解比较困难,通常通过微分的方法将 Index ≤ 1 的微分代数方程求解。而此种降阶方法不仅经常导致得到的微分方程刚性较大,而且对于液压系统模型中的不连续点也很难处理。但是从阻性元件的模型分析可以发现,对于描述阻性元件特性的代数方程通常可以将变量部分地或全部地分离出来,所以对代数方程进行一次微分即可得到变量的微分形式。显然此种建模方法得到的液压系统模型为 Index ≤ 1,从而降低了数值计算的难度。实际的液压系统往往含有机械元件,系统模型不仅包含描述油液的压力和温度变化的散分方程,而且包含机械部分的多体动力学模型。而多体动力学模型通常需要微分-代数方程描述,并且将多体动力学模型的高索引(Index)微分-代数方程转化为比较成熟的微分-代数方程(Index=1),所以索引为 I 的微分-代数方程组 $F(t, y, y') = 0$ 的表达具有更广泛的适应性。目前有些工程仿真软件仅提供一种数值积分算法 DASSL,用于求解微分—代数方程。

　　对于液压系统温度特性的数值仿真,通常仿真时间比较长,从而仿真所需要的物理时间通常也比较长。如果系统方程是微分-代数方程,由于在求解过程中需要额外迭代求解其中的代数方程,必然造成仿真所需要的物理时间的加长。很可能仿真时间是 1 小时的模型需要几小时的计算物理时间,这在液压系统仿真计算中通常是很难接受的。而且,造成系统模型方程为微分-代数方程的部分通常不是液压系统本身,而是与其连接的机械系统或控制系统。这些系统并不直接影响液压系统温度特性,所以在搭建系统模型时应尽量减少隐式代数方程的出现。对于控制系统部分,可以做适当的变换,去掉隐式代数方程;对于机械系统部分,需要尽量简化其模型,在液压系统仿真中通常将机械系统按一维运动处理;对于液压系统部分,应尽量将参数显式表达出来。本书仅研究常微分方程组的数值求解,当系统模型出现隐式代数环时将手动更改模型,去掉隐式代数环。

4.3 初值对系统的影响

通常,状态变量的仿真初始值的设置不会非常准确,在仿真初始时,对于各节点的压力,系统可以通过数值计算迅速调节到或接近初始的平衡状态,所以仿真初值如果不是偏差太大,则对系统中液压油液的动力学特性的影响不会很大。但是温度则不同,由于仿真初始时各节点压力不正确地迅速变化,很可能造成压力损失不正确的计算,从而导致温度在仿真初始时迅速变化,但是变化后的温度却不能调节到或接近初始的平衡状态(由于能量损失生热具有不可逆性),从而造成初始时温度值的不正确,而不正确的初始温度将造成仿真结果与实际差别很大。对于本书研究的系统,仿真初始时系统某点的压力和温度变化如图 4.11 所示。

图中,由于初始压力设置不准确,在仿真初始时压力将迅速上升,达到或接近压力的实际初始值。在这个过程中,由于压力迅速升高,系统初始压力损失的计算值也较大,从而造成温度也会在仿真初始时迅速升高,而这部分的升高值是由于不正确的仿真初始值设置造成的,将导致温度仿真结果的偏差,所以必须对仿真初值进行分析。

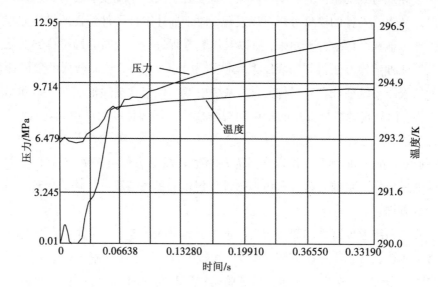

图 4.11 压力和温度变化曲线

首先对能量方程进行分析。通过前面的推导,描述系统温度变化的能量守恒方程可以写为

$$\frac{\mathrm{d}T}{\mathrm{d}t} = c + d\,\frac{\mathrm{d}p}{\mathrm{d}t} \tag{4.25}$$

其中,c 中包含能量损失生热,所以这部分不可逆;$\dfrac{\mathrm{d}p}{\mathrm{d}t}$ 是压力与温度的耦合影响项,此部

分可逆，可造成压力与温度同方向瞬间波动。但由于不可逆项的影响，仿真初始时温度受压力变化趋势的影响造成的变化具有不可逆性。这必然造成温度的仿真初值不准确，从而造成温度仿真结果的平移。

解决上述问题的直观的方法是正确设置仿真初始值。但是对于复杂系统，不仅状态变量很多，而且可能很难直接人为输入准确的仿真初值，所以工程技术人员通常需要通过稳态计算求解仿真初值。

系统模型方程可以写为如下显式微分方程：

$$Y' = F(t, Y) \tag{4.26}$$

或写为如下微分-代数方程：

$$G(t, Y, Y') = 0 \tag{4.27}$$

在计算仿真初值时，认为初始状态为系统平衡状态，此时 $Y' = 0$ 从而方程变为代数方程

$$G(t, Y) = 0 \tag{4.28}$$

或

$$F(t, Y) = 0 \tag{4.29}$$

目前通常采用牛顿迭代方法，通过迭代计算仿真初始时的稳态值。迭代公式如式 (4.30) 所示：

$$x_{n+1} = x_n - \left[F'(x, t) \right]^{-1} F(x, t) \tag{4.30}$$

或

$$x_{n+1} = x_n - \left[G'(x, t) \right]^{-1} G(x, t) \tag{4.31}$$

式中，$F'(x, t)$ 和 $G'(x, t)$ 是对应代数方程的雅克比矩阵。

牛顿迭代法虽然收敛速度快（平方收敛），但是该方法对初始向量 x_0 的选择比较苛刻，往往要求 x_0 很靠近 x^*，该方法才能收敛于 x^*。此外，该方法还需要求雅克比矩阵，通常采用数值方法，近似用差商代替微分，而且雅克比矩阵必须可逆。所以对于复杂的液压系统，如果初始向量 x_0 选择不当，或者系统刚性较大，造成数值计算的雅克比矩阵奇异，很可能造成牛顿迭代法求解失败。

当牛顿迭代法在计算仿真初值失效时，可以采用以下两种方法。

① 在用迭代法求解初值时，将温度变量锁定，计算压力初值。如果压力初值计算成功，可以将温度变量解锁，用计算后的压力值作为牛顿迭代法的迭代初值，再进行迭代计算。此时通常可以收敛。这是因为压力对应的微分方程的雅克比矩阵的特征值主要分布的范围与温度压力对应的微分方程组的雅克比矩阵的特征值主要分布的范围差别较大，如果同时统一考虑可能造成系统雅克比矩阵的初始刚度过大，计算发散。如果将变化较快的压力对应的微分方程组首先进行初值计算，可以得到接近实际初始压力值，以此压力值再进行压力和温度的初值计算，可以减少雅克比矩阵的初始计算刚度，有利于方程收敛。

② 当牛顿迭代法在仅计算压力的仿真初值也失效时，可以采用另一种简单实用的计算方法。在仿真时首先锁定温度变量，强制其导数为零，根据实际情况进行短时间的仿真计算，其仿真时间根据初始过渡过程的时间认为确定。仿真完毕后得到的仿真中止时间的状态变量的数值可以作为牛顿迭代法的初始向量，用迭代法求解压力和温度的初值。如果此时牛顿迭代法仍然失效，可以考虑将仿真中止时间的压力变量的数值作为仿真的初始值进行系统仿真，而温度变量的仿真初值进行手动设置（温度初值的设置通常比较容易），通常此种方法造成的误差很小，比较适合工程应用。

4.4 代数方程的排序与代数环

现在几乎每个液压系统仿真软件都称在模型生成过程中需要排序，说这样可以提高运行效率、打破代数环。本节主要笔者根据自己的理解和体会，分析排序问题。

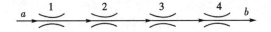

图 4.12 代数方程的输入/输出满足串联关系

如图 4.12 所示，代数方程的输入、输出满足串联关系，这种代数计算是串行的，方程必须一个一个地计算。假设方程初始时刻 a 端输入一个阶跃信号，如果方程的计算顺序是 4，3，2，1 的话，当第一个计算时间步时，方程 4 的端口输入为 0，显然计算以后方程 4 的输出也为 0，方程 2、3 也有类似情况。当计算到第四个时间步时，b 端口处才有值。若代数方程仅进行将输入赋值到输出的运算的话，可以用图 4.13 理解。

显然，数值的传递滞后了 4 个时间步长，不符合要求。若方程的计算输出被用于控制，这显然加入了滞后环节，很可能导致控制发散。但是如果方程的计算顺序是 1，2，3，4 的话，效果就完全不同了。方程 1 计算以后，在计算方程 2 时用方程 1 已经计算输出的数值，以此类推，在第一个计算时间 b 端口的输出就已经是与 a 端口输入对应的数值了。这就不再存在滞后的问题。显然排序很重要，数据信号的流向决定方程计算的先后。

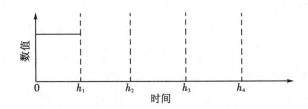

（a）时间 h_1 以后 b 端口输出数值

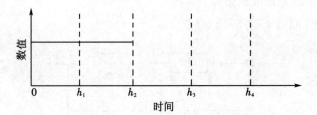

（b）时间 h_2 以后 b 端口输出数值

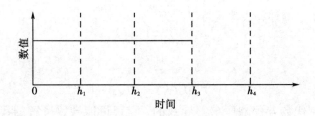

（c）时间 h_3 以后 b 端口输出数值

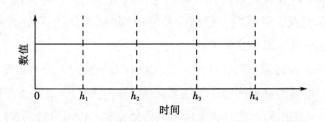

（d）时间 h_4 以后 b 墙口输出数值

图 4.13　不同时间 b 端口输出的值

接下来再看代数环问题。如果代数方程之间的数据传递出现图 4.14 的现象，这样如何确定方程的计算顺序？显然无法确定。这就是代数环，可以理解为代数方程组成的环。

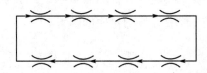

图 4.14　代数方程的输入/输出关系

在代数环内，任意端口输出的数值通常都可以写成

$$x = \prod_{i=1}^{n} f_i(x) + F \tag{4.32}$$

式中，n ——环中代数方程的个数；

f_i ——第 i 个代数方程；

F ——不含 x 的变量或函数等。

以系统方框图(如图 4.15 所示)举例。

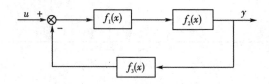

图 4.15　代数环系统方框图

方框图的输出 y 的计算表达式可以写为

$$y = f_2(f_1(u - f_3(y)))\qquad\qquad(4.33)$$

整理可得

$$y = -f_1 f_2 f_3(y) + f_1 f_2(u)\qquad\qquad(4.34)$$

代数环是采用代数方程顺序求解导致的,它很可能导致可解的代数方程的求解失败。显然这是仿真中不想遇到的,所以在建立模型时要尽量避免代数环。当前的流行仿真软件,很多说自己可以自动解决代数环问题,其实并不是任何情况下都能解决问题,只能解决一些简单情况下的问题。根据信号流向判断系统可能存在代数环是比较容易的,但是要打破该环就不那么简单了。

而且代数环不一定必须消除,对于迭代求解收敛的情况,若收敛速度较快,方程将很快达到平衡点,很可能对系统仿真的结果影响不大。所以,现在很多软件即使发现系统中有代数环,只是给出提示信息,通常不做另外处理,让用户根据实际情况解决。

对于消除代数环,很多学者提出了自己的办法,这些办法基本上都不是很有效。根据笔者经验,较有效的方法是将形成代数环的迭代方程转化为代数方程。系统将形成微分-代数方程组,然后用相应的求解器进行求解。

从上面的分析可知,代数方程的排序非常重要,而代数方程在控制框图中经常遇到,所以对于控制信号部分,模型方程需要根据信号流向进行排序。

对于系统模型的仿真计算,其微分方程的右端项的计算显然是最重要的,计算中涉及端口变量的赋值顺序问题、代数方程的排序问题等。

第 5 章　系统参数的测定与辨识

5.1　系统、模型与参数

5.1.1　系统

　　系统，是指具有某些特定功能的相互联系、相互作用的元素的集合。系统一般具有整体性、相关性、动态性和有序性等特征。整体性指系统作为一个整体存在而表现出来某项特定的功能；相关性指系统各元素、各部分之间相互联系，存在物质、能量和信息的交换；动态性指描述系统的状态和参数常随环境变化和时间推移发生属性的变化；有序性指系统是具有结构和层次的，其动态变化也存在一定的方向性。

　　构成系统的具体对象之间的相互作用或外部扰动会引起系统属性的变化，这通常用状态变量来描述。影响系统活动的外部条件称为环境，但随着研究目的和研究对象的不同，系统与环境也是可以互换的。广义来讲，任何待研究的对象都可以看成是一个系统，如图 5.1 所示。

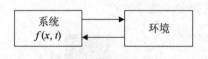

图 5.1　系统与环境

　　以本书研究的液压控制系统为例，液压控制系统由动力元件、控制元件、执行元件、液压介质和各种辅件构成的对外输出运动或力（功率）的完整系统。动力元件和执行元件分别完成机械能至液压能和液压能至机械能的能量转换，其中由液压介质负责能量传递，辅以液压辅件，控制元件则主要负责功率传递的方向和大小的控制，使运动或力按照某种期望的规律变化。系统的压力、流量、质量、体积弹性模量、位移、速度、加速度等均可称为状态变量，其外部环境通常是各种被动或主动产生载荷的装置。在多个液压执行器交互作用时，随着研究对象的变化，各个执行器可互为系统或环境，此处可借鉴阻抗控制研究中阻抗和导纳的概念，如图 5.2 所示。

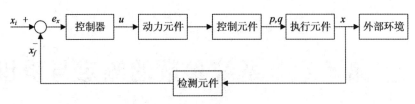

图 5.2　液压控制系统方框图

5.1.2　模型

人们研究系统，主要关心的是系统的功能及其对外输出的特性。为对系统的特性进行分析和设计校正，使其表现出期望的静态性能、动态性能，或按某种规律发展演变，应建立合理的系统数学模型。

系统模型是为了一定的研究目的，对待研究的实际系统进行抽象描述或简缩的原型替代。在任意时刻，系统所有的实体、属性、活动和环境情况的信息集合称为在该时刻的系统状态，可以用来表示系统状态的变量称为状态变量，而系统模型则用于描述系统各状态变化的关系。

模型可以分为物理模型和数学模型。物理模型，是根据系统之间的相似性建立起来的重现系统各种状态的实物模拟模型，常见为比例缩放后的实物模型，如沙盘、风洞、翼型模型、飞行模拟实验台、振动模拟实验台或采用半实物仿真(hard-in-loop，HIL)形式的液压测试实验台，如图 5.3 所示。数学模型则是运用相似原理，用数学方程或符号描述系统状态和行为特性的模型。工程中常用的 CAD 模型，以及借助 SolidWorks、AD-AMS、Fluent、AMESim 等 CAD 软件设计的模型，均是基于数学描述并在计算机中以可视化的方式显示，此处也将其归类至数学模型。

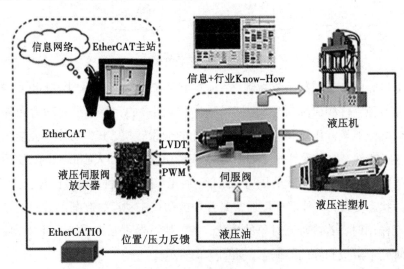

图 5.3　半实物仿真液压测试实验台

多数实际情况下，受到经济成本、时间或空间条件的制约，往往不具备建立简缩物理模型的条件。然而，数学模型则能够方便地运用数理逻辑方法和数学语言构建系统的科学或工程模型，进而反映系统的状态变量和行为特性，便于进行静动态性能分析、状态监测和预测，以及建立进一步的控制及优化，从而达到改善系统性能、优化设计、健康监测或系统预报的目的。因此，本书主要围绕数学模型展开研究和论述。

（1）系统数学模型的分类

系统数学模型的分类方式繁多，常见的分类包括连续与离散、线性与非线性、定常与时变、参数与非参数，还可按静态与动态、确定与随机、离线或在线等对系统模型进行区分。

① 按模型状态变量的时间刻度，可分为连续模型和离散模型。

实际的物理系统一般是关于时间的连续过程，用来描述连续系统的模型有微分方程、传递函数等；计算机处理的方式则均是基于离散模型，用来描述离散系统的模型有差分方程、状态方程等。

② 按参数与输入输出关系，可分为线性模型和非线性模型。

线性模型用来描述线性系统，其显著特点是满足叠加原理和均匀性；非线性模型用来描述非线性系统，一般不满足叠加原理，常见的非线性特性有继电特性、饱和、死区、迟滞、极限环等。

③ 按模型参数随时间变化与否，可分为定常模型和时变模型。

定常系统的模型结构和参数不随时间的变化而改变，而时变系统是指模型的结构或参数随着时间的变化而改变的系统。

④ 按模型的表达形式，可分为参数模型和非参数模型。

非参数模型是指从一个实际系统的实验过程中，直接或间接获得的响应，是确定性的模型，例如阶跃响应、脉冲响应、频率响应都属于反映该系统动态特性的非参数模型；采用推理的方法建立的模型则是一个参数模型，它可以由非参数模型转化而来，例如状态方程和差分方程。

⑤ 按系统参数性质，可分为分布参数模型和集中参数模型。

当系统的状态参数仅是时间的函数时，描述系统特性的状态方程组为常微分方程组，系统称为集中参数系统；当系统的状态参数是时间和空间的函数时，描述系统特性的状态方程为偏微分方程组，则系统称为分布参数系统。

⑥ 按输入输出的个数，可分为单输入单输出（SISO）模型和多输入多输出（MIMO）模型。

⑦ 按模型状态变量与时间的关系，分为静态模型和动态模型。

静态模型用来描述系统处于稳态时（即状态变量的各阶导数为零）各状态变量之间的关系，通常用代数方程进行描述，不应是关于时间的函数；动态模型则用来描述系统处于过渡过程时的各状态变量之间的关系，通常由传递函数、状态空间表达式、微分方程或差分方程来描述,其必然是关于时间的函数。

⑧ 按照输入和输出的关系,可分为确定模型和随机模型。

若系统的输出完全可以由输入来表示,则可用确定模型对其进行描述;若系统的输出是随机的,即对于给定输入存在多种可能的输出,则需采用随机模型。

⑨ 按模型的使用形式,可分为离线模型和在线模型。

对系统进行实验,获取全部记录数据之后,运用辨识算法对数据进行集中处理以得到模型参数的估计值,这种方法称为离线辨识;而在线辨识时,需要事先知道模型的结构和阶次,当获得新的输入输出记录数据之后,就用递推辨识算法对原来的参数估计值进行修正,得到新的参数估计值。

⑩ 按提供的系统信息,可分为"白箱"、"黑箱"和"灰箱"模型。

如图5.4,若系统的结构、组成和运动规律是已知的,适于通过机理分析进行建模,则可称系统为"白箱";若系统的客观规律不清楚,称之为"黑箱",只能通过实验测量系统的输入和输出数据,应用辨识方法建立系统的数学模型;如果已知系统满足某些基本定律,但又有些机理或是其中参数还不清楚,则称之为"灰箱",其介于前面二者之间。

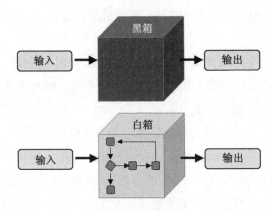

图 5.4 "黑箱"和"白箱"系统

本书主要研究线性定常系统参数化模型的建模问题,书中涉及参数测定和系统辨识方法也主要是针对"灰箱"系统。

(2)系统建模方法

系统建模,即根据系统的先验知识、实验数据及其机理研究,按照物理原理或者采取系统辨识的方法,确定模型的类型、结构及参数,对模型进行形式化处理,得到系统的数学模型,并对模型进行可信性检验的过程。

如前所述,根据待研究系统的基本规律、知识的已知程度,可分为"白箱"、"灰箱"和"黑箱"。对于"白箱"系统,可从已知的原理、定律和定理出发,通过机理分析研究,找出系统内在的运动规律,推导出系统中各种状态参数与外部作用之间的解析关系,即数学模型,此种方式称为机理建模方法;对于"黑箱"系统,由于对系统的客观规律不清楚，只能采用系统辨识的建模方法，通过系统输入和输出的测量数据来建立其数学模型，因此也称为测试建模方法。单纯的机理分析方法只适用于较简单的系统的建模，并且需要对系统机理有较为清楚的了解。对于复杂的实际系统则存在很大的局限性，其要求必须对研究的对象提出合理的简化假设，而这往往是非常困难的。与机理分析方法相比，测试法不需要深入了解系统的机理，但其缺点是必须设计合理的实验以获得大量的有效数据信息，这往往也是不容易实现的。而我们在工业或工程中比较常见的实际系统，则多属于介于二者之间的"灰箱"系统。在具体建模时，系统某些部分的机理是清楚的，可直接采用机理建模方法；而对于其中机理不太清楚、参数不能够确定的部分，则通常需要采用测试建模方法进行辨识，综合以上两种方法可获得完整的系统数学模型。

建立数学模型时，一般需遵循以下基本原则：

① 建模目的明确。对于不同的建模目的，可采用不同的建模方法，也会相应导向不同的数学模型。

② 系统规律清晰。清晰的物理规律便于进行机理建模，以获得清晰准确的数学表达。

③ 模型结构合理。合理的模型结构有利于建立持续的输入信号，以便获取有效的输出数据。

④ 模型精度设置合理。模型精度的设置则决定了拟合数据与实际数据的接近程度，以及实际计算量的大小。

对于系统建模，我们应有清醒的认识和预期，不必盲目追求高精度和高复杂度。事实上，永远也不可能建出一个各方面都完美的模型以替代真实系统，而相反，只要在我们感兴趣的某些方面能够准确描述系统，即是一个合格模型。

5.1.3　参数

在液压控制系统的设计和分析中，系统数学模型的建立只是提供了计算分析的模型基础，为获得准确可靠的分析计算结果，必须确定数学模型中各个参量的数值。这些参量通常与液压系统的固有参数有关，其中有些是固定不变的，有些则会随着工况而变化，确定这些参数是一项颇有难度的课题。通常，需要通过结合测量和估计确定其中的各个变量和参数。

本书沿用数学问题中的概念，对液压控制系统中的常量、变量和参量加以区分。常量，指的是在变化的各种关系中保持不变的量，可以是定性的量，也可以是定值；变量，指的是在变化的各种关系中会按照某种规律变化的量，可以是变性的量，也可以是变化的数值；参量，指的是在整个复杂变化中，为了将系统规律用已有知识进行描述或简化其关系而设定的量，可以是定量，但实际上更多的是变量。相应地，在控制系统中，除了系统输入、输出和状态变量外，将其他可影响输入输出之间相互关系的物理量称为参量，一般也称参数。

对于上述概念，也可从系统与信号的角度理解。变量相当于定义一种数据承载单元，一般指系统中随时间或工况变化的物理量，压力、流量、位移、速度、加速度等都属于液压系统的变量，与数据采集系统获得的信号相对应。参量用于设定某一数据来对系统某一方面属性进行定量描述，可看作变量的一种特殊形式，其可以是已知或未知的、常值或时变的物理量，如液压泵/马达的排量、运动体的质量或转动惯量、工作容腔的体积、油液的体积弹性模量、液压缸的有效作用面积、黏性系数、泄漏系数、负载的弹性刚度，以及典型环节的开环增益、时间常数、阻尼比和自然频率等。

理论上，为进行准确可靠的计算和分析，就需要尽可能准确的系统模型和参数。但事实上，由于实际系统和环境的复杂度，不但系统模型需要进行一定的近似和简化，这些系统中的参数、变量和信号也无法获得绝对意义上的真实值，或多或少都会存在一定的偏差或噪声干扰。在本书中，根据参数的物理意义和可否直接测量，可将其分为实际参数和设定参数。

5.2　物理测定

液压控制系统中的实际参数包括液压泵/马达的排量、液压缸的有效作用面积、运动体的平动质量或转动惯量、工作容腔的体积等。这些参数一般取决于系统的结构或物理特性，可通过物理方法测量，也可以结合三维模型进行辅助计算。具体可参照如下方法获得：

① 液压泵或马达的排量是常值，其数据一般由液压元件 OEM 制造商提供，明确标注于产品铭牌和产品样本中。当然，在变排量控制系统中，其可作为一个变量，通常由电控信号（电流或电压）确定其所占最大量程的百分比。

② 液压缸的平动质量可以通过测算活塞、活塞杆和运动负载的质量总和来获得，一般相对容易测量。转动惯量是刚体转动惯性的度量，其意义等同于平动物体的质量，几乎所有绕定轴转动的运动定律均与转动惯量密切相关。本书中液压控制系统的转动惯量主要涉及电动机、液压马达，以及如挖掘机、转台等的回转机构。对于挖掘机和转台等回转机构，其转动惯量多会随着负载惯量变化，从而影响伺服系统的性能。转动惯量的测量较为复杂，常用的测量方法包括扭摆法、落体法、三线摆法、复摆法、单线扭摆法和质量线法。复摆法不适用于较大物体，其需要事先精确测量物体的质心，落体法和单线扭摆法适用于陀螺转子、螺旋桨、齿轮、马达转子等绕轴线对称分布的构件，三线摆法和扭摆法均可对外形不规则物体进行测量，质量线法理论复杂、测试精度难以保证，实验重复性交叉，难以应用。对于液压马达，可以通过两腔压差恒速转动实验获得摩擦转矩，再根据恒压差实验中转速情况获取转动惯量。当然，运动体的平动质量或转动惯量也均可以结合三维模型进行计算。

③ 液压缸的有效作用面积可以通过给定的液压缸活塞和活塞杆的直径进行计算,缸径和杆径尺寸一般可通过产品铭牌或样本查得。

④ 工作容腔的体积,一般指的是从泵的高压腔或伺服阀的工作油口经过管路、辅件到执行器高压腔的体积,相对不易直接测量。一方面可利用三维模型对其进行测算,另一方面可利用工作容腔中排出的油液体积进行间接测量。

5.3 参数辨识

液压控制系统中的设定参数则包括泄漏系数、黏性系数、负载的弹簧刚度、油液的体积弹性模量,以及典型环节的开环增益、时间常数、阻尼比和自然频率等,用以定量描述系统某一方面的特性。一般不可直接测量,而需要根据实验数据进行拟合,或采用观测器的方法进行估计。这些参量其实是虚拟设定的,也称为"软量"。其取值因系统而异,变化可能非常大,因而对系统的静态特性、动态特性有着很大影响,也没有一种统一有效的理论方法进行计算。例如,体积弹性模量、黏性阻尼系数、弹簧刚度、泄漏系数和摩擦力等。

5.3.1 黏性阻尼系数测定方法

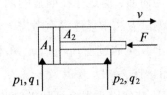

图 5.5 液压缸的受力与运动情况

如图 5.5 所示,液压缸的力平衡方程为

$$p_1A_1 - p_2A_2 - m\dot{v} - Cv - F_f - F = 0 \tag{5.1}$$

式中, A_1——液压缸无杆腔有效作用面积,m^2;

A_2——液压缸有杆腔有效作用面积,m^2;

p_1——液压缸进油腔压力,Pa;

p_2——液压缸回油腔压力,Pa;

m——运动部件质量总和,kg;

v——液压缸活塞杆的运动速度,m/s;

C——黏性阻尼系数,N·s/m;

F_f——与运动速度无关的摩擦力总和,N;

F——工作阻力,N。

在实际过程中，需要提前测定好 A_1，A_2，m，F_f 这些系统固有参数。从理论上讲，黏性阻尼系数 C 是一个动态变化的量，它和 p，v，T 都有关系，但是 p 和 v 对 C 的变化影响较小，且在实际应用过程中，液压系统的动态过程在大多数情况下可以视为恒温过程，因此通常情况下把 C 作为常数处理。F_f 是与速度无关的摩擦力项，其中包括液压缸油缸内密封带来的阻力和油缸导向元件产生的摩擦力，是与工作位置以及工作阻力 F 有关的变量。

（1）一般测定方法

从式（5.1）可以看出，黏性阻力 Cv 是线性项，而摩擦阻力 F_f 是非线性项。它们具有完全不同的性质，但它们都在液压油缸内产生，对外以合力的形式表现出来，因而很难加以区分。由于很难直接分离出黏性阻力，因此通常采用间接测量计算的方法。

为了排除惯性项的影响，即使得 $m\dot{v} = 0$，需使油缸匀速运动。

由式（5.1）可得

$$C = \frac{p_1 A_1 - p_2 A_2 - F_\mathrm{f} - F}{v} \tag{5.2}$$

通常情况下会先排空液压油，打开油缸入口和出口，并用外力推动活塞。在此状态下测试，确定推动活塞以恒定速度运动所需的外力，并将其作为 F_f。然后恢复油缸的正常状态，使用液压泵驱动油缸，并测量 p_1，p_2，v，F_f，F 由公式（5.2）计算出 C。

上述方法虽然测量起来较为简便，但是存在明显的两个缺陷。第一个缺陷：由于 F_f 是与 F 相关的量，并且在上述测试方法中显然没有考虑 F 的影响，因此以这种方式测得的 F_f 不可靠。第二个缺陷：由于 C 是通过量 p_1，p_2，v，F_f 和 F 间接测量的，因此 C 的测试精度完全取决于上述 5 个量的测试精度。

从数值上讲，黏性阻力 Cv 比其他力小得多。如果仅考虑压力 p 的测量误差，并假设 v，F_f 和 F 的测量是完全准确的。记录每个量的真实值分别为 C_0，v_0，p_{10}，p_{20}；C 和 p 的误差为 ΔC 和 Δp，那么根据式（5.2）可以推导出

$$\Delta C = \frac{\Delta p_1 A_1 - \Delta p_2 A_2}{v_0}$$

如果 p_1 和 p_2 的测量精度相同，即 $|\Delta p_1| = |\Delta p_2| = \Delta p$，此时，$C$ 的最大测量误差为

$$\Delta C_\mathrm{max} = \frac{|\Delta p_1| A_1 + |\Delta p_2| A_2}{v_0} = \frac{A_1 + A_2}{v_0}\Delta p$$

考虑到通常情况下 p 的值远大于 C 的值，因此，即使 $\dfrac{\Delta p}{p}$ 非常小，也会导致 ΔC 的值特别大，测试结果不可信。

（2）改进测定方法

考虑上述问题，可对测量方法作如下改进：令工作阻力 F 保持不变，则 F_f 可看作常量。测得油缸的速度如图 5.6 所示。

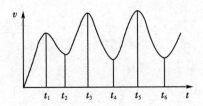

图 5.6　改进测量方法示意图

在 t_1 和 t_2 时刻 $\dot{v} = 0$，根据式(5.1)可以得出：

$$p_{11}A_1 - p_{21}A_2 - Cv_1 - F_f - F = 0$$
$$p_{12}A_1 - p_{22}A_2 - Cv_2 - F_f - F = 0$$

其中 p_{11}，p_{21}，v_1 和 p_{12}，p_{22}，v_2 分别代表 t_1 和 t_2 时刻的 p_1，p_2，v。

计算可得

$$C = \frac{(p_{11} - p_{12})A_1 - (p_{21} - p_{22})A_2}{v_1 - v_2} \tag{5.3}$$

相比于改进前，测量的中间变量由 5 个减至 3 个。

进一步，可取一系列 $\dot{v} = 0$ 的时刻，并且对每个时刻分别列力平衡方程，对其中任意两方程进行作差求解可以得到 C_n^2 个测量值：

$$C_{ij} = \frac{\Delta p_{1ij}A_1 - \Delta p_{2ij}A_2}{\Delta v_{ij}} \tag{5.4}$$

式中，$\Delta p_{1ij} = p_{1i} - p_{1j}$，$\Delta p_{2ij} = p_{2i} - p_{2j}$，$\Delta v_{ij} = v_i - v_j$。为了减少误差，$\Delta v_{ij}$ 不能太小，可取 v 的最大值减去 v 的最小值。

对于改进后测定方法，进行误差分析如下。随机误差的组成非常复杂，例如压力波动、流量波动以及外部电场和磁场对仪器的干扰。系统误差主要是仪表自身误差和传感器标定误差等的总和。一般情况下，系统误差是一个常数。

测量值等于真值、系统误差与随机误差之和。令 $C_{ij} = C_o + \Delta C_{ij}$，并将其带入式(5.4)，可得

$$C_{ij} = C_0 + \Delta C_{ij}$$
$$= \frac{\left[(p_{1i0} - p_{1j0})A_1 - (p_{2i0} - p_{2j0})A_2\right] + \left[(\Delta p_{1i0} - \Delta p_{1j0})A_1 - (\Delta p_{2i0} - \Delta p_{2j0})A_2\right]}{(v_{i0} - v_{j0}) + (\Delta v_{iy} - \Delta v_{jy})}$$

通常，随机误差的值要比真实值小得多，即

$$(v_{i0} - v_{j0}) + (\Delta v_{iy} - \Delta v_{jy}) \approx (v_{i0} - v_{j0}) = \Delta v_{ij0}$$

这是任何测量值的一般误差通式，显然，此处仅为随机误差。因此，应用此种方法，仪器的系统误差对测量精度几乎没有影响，通过这种方法即可使用一般精度的仪器来获得足够准确的结果。

记最后的测量误差为 ΔC，则

$$\Delta C = \frac{\sum_{i,j=1}^{k} C_{ij}}{K} = \frac{1}{K} \cdot \sum_{i,j=1}^{k} \frac{(\Delta p_{1ijy} A_1 - \Delta p_{2ijy} A_2)}{v_{ij0}}$$

记 Δv_{ij} 中最小的一个是 $\Delta v_{ij\min}$，则有

$$\Delta C < \frac{1}{K} \sum_{i,j=1}^{K} \frac{\Delta p_{1ijy} A_1 - \Delta p_{2ijy} A_2}{\Delta v_{ij\min}} = \frac{1}{K} \sum_{i,j=1}^{K} \frac{(\Delta p_{1iy} - \Delta p_{1jy}) A_1 - (\Delta p_{2iy} - \Delta p_{2jy}) A_2}{\Delta v_{ij\min}}$$

$$= \frac{1}{K \Delta v_{ij\min}} \left[A_1 \left(\sum_{i,j=1}^{K} \Delta p_{1iy} - \sum_{i,j=1}^{K} \Delta p_{1jy} \right) - A_2 \left(\sum_{i,j=1}^{K} \Delta p_{2iy} - \sum_{i,j=1}^{K} \Delta p_{2jy} \right) \right]$$

当 $K \to \infty$ 时，$\lim\limits_{K \to \infty} \Delta C = 0$，因此，当 K 足够大时，ΔC 可以任意小。

相较于一般测定方法，改进方法有如下优点：

① 不需要预先确定 F_f，并且将测量参数从 5 个减小到 3 个，这不仅减少了工作量，而且减少了产生多余误差的环节。

② 让油缸以可变速度往复运动几次，即可获得足够的数据。

③ 其可在实际工作条件下实现在线测量，这对于动态过程尤其重要。即便不能将 C 视为常数，也可以使用。

④ 对仪器和其他设备精度的要求不高。

5.3.2　液压油体积弹性模量测定方法

弹性模量是液压油和软管的固有特性，其取值精确与否将直接影响对液压系统分析的精度和正确性。影响液压油弹性模量的主要因素包括：① 油液特性；② 油液中的空气含量；③ 系统工作压力；④ 工作温度；⑤ 软管长度和内径。受以上因素影响，液压系统的弹性模量常会有较大的变动范围，因而难以进行准确、可靠的测定。

根据体积弹性模量的定义：

$$\beta_e = -V \frac{\Delta p}{\Delta V} \tag{5.5}$$

式中，β_e——油液的弹性模量；

　　V——初始状态的油液体积；

　　ΔV——油液体积的改变量；

　　Δp——与 ΔV 对应的油液压力的改变量。

东北大学丛恒斌等人提出一种测定方法，其采用的实验测定装置如图 5.7 所示。该实验靠疲劳实验机给实验液压缸提供稳定外力来改变油液的压力和体积。根据式(5.5)，可对测试腔内一定体积的油液施加压力，改变力的大小，得到相应的油液体积变化量和压力变化量。

具体测定方法如下。首先给实验油缸注油，当油缸加满油之后，读出油缸内初始压力 p_i，对油缸位置进行初始化，并读出其初始位置 h_i，其次，根据油缸的结构图计算出油

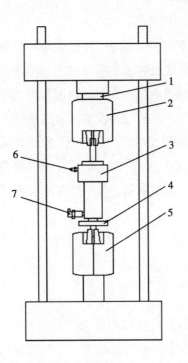

1—位移传感器；2—疲劳实验机上压头；3—实验液压缸；4—托盘；5—疲劳实验机下压头；6—截止阀；7—油压传感器

图 5.7　体积弹性模量测定实验装置示意

液的初始体积 V_0。再次确定完初始参数后，每次分别比前一次增加固定数值（如 0.2 kN）的压力。最后分别记录每次稳定后的压力 p_i 和新的位移 h_i。油液的弹性模量可根据式（5.6）计算：

$$\beta_e(i+1) = V_0 \frac{p_{i+1} - p_i}{V_{i+1} - V_i} \tag{5.6}$$

为了避免实验结果受偶然因素影响，减小实验误差，上述实验重复三遍。通过对上述关于油液弹性模量测定实验得出的三次实验数据分析，将三次所得的数据分别利用 MATLAB 软件进行数据拟合处理，从而得出油液弹性模量和压力数据之间的拟合方程。

5.3.3　泄漏系数

液压系统的泄漏一般出现在液压泵和液压缸，泄漏可分为外泄漏和内泄漏两种情况。外泄漏一般发生在活塞杆与缸盖接合、进出油口、缓冲调节阀、排气阀、缸筒与缸盖连接等处，比较容易被发现。内泄漏主要发生在活塞内孔与活塞杆的连接、活塞与缸内壁的接触面等处，导致油液从缸内部的高压腔向低压腔渗漏，不易被发现。因此，一般主要关注内泄漏系数的测定方法。

根据国家标准《液压缸试验方法》（GB/T 15622—2005）要求，内泄漏测量方法为：使被试液压缸工作腔进油，加压至额定压力或用户指定压力，测定经活塞泄漏至未加压腔的泄漏量。而该方法中对于具体如何测定经活塞泄漏至未加压腔的泄漏量以及测量时行程的位置并没有详细说明。

内泄漏测量的常用方法有量杯检测法、压降法等。量杯检测法检测时须先将活塞移动到端部或其他行程位置，将无杆腔或是有杆腔加压至额定工作压力或者用户指定的压力，用量杯在未加压的一腔油口测量一定时间内泄漏油的体积，这种方法测量的结果是一段时间内的平均内泄漏量，不能直接实现液压缸任意行程位置内泄漏的检测。压降法是通过压力传感器测量无杆腔单位时间的压降值，根据压降和内泄漏的关系，得出内泄漏量。但是由于压降和内泄漏关系式中变量较多，同时自身测试台液压系统也存在着微小泄漏，所以很难准确测量出内泄漏量，也不能直接实现液压缸任意行程位置内泄漏的检测。

5.4　系统辨识

一般来说，以上对于已知具体模型中某个参数的试验测定仅属于参数辨识的范畴，另一种面向系统整体的辨识方法，称为系统辨识。系统辨识（system identification），即通过系统的输入和输出数据，从一组给定的模型类中，根据一定的评价准则确定一个与被测系统等价的模型。其中，数据、模型类和评价准则称为辨识的三要素。

辨识的概念由 L.A.Zadeh 于 1962 年提出，已经成为现代最重要的一种系统建模方法。该方法常用于机理尚不清楚或机理过于复杂的系统，通过记录正常运行时或者在某种测试信号激励下的输入输出数据，再通过某种算法估计它的数学模型。该方法是一种通过实验建立数学模型的方法，通常包括两方面的工作：一是确定模型的结构（如类型、阶次等），二是估计模型的参数。

在工程应用中，对系统建立合理的数学模型是进一步进行分析、有效控制和优化的基础。但是，很多工业系统的内在运行机理、能量变化非常复杂，想要对其进行完整的机理建模是几乎是不可能的。通常需要对其进行简化近似成线性控制系统，采用传递函数在人们关心的方面来描述系统的动态特性。因此，如何辨识系统的传递函数也就成了线性系统辨识中的主要问题。根据所选的系统模型形式和先验信息的多少，系统辨识方法可分为非参数模型辨识和参数模型辨识方法。

5.4.1　非参数模型辨识

非参数模型辨识方法可获得非参数的模型描述，包括时域和频域的响应曲线，以及不考虑参数物理意义的传递函数。具体又可分为时域法（阶跃响应法、脉冲响应法），频域法（频率响应法、扫频法）和频谱法（相关分析法、频谱分析法）。这些经典的辨识方法在工业过程的辨识中起着非常重要的作用，也为现代辨识方法提供了许多必不可少的先验信息。

对系统输入特定的信号,测量系统的输出,可求出系统的时域和频域响应,其形式表现为以时间或频率为自变量的实验曲线。这些非参数模型经适当处理后可转换为参数模型,即系统的传递函数。该方法不必事先假定模型的具体结构,适用于任意复杂的线性系统甚至是非线性系统。液压系统中元件的特性曲线即采用此种方式。

5.4.1.1 时域辨识方法

传递函数辨识的时域方法主要根据对于阶跃和脉冲输入信号的时域响应,辨识系统的传递函数。对于线性系统 $G(s)$,其阶跃输入 u 的幅值为 ΔU,相应拉氏变换为 $U(s) = \Delta U/s$,则输出 $y(t)$ 的拉氏变换为 $Y(s) = G(s) \cdot U(s)$。

对于待辨识液压系统中的典型元件,通常可看作带有时延的一阶系统、二阶系统或高阶系统,其传递函数可相应表示为

$$G(s) = \frac{K}{Ts + 1} \cdot \mathrm{e}^{-\tau s}, \quad G(s) = \frac{K}{(T_1 s + 1)(T_2 s + 1)} \cdot \mathrm{e}^{-\tau s}, \quad G(s) = \frac{K}{\displaystyle\prod_{i=1}^{n}(T_i s + 1)} \cdot \mathrm{e}^{-\tau s}$$

对于以上传递函数,根据拉普拉斯变换终值定理,若 $y(\infty)$ 存在,则有

$$y(\infty) = \lim_{s \to 0} Y(s) \cdot s = \lim_{s \to 0} G(s) \cdot \Delta U = K \cdot \Delta U$$

对于阶跃响应,其 K 应为

$$K = \frac{y(\infty)}{\Delta U}$$

时滞 τ 则通过测量阶跃响应曲线接近零值的时间长度确定。

(1)一阶系统

考虑一阶系统如式(5.7)所示:

$$G(s) = \frac{K}{Ts + 1} \cdot \mathrm{e}^{-\tau s} \tag{5.7}$$

式中,K——增益;

　　T——时间常数;

　　τ——时滞。

其可用一阶微分方程表示为

$$T \frac{\mathrm{d}y(t)}{\mathrm{d}t} + y(t) = Ku(t - \tau) \tag{5.8}$$

其阶跃响应可表示为

$$y(t) = \begin{cases} 0, & 0 \leqslant t < \tau \\ K \cdot \Delta U \left(1 - \mathrm{e}^{-\frac{t-\tau}{T}}\right), & t \geqslant \tau \end{cases} \tag{5.9}$$

对其进行无因次化处理,获得其单位阶跃响应曲线,如图 5.8 所示。易知当 $t = T + \tau$ 时,$y(t) = 0.632$,在单位阶跃响应曲线上找到 $y(t) = 0.632$ 对应的时间,即为 $t = T + \tau$。根据上述作图方法,即可确定一阶惯性时滞系统传递函数中的各参数 K,T,τ.

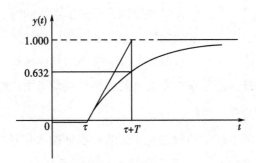

图 5.8 一阶惯性时滞系统阶跃响应曲线

（2）二阶系统

对于典型的二阶欠阻尼系统，其传递函数为

$$G(s) = \frac{K\omega_0^2}{s^2 + 2\zeta\omega_0 s + \omega_0^2} \tag{5.10}$$

式中，K——增益；

ζ——阻尼系数；

ω_0——自然频率。

当 $\zeta < 1$ 时，系统为欠阻尼系统。在阶跃信号激励下，系统会出现一定的振荡现象。

其可用二阶微分方程表示为

$$\frac{\mathrm{d}^2 y(t)}{\mathrm{d}t^2} + 2\zeta\omega_0 \frac{\mathrm{d}y(t)}{\mathrm{d}t} + \omega_0^2 y(t) = K\omega_0^2 u(t) \tag{5.11}$$

可获得二阶系统的阶跃响应为

$$y(t) = K\left[1 - \frac{\mathrm{e}^{-\zeta\omega_0 t}}{\sqrt{1 - \zeta^2}} \sin(\sqrt{1 - \zeta^2}\,\omega_0 t + \varphi) \right] \tag{5.12}$$

其中，$\tan\varphi = \dfrac{\sqrt{1 - \zeta^2}}{\zeta}$。

对其进行无因次化处理，可获得其阶跃响应曲线，如图 5.9 所示。

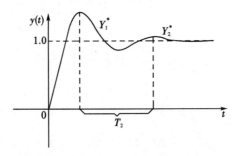

图 5.9 二阶欠阻尼系统阶跃响应曲线

其中，Y_1^* 和 Y_2^* 分别为第一、二波峰时对应的超调量，其时间间隔为 T_z。由式

（5.12）可知，在阶跃响应处于极大值时，$t_k = \dfrac{k\pi}{\omega_0\sqrt{1 - \zeta^2}}$，$k = 1,\ 3,\ 5,\ \cdots$。

$$Y_1^* = \mathrm{e}^{-\frac{\pi\zeta}{\sqrt{1-\zeta^2}}}\ \ Y_2^* = \mathrm{e}^{-\frac{3\pi\zeta}{\sqrt{1-\zeta^2}}}$$

由 Y_1^* 和 T_z 可得

$$\zeta = \frac{|\ln Y_1^*|}{\sqrt{\ln^2 Y_1^* + \pi^2}}\ ,\ \omega_0 = \frac{2\pi}{T_z\sqrt{1 - \zeta^2}}$$

Y_2^* 的数值则可用以检验。

（3）高阶系统

对于更一般的高阶系统，考虑其传递函数如下：

$$G(s) = \frac{K}{a_n s^n + a_{n-1} s^{n-1} + \cdots + a_1 s + 1} \tag{5.13}$$

由于系统传递函数与微分方程之间存在着一一对应的关系，因此，可以通过求取微分方程的系数来辨识系统的传递函数。其可由线性微分方程表示为

$$a_n \frac{\mathrm{d}^n y(t)}{\mathrm{d}t^n} + a_{n-1} \frac{\mathrm{d}^{n-1} y(t)}{\mathrm{d}t^{n-1}} + \cdots + a_1 \frac{\mathrm{d}y(t)}{\mathrm{d}t} + y(t) = Ku(t) \tag{5.14}$$

在求得系统放大倍数 K 后，可得到无因次阶跃响应 $y(t)$。利用面积法，原则上可求出任意阶系统的各项系数。以 $n = 3$ 为例，有

$$\left.\frac{\mathrm{d}^3 y(t)}{\mathrm{d}t^3}\right|_{t\to\infty} = \left.\frac{\mathrm{d}^2 y(t)}{\mathrm{d}t^2}\right|_{t\to\infty} = \left.\frac{\mathrm{d}y(t)}{\mathrm{d}t}\right|_{t\to\infty} = 0\ ,\ y(t)\,|_{t\to\infty} = 1 \tag{5.15}$$

将式（5.14）的 $y(t)$ 项移至右边，在 $[0,\ t]$ 上积分，可得

$$a_3 \frac{\mathrm{d}^2 y(t)}{\mathrm{d}t^2} + a_2 \frac{\mathrm{d}y(t)}{\mathrm{d}t} + a_1 y(t) = \int_0^t [1 - y(t)]\mathrm{d}t \tag{5.16}$$

定义 $F_1(t) = \int_0^t [1 - y(t)]\mathrm{d}t$，则由式（5.15）给出的初值、终值条件可知，当 $t\to\infty$ 时，

$$a_1 = \int_0^\infty [1 - y(t)]\mathrm{d}t$$

如图 5.10 所示，a_1 的数值即相当于图中阴影部分的面积。

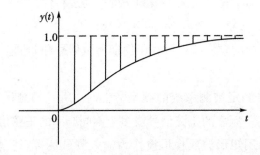

图 5.10　面积法示意图

将式(5.16)中 $a_1 y(t)$ 移至等式右边，在$[0, t]$上积分，则有

$$a_3 \frac{\mathrm{d}y(t)}{\mathrm{d}t} + a_2 y(t) = \int_0^t \left[F_1(t) - a_1 y(t) \right] \mathrm{d}t \qquad (5.17)$$

定义 $F_2(t) = \int_0^t \left[F_1(t) - a_1 y(t) \right] \mathrm{d}t$，则由式(5.15)给出的初值、终值条件可知，当 $t \to \infty$ 时

$$a_2 = \int_0^\infty \left[F_1(t) - a_1 y(t) \right] \mathrm{d}t$$

同理，再对等式两边在$[0, t]$上积分，定义 $F_3(t) = \int_0^t \left[F_2(t) - a_2 y(t) \right] \mathrm{d}t$，可得

$$a_3 = \int_0^\infty \left[F_2(t) - a_2 y(t) \right] \mathrm{d}t$$

以此类推，定义 $F_n(t) = \int_0^t \left[F_{n-1}(t) - a_{n-1} y(t) \right] \mathrm{d}t$，则有

$$a_n = \int_0^\infty \left[F_{n-1}(t) - a_{n-1} y(t) \right] \mathrm{d}t$$

面积法的优点是充分利用了阶跃响应的每一点信息，并且具有很强的滤波功能。

5.4.1.2　频域辨识方法

对于控制系统，也常用被辨识对象的频率特性作为模型的表达式，一般可表示为

$$G(j\omega) = \left. \frac{Y(s)}{U(s)} \right|_{s=j\omega} = \frac{Y(j\omega)}{U(j\omega)} \qquad (5.18)$$

相应地，有系统的频率响应

$$Y(j\omega) = G(j\omega) U(j\omega)$$

对于线性系统，当输入端施加一个频率为 ω、幅值为 a_u、相位为 θ_1 的正弦信号 $u(t) = a_u \sin(\omega t + \theta_1)$ 时，被控系统的输出端将获得同样频率 ω 的正弦信号，其幅值为 a_y、相位为 θ_2，$y(t) = a_y \sin(\omega t + \theta_2)$。

其中，输出信号与输入信号的幅值比 $A(\omega) = a_y / a_u$ 是随频率变化的，称为幅频特性。输出信号与输入信号的相位差 $\varphi(\omega) = \theta_2 - \theta_1$ 也是随频率变化的，称为相频特性。幅频特性 $A(\omega)$ 和相频特性 $\varphi(\omega)$ 完全定义了被测系统的动态特性，频率特性 $G(j\omega)$ 可表示为

$$G(j\omega) = A(\omega) e^{j\varphi(\omega)} \qquad (5.19)$$

一般来说，被测系统的频率特性可利用周期测试信号和非周期测试信号辨识获得。

(1)周期测试信号

采用周期测试信号测定被测系统的频率特性时，所有的测量都应在稳态状态下进行。测试信号可采用单一频率的正弦信号或多个不同频率的正弦信号组合。当没有正弦信号发生器时，还可采用矩形波或梯形波作为输入测试信号。实验过程中，对于输入、输出信号的测量也可有多种方法，例如直接曲线记录仪，或采用相位频率计和峰值电压表分别测出相位和幅值，或采用专门的频率特性测试仪。

　　直接曲线记录法是在被测系统的输入端施加一个正弦测试信号,用双通道记录仪同时记录系统输入和输出信号,改变正弦信号的频率,重复试验,得到多个频率下的测试结果。如图 5.11 所示,在每个频率下求出输出和输入信号的幅值比和相位差,从而绘制出被测系统的频率特性曲线。

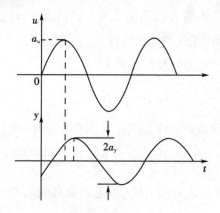

图 5.11　通过周期测试信号获得频率响应特性

　　在进行频率特性测试前,应先确定频率范围,找出最大测试频率 ω_{max}。可逐渐增大输入信号的频率,直到被测系统的输出幅值接近于零(比 $\omega=0$ 时的幅值小 20~100 倍)。然后将从 0 到 ω_{max} 频带分段,按选定的各个频率进行实验。

　　由于被测系统可能具有某种非线性,所以输入正弦波信号的幅值不宜过大,以免引起饱和等现象,从而得不到较精确的结果。若输入信号幅度太小,也会由于系统存在死区而引起误差。因此,必须合理地选取输入信号的幅度。

　　注意到,由式(5.19)所得出的频率特性,仅当过程的噪声可以忽略时,其精度才是比较令人满意的。若输出端受到测量噪声的污染,则有

$$Z(j\omega) = G(j\omega)U(j\omega) + V(j\omega) \tag{5.20}$$

其中,$V(j\omega)$ 是输出端测量噪声 $v(t)$ 的傅里叶变换;$Z(j\omega)$ 是受噪声污染的输出量 $z(t)$ 的傅里叶变换。如此则有

$$\frac{Z(j\omega)}{U(j\omega)} = G(j\omega) + \frac{V(j\omega)}{U(j\omega)} \tag{5.21}$$

可见,测量噪声将导致频率特性测量的误差。在这种情况下,倘若将所求出的多个频率特性求取平均值,则可以将测量噪声的影响降低到一定程度。此外,也可采用专门的频率特性分析仪,利用相关分析法(本章后续将展开介绍)来确定频率特性,可大幅提高测量精度。

　　与阶跃响应法相比,采用周期测试信号来确定的频率特性能够比较准确地反映对象的动态特性。其原因是在测试频率特性时,被测系统是运行在稳定的状态下,而测试阶跃响应曲线时,测试过程必须在过渡过程状态下进行。因此,在测试频率特性过程中,随机干扰对实验结果的影响要比测试阶跃响应曲线时小得多。

（2）非周期测试信号

根据式（5.18），当噪声可以忽略时，系统的频率特性可由下式确定：

$$G(j\omega) = \frac{Y(j\omega)}{U(j\omega)} \tag{5.22}$$

因此，倘若能够根据所测得的输入和输出信号，$u(t)$ 和 $y(t)$，进行傅里叶变换，得到 $U(j\omega)$ 和 $Y(j\omega)$，也可计算出系统的频率特性。

对于非周期时间函数 $f(t)$ 的傅里叶变换 $F(\omega)$ 为

$$F(\omega) = \int_{-\infty}^{+\infty} f(t) e^{-j\omega t} dt \tag{5.23}$$

上述傅里叶变换存在的必要条件为函数 $f(t)$ 绝对可积，也称为 Dirichlet 条件，即

$$\int_{-\infty}^{+\infty} |f(t)| dt < \infty \tag{5.24}$$

通过适当的定义，对于输入和输出信号，总可以做到 $y(t)=u(t)=0$，$t<0$。因此有

$$\begin{cases} Y(j\omega) = \int_{0}^{+\infty} y(t) e^{-j\omega t} dt \\ U(j\omega) = \int_{0}^{+\infty} u(t) e^{-j\omega t} dt \end{cases} \tag{5.25}$$

我们可以利用数值计算方法来求出式（5.25）中的 $U(j\omega)$ 和 $Y(j\omega)$，进而计算出频率特性的估计值 $\hat{G}(j\omega)$，也可以利用离散傅里叶变换来计算出频率特性的估计值 $\hat{G}(j\omega)$。

对输出信号 $y(t)$ 和输入信号 $u(t)$ 在等时间间隔点 kT，$k=0$，1，$\cdots$，$N-1$ 各点上进行 N 次采样，得到有限数目的离散值 $\{y(k)\}$ 和 $\{u(k)\}$。注意，为了满足 Dirichlet 条件，在 t 足够大（$t>NT$）时，要求输出和输入信号都必须趋向于零。

对 $\{y(k)\}$ 和 $\{u(k)\}$ 进行离散傅里叶变换：

$$\begin{cases} Y(jn\Delta\omega) = \sum_{k=0}^{N-1} y(k) e^{-j\frac{2\pi nk}{N}} \\ U(jn\Delta\omega) = \sum_{k=0}^{N-1} u(k) e^{-j\frac{2\pi nk}{N}}, \ n=0, \ 1, \ \cdots, \ N-1 \end{cases} \tag{5.26}$$

其中，$\Delta\omega = \dfrac{2\pi}{NT}$。

式（5.26）中有限项求和代替了式（5.25）中的无穷积分。

式（5.26）表明，离散傅里叶变换由 N 个离散的频率来确定。因此，与它们相联系的频率特性也是由这 N 个离散频率所确定的。

另外，需要指出，如果输入输出信号不满足 Dirichlet 条件，则不能进行傅里叶变换。这时作为替代方法，可以对信号的一阶导数进行傅里叶变换。假定信号的导数可以满足 Dirichlet 条件，则可以证明，用简单的差分方程

$$\begin{cases} \Delta y(k) = y(k+1) - y(k) \\ \Delta u(k) = u(k+1) - u(k) \end{cases} \tag{5.27}$$

进行离散傅里叶变换,同样可以得到系统的频率响应:

$$G(jn\Delta\omega) = \frac{\mathrm{DFT}[\Delta y(k)]}{\mathrm{DFT}[\Delta u(k)]} \tag{5.28}$$

进行离散傅里叶变换时,为加快计算速度,提高计算效率,一般采用快速傅里叶变换(FFT)算法来完成。

(3)频率响应曲线法辨识传递函数

如果已经通过实验测定或查阅样本获得了系统的频率响应曲线,那么也可以根据幅频、相频特性曲线求得传递函数,即 Bode 图方法。

最小相位系统的传递函数通常可由一些典型的基本环节表示:

$$G(s) = \frac{K\prod_{i=1}^{p}(T_{1i}s+1)\prod_{i=1}^{q}(T_{2i}^2 s^2 + 2\xi_{2i}T_{2i}s+1)}{s^n \prod_{i=1}^{r}(T_{3i}s+1)\prod_{i=1}^{l}(T_{4i}^2 s^2 + \xi_{4i}2T_{4i}s+1)} \tag{5.29}$$

式中,各种典型基本环节在各频段的渐近特性如表 5.1 所示。

表 5.1　典型基本环节频率响应的渐近特性

基本环节	$\omega \ll \dfrac{1}{T}$		$\omega = \dfrac{1}{T}$		$\omega \gg \dfrac{1}{T}$	
	幅频	相频	幅频	相频	幅频	相频
K	$20\log_{10}K$	$0°$	$2\log_{10}K$	$0°$	$20\log_{10}K$	$0°$
ξ^n（n 为正或为负）	$n20$ dB	$n90°$	$n20$ dB	$n90°$	$n20$ dB	$n90°$
$Ts+1$	0 dB	$0°$	$+3$ dB	$+45°$	$+20$ dB	$+90°$
$\dfrac{1}{Ts+1}$	0 dB	$0°$	-3 dB	$-45°$	-20 dB	$-90°$
$T^2 s^2 + 2\xi Ts+1$	0 dB	$0°$	因 ξ 而异	$+90°$	$+40$ dB	$+180°$
$\dfrac{1}{T^2 s^2 + 2\xi Ts+1}$	0 dB	$0°$	因 ξ 而异	$-90°$	-40 dB	$-180°$
e^{-Ts}	0 dB	$-\dfrac{180°}{\pi}T\omega$	0 dB	$-\dfrac{180°}{\pi}T\omega$	0 dB	$-\dfrac{180°}{\pi}T\omega$

利用表 5.1 中各种基本环节频率响应的渐近特性,可求得传递函数。具体方法是,用一些斜率为 0,±20 dB/dec,±40 dB/dec,…的线段来逼近幅频特性,并设法找到频率拐点,就可以写出式(5.29)所示的传递函数。

如果被测对象按最小相位系统处理,得到的传递函数是 $G(s)$;若 $\angle G(s)$ 与实验结果不符,两者相差一个恒定的相角,则被测对象含有延迟环节。因为若被测对象传递函数 $G(s)\mathrm{e}^{-\tau s}$,则有

$$\lim_{\omega \to \infty} \frac{d}{d\omega} \left[\angle G(j\omega) e^{-j\omega\tau} \right] = -\tau \tag{5.30}$$

因此，根据频率 ω 趋于无穷时，实验所得相频特性的相角变化率，即可确定延迟环节的延迟时 τ。但在高频时相频特性的实验数据不一定进行了测量，所以工程上采用以下方法来确定系统的纯时延：

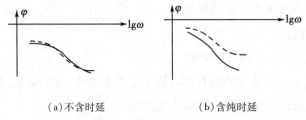

(a) 不含时延　　　　　　(b) 含纯时延

图 5.12　对数相频特性曲线

如图 5.12 所示，图中实线为实验得到的对数相频特性曲线，虚线为拟合的传递函数 $G(s)$ 所决定的对数相频特性。如果虚线和实线很接近，则系统不含时延，如果虚线和实线相差较多则系统存在纯时延。选取若干个频率 ω_k（$k = 1, 2, \cdots, n$），对应于每一个 ω_k 可找出其实测曲线与拟合曲线的相角差 $\Delta\varphi_k = \varphi'_k - \varphi_k$，于是

$$\tau_k = \frac{\Delta\varphi_k}{\omega_k} = \frac{\varphi'_k - \varphi_k}{\omega_k}, \ k = 1, 2, \cdots, n \tag{5.31}$$

再求平均值

$$\tau = \frac{1}{n}(\tau_1 + \tau_2 + \cdots + \tau_n) \tag{5.32}$$

这个 τ 可作为系统的纯时延。

应注意，以上介绍的时域和频域的辨识方法均未考虑噪声的影响。实际上，这两种方法受噪声影响很大，而相关分析法和频谱分析法则对噪声具有较强的鲁棒性。这两种方法都是基于随机信号的理论进行研究，因此在介绍相关分析法和频谱分析法之前，读者还有必要了解随机信号的相关特性。

5.4.1.3　相关分析法

相关分析法可用于辨识系统的频率响应和脉冲响应，只需利用正常操作下的输入输出数据即可辨识系统的动态特性，具有较强的噪声抑制能力。

（1）频率响应的辨识

考虑含有输出测量噪声的系统，如图 5.13 所示。

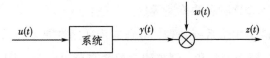

图 5.13　含有输出测量噪声的系统

设噪声 $w(t)$ 是均值为零的白噪声,其相关函数为

$$R_w(\tau) = \sigma_w^2 \delta(\tau) \tag{5.33}$$

当输入信号为正弦波 $u(t) = A\sin\omega t$ 时,系统的输出稳态响应可表示为

$$z(t) = \sum_{k=1}^{\infty} B_k \sin(k\omega t + \theta_k) + w(t) \tag{5.34}$$

式中,求和第一项 $B_1\sin(\omega t + \theta_1)$ 为待估计的频率响应,其余分量为系统非线性畸变等原因形成的高次谐波。现在利用含有噪声的输出数据 $z(t)$ 来估计系统的频率响应。

在时间 $T = 2n\pi/\omega$(n 为整数)区间上,$z(t)$ 与 $\sin\omega t$ 在 $\tau = 0$ 时的互相关函数为

$$
\begin{aligned}
R_{z(t),\,\sin\omega t}(0) &= \frac{1}{T}\int_0^T z(t)\sin\omega t\mathrm{d}t = \frac{B_1}{T}\int_0^T \sin(\omega t + \theta_1)\sin\omega t\mathrm{d}t \\
&\quad + \sum_{k=2}^{\infty}\frac{B_k}{T}\int_0^T \sin(k\omega t + \theta_k)\sin\omega t\mathrm{d}t + \frac{1}{T}\int_0^T w(t)\sin\omega t\mathrm{d}t \\
&= \frac{1}{2}B_1\cos\theta_1 + \frac{1}{T}\int_0^T \sum_{k=2}^{\infty} w\left(t + \frac{2\pi}{\omega}K\right)\sin\omega t\mathrm{d}t
\end{aligned} \tag{5.35}
$$

当 T 足够大时,有 $\dfrac{1}{T}\int_0^T \sum_{k=2}^{\infty} w\left(t + \dfrac{2\pi}{\omega}K\right)\sin\omega t\mathrm{d}t \to 0$,如此则

$$R_{z(t),\,\sin\omega t}(0) \approx \frac{1}{2}B_1\cos\theta_1 \tag{5.36}$$

同理,计算 $z(t)$ 与 $\cos\omega t$ 在 $\tau = 0$ 时的互相关函数,有

$$R_{z(t),\,\cos\omega t}(0) \approx \frac{1}{2}B_1\sin\theta_1 \tag{5.37}$$

因此,可得到系统的频率响应估计为

$$\parallel \hat{G}(j\omega) \parallel = \frac{\parallel \hat{S}_{z(t)}(j\omega)\parallel}{\parallel \hat{S}_{u(t)}(j\omega)\parallel} = \frac{B_1}{A} = \frac{2}{A}\sqrt{R_{z(t),\,\cos\omega t}^2(0) + R_{z(t),\,\sin\omega t}^2(0)} \tag{5.38}$$

$$\angle \hat{G}(j\omega) = \theta_1 = \arctan\frac{R_{z(t),\,\cos\omega t}(0)}{R_{z(t),\,\sin\omega t}(0)} \tag{5.39}$$

如此,得到每个频率点的频率响应估计后,即可绘出系统的频率响应特性曲线。

（2）脉冲响应的辨识

利用相关分析法辨识脉冲响应的基本原理如图 5.14 所示。

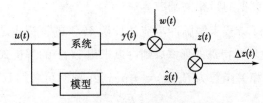

图 5.14　脉冲响应辨识示意图

其中，噪声 $w(t)$ 是均值为零的白噪声，其自相关函数为 $R_w(\tau) = \sigma_w^2 \delta(\tau)$。$\Delta z(t) = z(t) - \hat{z}(t)$，而估计值

$$\hat{z}(t) = \int_0^{+\infty} g(\theta) u(t - \theta) \mathrm{d}\theta \tag{5.40}$$

令 T 为积分周期，$g(t)$ 为脉冲响应函数，则其准则函数为

$$J = \lim_{T \to +\infty} \frac{1}{T} \int_0^T \left[z(t) - \int_0^{+\infty} g(\theta) u(t - \theta) \mathrm{d}\theta \right]^2 \mathrm{d}t \tag{5.41}$$

通过使上述准则函数极小化，可求出 $g(t)$。令 $g_\lambda(\theta)$ 是不为零的任意小变动函数，λ 是标量，则当 $g(\theta) = \hat{g}(\theta)$ 时，准则函数 J 达到极小值，即令

$$\lim_{\lambda \to 0} \frac{\partial J[\hat{g}(\theta) + \lambda g_\lambda(\theta)]}{\partial \lambda}$$

$$= \lim_{\lambda \to 0} \frac{\partial}{\partial \lambda} \left\{ \lim_{T \to +\infty} \frac{1}{T} \int_0^T \left[z(t) - \int_0^{+\infty} (\hat{g}(\theta) + \lambda g_\lambda(\theta)) u(t - \theta) \mathrm{d}\theta \right]^2 \mathrm{d}t \right\}$$

$$= \lim_{T \to +\infty} \left(-\frac{2}{T} \right) \int_0^T \left\{ \left[z(t) - \int_0^{+\infty} \hat{g}(\theta) u(t - \theta) \mathrm{d}\theta \right] \int_0^{+\infty} g_\lambda(\theta) u(t - \theta) \mathrm{d}\theta \right\} \mathrm{d}t$$

$$= \lim_{T \to +\infty} \left(-\frac{2}{T} \right) \int_0^T \left\{ \left[z(t) - \int_0^{+\infty} \hat{g}(\theta) u(t - \theta) \mathrm{d}\theta \right] \int_0^{+\infty} g_\lambda(\tau) u(t - \tau) \mathrm{d}\tau \right\} \mathrm{d}t$$

$$= \int_0^{+\infty} g_\lambda(\tau) \left\{ \lim_{T \to +\infty} \left(-\frac{2}{T} \right) \int_0^T \left[z(t) - \int_0^{+\infty} \hat{g}(\theta) u(t - \theta) \mathrm{d}\theta \right] u(t - \tau) \mathrm{d}t \right\} \mathrm{d}\tau$$

$$= 0 \tag{5.42}$$

由于 $g_\lambda(\theta)$ 是不为零的任意函数，所以需要

$$\lim_{T \to +\infty} \frac{1}{T} \int_0^T \left[z(t) - \int_0^{+\infty} \hat{g}(\theta) u(t - \theta) \mathrm{d}\theta \right] u(t - \tau) \mathrm{d}t = 0 \tag{5.43}$$

即

$$\lim_{T \to +\infty} \frac{1}{T} \int_0^T z(t) u(t - \tau) \mathrm{d}t = \int_0^{+\infty} \hat{g}(\theta) \left[\lim_{T \to +\infty} \frac{1}{T} \int_0^T u(t - \theta) u(t - \tau) \mathrm{d}t \right] \mathrm{d}\theta \tag{5.44}$$

从而得到著名的 Wiener-Hopf 方程，即

$$R_{uz}(\tau) = \int_0^{+\infty} \hat{g}(t) R_u(t - \tau) \mathrm{d}t \tag{5.45}$$

式中，$R_{uz}(\tau)$ ——输入与输出数据的互相关函数；

$R_u(t - \tau)$ ——输入数据的自相关函数。

直接从 Wiener-Hopf 方程求解脉冲响应估计量 $\hat{g}(t)$ 的解析式是困难的。但是，如果输入信号的自相关函数具有特殊的形式，则可以求出 $\hat{g}(t)$ 的解析式。例如，当输入信号为白噪声时，由于其自相关函数为 $R_u(\tau) = \sigma_u^2 \delta(\tau)$，此时可求得

$$\hat{g}(\tau) = \frac{R_{uz}(\tau)}{\sigma_u^2} \tag{5.46}$$

可见，此时只要求出输入与输出数据的互相关函数，就可方便地得到脉冲响应的估计值。

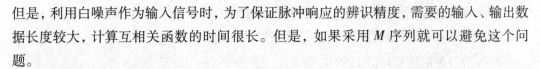

但是，利用白噪声作为输入信号时，为了保证脉冲响应的辨识精度，需要的输入、输出数据长度较大，计算互相关函数的时间很长。但是，如果采用 M 序列就可以避免这个问题。

（3）基于 M 序列的辨识

M 序列是周期为 $p\Delta t$、自相关函数接近于 δ 函数的一种随机序列，其统计特性接近于白噪声。如果选择 p 使得 M 序列的循环周期大于系统的过渡时间，则根据 Wiener-Hopf 方程有

$$R_{Mz}(\tau) \approx \int_0^{p\Delta t} \hat{g}(t) R_M(t-\tau)\,\mathrm{d}t \tag{5.47}$$

当 p 充分大时，$R_M(t-\tau) \to \delta(t-\tau)$，则

$$\hat{g}(\tau) \approx \frac{R_{Mz}(\tau)}{a^2} \tag{5.48}$$

式中，a——M 序列的幅度。

可见，输入信号用 M 序列和用白噪声是类似的，但此时，互相关函数 $R_{Mz}(\tau)$ 只需要在一个循环周期内计算，这大大缩短了辨识时间。

设数据的采样时间等于 M 序列的单元间隔 Δt，且 M 序列的循环周期 $p\Delta t$ 大于系统的过渡时间，脉冲响应在时间大于 $p\Delta t$ 后基本衰减为零。将 Wiener-Hopf 方程写成离散形式：

$$R_{Mz}(k) = \sum_{j=0}^{p-1} \hat{g}(j) R_M(k-j)\Delta t = \frac{a^2(p+1)\Delta t}{p}\hat{g}(k) - \frac{a^2\Delta t}{p}\sum_{j=0}^{p-1}\hat{g}(j) \tag{5.49}$$

则有

$$\hat{g}(k) = \frac{p}{a^2(p+1)\Delta t}\left[R_{Mz}(k) + \frac{a^2\Delta t}{p}\sum_{j=0}^{p-1}\hat{g}(j)\right] = \frac{p}{a^2(p+1)\Delta t}\left[R_{Mz}(k) + c\right] \tag{5.50}$$

由于 $k \to +\infty$ 时，$\hat{g}(k) \to 0$，所以 $c = -R_{Mz}(+\infty)$。在工程上，一般取 $c = -R_{Mz}(p-1)$。

为了提高辨识精度，互相关函数 $R_{Mz}(k)$ 可采用多周期数据计算，一般取 1~4 个周期的数据。

基于 M 序列辨识脉冲响应的步骤，一般可归纳为：

① 预估系统的过渡时间 T_s 和系统的最高工作频率 f_{max}；

② 依据 T_s 和 f_{max} 精心选择 M 序列参数，对于低频系统，M 序列的参数 p 和 Δt 应满足以下条件：

$$\frac{1}{3\Delta t} \geqslant f_{max}, \quad (p-1)\Delta t > T_s, \quad p = (1.2 \sim 1.5)\frac{T_s}{\Delta t}$$

即 M 序列的频宽必须覆盖系统的频宽，这样才能充分激励系统的所有模态。

③ 采集数据时，要避开初始的非平稳状态，一般可从第二个循环周期开始采集数据，以保证辨识精度；

④ 数据要扣除直流成分，必要时还要采取滤波处理；

⑤ 若数据较多，可采用 FFT 方法计算相关函数 $R_{Mz}(k)$；

⑥ 计算脉冲响应估计值 $\hat{g}(k)$。

5.4.1.4 频谱分析法

频谱分析法无需对系统施加实验信号，只需利用正常操作下的输入输出数据就可以辨识系统的动态特性，且具有较强的噪声抑制能力。该方法的关键在于估计输入数据的自密度谱和输入、输出数据的互密度谱。主要方法有周期图法和平滑法。

(1) 周期图法

① 样本相关函数

对于宽平稳各态遍历、均值为零、长度为 L 的离散随机序列 $x(k)$，设其样本相关函数为

$$R_{x,L}(l) = \frac{1}{L-|l|} \sum_{k=1}^{L-|l|} x(k)x(k+l), \quad l=0, \pm 1, \pm 2, \cdots, \pm(L-1) \quad (5.51)$$

$$\hat{R}_{x,L}(l) = \frac{1}{L} \sum_{k=1}^{L-|l|} x(k)x(k+l), \quad l=0, \pm 1, \pm 2, \cdots, \pm(L-1) \quad (5.52)$$

因为

$$\mathrm{Var}\{R_{x,L}(l)\} = \frac{1}{L-|l|} \sum_{m=-\infty}^{+\infty} \left[R_x^2(l) + R_x(m+l)R_x(m-l) \right] \quad (5.53)$$

$$\mathrm{Var}\{\hat{R}_{x,L}(l)\} = \frac{1}{L} \sum_{m=-\infty}^{+\infty} \left[R_x^2(l) + R_x(m+l)R_x(m-l) \right] \quad (5.54)$$

当 $l \to L$，方差 $\mathrm{Var}\{R_{x,L}(l)\} \to \mathrm{Var}\{\hat{R}_{x,L}(l)\}$，而

$$R_{x,L}(l) - \hat{R}_{x,L}(l) = \frac{|l|}{L} R_x(l) \approx R_x(L) \to 0$$

所以工程上常采用样本自相关函数 $\hat{R}_{x,L}(l)$ 代替 $R_{x,L}(l)$。类似地，则有样本互相关函数：

$$\hat{R}_{xy,L}(l) = \frac{1}{L} \sum_{k=1}^{L-|l|} x(k)y(k+l), \quad l=0, \pm 1, \pm 2, \cdots, \pm(L-1) \quad (5.55)$$

② 周期图

将长度为 L 的序列 $\{X(k)\}$ 写成截尾序列形式，即

$$X_L(k) = \begin{cases} X(k), & k=1, 2, \cdots, L \\ 0, & |l| \geqslant L \end{cases} \quad (5.56)$$

则样本自相关函数的估计量可表示为

$$\hat{R}_{X,L}(l) = \begin{cases} \dfrac{1}{L} \sum_{k=-\infty}^{+\infty} X_L(k)X_L(k+l), & |l| \leqslant L-1 \\ 0, & |l| \geqslant L \end{cases} \quad (5.57)$$

样本谱密度就是自相关函数估计量 $\hat{R}_{X,L}(l)$ 的傅里叶变换，即

$$\hat{S}_{X,L}(\omega) = \sum_{l=-(L-1)}^{L-1} \hat{R}_{X,L}(l)\,\mathrm{e}^{-\mathrm{j}\omega l} = \frac{1}{L}\sum_{l=-\infty}^{+\infty}\sum_{k=-\infty}^{+\infty} X_L(k)X_L(k+l)\,\mathrm{e}^{-\mathrm{j}\omega l}$$

$$= \frac{1}{L}X_L(\mathrm{j}\omega)X_L^*(\mathrm{j}\omega) = \frac{1}{L}\parallel X_L(\mathrm{j}\omega)\parallel^2 \tag{5.58}$$

此时的样本谱密度又称为周期图，记作

$$I_{X,L}(\omega) = \frac{1}{L}\parallel X_L(\mathrm{j}\omega)\parallel^2 \tag{5.59}$$

同理，序列 $\{X(k)\}$ 和 $\{Y(k)\}$ 的互相关周期图为

$$I_{XY,L}(\omega) = \frac{1}{L}X_L(\mathrm{j}\omega)Y_L^*(\mathrm{j}\omega) \tag{5.60}$$

③ 利用周期图法估计频率响应

可以证明，周期图是谱密度的渐近无偏估计量，但不是谱密度的一致估计量。为了改善谱密度估计量的统计性质，一种有效的方法是采用平均周期图法，并引入窗函数，以便缩小估计误差。利用周期图法辨识系统频率响应的步骤如下：

a.把观测到的 L 个输入输出数据 $\{u(k)\}$ 和 $\{z(k)\}$，$k=1,2,\cdots,L$，分成长度为 p 的 N 个不交叠段，将第 i 段数据记为

$$\begin{cases} u_i(k) = u(k+(i-1)p) \\ z_i(k) = z(k+(i-1)p) \end{cases},\ i=1,2,\cdots,N \tag{5.61}$$

b.分别求各数据段的周期图：

$$\begin{cases} I_{u_i,p}(\mathrm{j}\omega) = \dfrac{1}{p}U_i(\mathrm{j}\omega)U_i^*(\mathrm{j}\omega) \\[2mm] I_{z_iu_i,p}(\mathrm{j}\omega) = \dfrac{1}{p}U_i(\mathrm{j}\omega)Z_i^*(\mathrm{j}\omega) \end{cases},\ i=1,2,\cdots,N \tag{5.62}$$

其中

$$\begin{cases} U_i(\mathrm{j}\omega) = \displaystyle\sum_{k=1}^{p} u_i(k)w(k)\,\mathrm{e}^{-\mathrm{j}\omega k} \\[2mm] Z_i(\mathrm{j}\omega) = \displaystyle\sum_{k=1}^{p} z_i(k)w(k)\,\mathrm{e}^{-\mathrm{j}\omega k} \end{cases} \tag{5.63}$$

式中，$w(k)$——窗函数，可取三角窗、Hamming 窗等。

c.计算各数据段的周期图的平均值，获得谱密度的估计值：

$$\begin{cases} \hat{S}_{u,l}(\omega) = \dfrac{1}{N}\displaystyle\sum_{i=1}^{N} I_{u_i,p}(\omega) \\[2mm] \hat{S}_{uz,l}(\mathrm{j}\omega) = \dfrac{1}{N}\displaystyle\sum_{i=1}^{N} I_{u z_i,p}(\mathrm{j}\omega) \end{cases} \tag{5.64}$$

d.求得系统的频率响应估计为

$$\hat{G}(j\omega) = \frac{\hat{S}_{uz,p}(j\omega)}{\hat{S}_{u,p}(\omega)} \tag{5.65}$$

（2）平滑法

利用数据窗对样本密度进行平滑处理，可获得谱密度的一致估计，从而提高频率响应的估计精度。

①样本谱密度

基于有限时间长度的观测数据 $\{u(t), y(t), 0 \leqslant t \leqslant T\}$，可以估计谱密度 $\Phi_{uu}(\omega)$、$\Phi_{yy}(\omega)$ 及互谱密度 $\Phi_{uy}(\omega)$。

首先，令样本相关函数 $R_{uu}(\tau)$ 的估计值为

$$\hat{R}_{uu}(\tau) = \begin{cases} \frac{1}{T} \int_0^{T-\tau} u(t) u(t+\tau) \mathrm{d}t, & 0 \leqslant \tau \leqslant T \\ \hat{R}_{uu}(-\tau), & -T < \tau < 0 \\ 0, & \|\tau\| \geqslant T \end{cases} \tag{5.66}$$

同理，令样本相关函数 $R_{yy}(\tau)$ 的估计值为

$$\hat{R}_{yy}(\tau) = \begin{cases} \frac{1}{T} \int_0^{T-\tau} y(t) y(t+\tau) \mathrm{d}t, & 0 \leqslant \tau \leqslant T \\ \hat{R}_{yy}(-\tau), & -T < \tau < 0 \\ 0, & \|\tau\| \geqslant T \end{cases} \tag{5.67}$$

样本互相关函数 $R_{uy}(\tau)$ 的估计值为

$$\hat{R}_{uy}(\tau) = \begin{cases} \frac{1}{T} \int_0^{T-\tau} u(t) y(t+\tau) \mathrm{d}t, & 0 \leqslant \tau \leqslant T \\ \frac{1}{T} \int_{-T}^{\tau} u(t) y(t+\tau) \mathrm{d}t, & -T < \tau < 0 \\ 0, & \|\tau\| \geqslant T \end{cases} \tag{5.68}$$

其各自的傅里叶变换为

$$\begin{cases} S_{uu}(\omega) = \int_{-\infty}^{+\infty} \hat{R}_{uu}(\tau) \mathrm{e}^{-j\omega\tau} \mathrm{d}\tau = 2 \int_0^{+\infty} \hat{R}_{uu}(\tau) \cos\omega\tau \mathrm{d}\tau \\ S_{yy}(\omega) = \int_{-\infty}^{+\infty} \hat{R}_{yy}(\tau) \mathrm{e}^{-j\omega\tau} \mathrm{d}\tau = 2 \int_0^{+\infty} \hat{R}_{yy}(\tau) \cos\omega\tau \mathrm{d}\tau \\ S_{uy}(\omega) = \int_{-\infty}^{+\infty} \hat{R}_{uy}(\tau) \mathrm{e}^{-j\omega\tau} \mathrm{d}\tau = \int_{-\infty}^{+\infty} \hat{R}_{uy}(\tau) \cos\omega\tau \mathrm{d}\tau - j \int_{-\infty}^{+\infty} \hat{R}_{uy}(\tau) \sin\omega\tau \mathrm{d}\tau \\ \quad = L_{uy}(\omega) - jQ_{uy}(\omega) \end{cases} \tag{5.69}$$

其中，若令

$$\begin{cases} l_{uy}(\tau) = \dfrac{1}{2}\big[\hat{R}_{uy}(\tau) + \hat{R}_{uy}(-\tau)\big] \\[3mm] q_{uy}(\tau) = \dfrac{1}{2}\big[\hat{R}_{uy}(\tau) - \hat{R}_{uy}(-\tau)\big] \end{cases} \tag{5.70}$$

则 $l_{uy}(\tau)$ 是偶函数，$q_{uy}(\tau)$ 是奇函数，且可表示为

$$\begin{cases} L_{uy}(\omega) = 2\displaystyle\int_0^{+\infty} l_{uy}(\tau)\cos\omega\tau\,\mathrm{d}\tau \\[3mm] Q_{uy}(\omega) = 2\displaystyle\int_0^{+\infty} q_{uy}(\tau)\sin\omega\tau\,\mathrm{d}\tau \end{cases} \tag{5.71}$$

然而，由于样本密度 $S_{uu}(\omega)$、$S_{yy}(\omega)$、$L_{uy}(\omega)$ 和 $Q_{uy}(\omega)$ 不一定是谱密度的一致估计量。为了克服样本谱密度这种固有的缺点，可利用滞后窗函数 $w(\tau)$ 对其进行平滑处理，得到谱密度的估计值，即

$$\begin{cases} \bar{S}_{uu}(\omega) = \displaystyle\int_{-\infty}^{+\infty} w(\tau)\hat{R}_{uu}(\tau)\mathrm{e}^{-\mathrm{j}\omega\tau}\,\mathrm{d}\tau \\[3mm] \bar{S}_{yy}(\omega) = \displaystyle\int_{-\infty}^{+\infty} w(\tau)\hat{R}_{yy}(\tau)\mathrm{e}^{-\mathrm{j}\omega\tau}\,\mathrm{d}\tau \\[3mm] \bar{L}_{uy}(\omega) = 2\displaystyle\int_0^{+\infty} w(\tau)l_{uy}(\tau)\cos\omega\tau\,\mathrm{d}\tau \\[3mm] \bar{Q}_{uy}(\omega) = 2\displaystyle\int_0^{+\infty} w(\tau)q_{uy}(\tau)\sin\omega\tau\,\mathrm{d}\tau \end{cases} \tag{5.72}$$

其中，$w(\tau)$ 满足如下关系：

$$\begin{cases} w(0) = 1 \\ w(\tau) = w(-\tau), \ 0 \leqslant \tau \leqslant M \\ w(\tau) = 0, \ |\tau| \geqslant M, \ M < T \end{cases} \tag{5.73}$$

$w(\tau)$ 的傅里叶变换为

$$W(\omega) = \int_{-\infty}^{+\infty} w(\tau)\mathrm{e}^{-\mathrm{j}\omega\tau}\,\mathrm{d}\tau \tag{5.74}$$

其称作谱窗函数，并且可知有以下性质：

a. $\dfrac{1}{2\pi}\displaystyle\int_{-\infty}^{+\infty} W(\omega)\,\mathrm{d}\omega = 1$。 $\tag{5.75}$

b. $W(\omega) = W(-\omega)$。 $\tag{5.76}$

c. $W(\omega)$ 的等价带宽 B_ε 为

$$\frac{1}{B_\varepsilon} = \frac{1}{2\pi}\int_{-\infty}^{+\infty} W^2(\omega)\,\mathrm{d}\omega = \int_{-M}^{M} w^2(\tau)\,\mathrm{d}\tau \tag{5.77}$$

根据傅里叶逆变换，有

$$\hat{R}_{uu}(\tau) = \frac{1}{2\pi}\int_{-\infty}^{+\infty} S_{uu}(\omega)\mathrm{e}^{\mathrm{j}\omega\tau}\,\mathrm{d}\omega \tag{5.78}$$

代入式(5.72)，则有

$$\overline{S}_{uu}(\omega) = \frac{1}{2\pi} \int_{-\infty}^{+\infty} W(\omega - \lambda) S_{uu}(\lambda) \, d\lambda = \frac{1}{2\pi} \int_{-\infty}^{+\infty} W(\lambda) S_{uu}(\omega - \lambda) \, d\lambda \qquad (5.79)$$

可以看出，估计值 $\overline{S}_{uu}(\omega)$ 就是对样本谱密度 $S_{uu}(\omega)$ 用谱窗函数 $W(\omega - \lambda)$ 进行平滑的结果。

②利用平滑法的频率响应计算步骤

对连续时间过程每隔 Δt 采样，获得有限个离散数据 $\{u(k), y(k), k = 0, 1, \cdots\}$，基于此采用平滑法对频率响应进行估计，步骤如下：

a.设定数据处理的参数。

Δt：在大于 $\pi/\Delta t$ rad 频域内，可以忽略混叠效应造成的影响，在这个范围内适当地确定 Δt。

m：求相关函数的最大时间间隔数 $m = M/\Delta t$。当谱窗函数的等价带宽记作 B_ε 时，选择 $m \approx 1/B_\varepsilon \Delta t$。

N：数据个数 $N = T/\Delta t$。如果谱密度的估计值规格化后的标准差（变差系数）记作 ε，那么由 $\varepsilon = \sqrt{1/B_\varepsilon T} \approx \sqrt{m/N}$，得到 $N \approx m/\varepsilon^2$。具体来说，希望取 $N \geqslant 10 \, m$。

b.数据的预处理。首先，除去数据的直流分量（平均值）。如果数据中含有低频漂移的趋势，必须通过取差分等办法将其去掉。另外，当发现数据有较强的周期性时，需要进行数据白色化处理。多数情况预先平滑谱密度，便可得到良好的结果。为了简单起见，预处理后的数据还用相同的符号表示。

c.相关函数、互相关函数的计算。采用下式计算样本互相关函数：

$$\begin{cases} \hat{R}_{uy}(l\Delta t) = \dfrac{1}{N} \sum_{k=1}^{N-1} u(k) y(k + l) \\ \hat{R}_{yy}(-l\Delta t) = \hat{R}_{yy}(l\Delta t) = \dfrac{1}{N} \sum_{k=1}^{N-1} y(k) y(k + l) \end{cases}, \quad l = 0, 1, \cdots, m \qquad (5.80)$$

d.样本谱密度的计算：

$$\begin{cases} \widetilde{S}_{uu}(\omega_r) = \Delta t \left[\hat{R}_{uu}(0) + 2 \sum_{l=1}^{m-1} \hat{R}_{uu}(l\Delta t) \cos\left(\dfrac{rl\pi}{m}\right) \right] \\ \widetilde{S}_{yy}(\omega_r) = \Delta t \left[\hat{R}_{yy}(0) + 2 \sum_{l=1}^{m-1} \hat{R}_{yy}(l\Delta t) \cos\left(\dfrac{rl\pi}{m}\right) \right] \end{cases}, \quad r = 0, 1, \cdots, m; \ \omega_r = r\pi/m\Delta t$$

$$\qquad (5.81)$$

e.样本互谱密度的计算：

$$\begin{cases} \widetilde{L}_{uy}(\omega_r) = \Delta t \left[a_{uy}(0) + 2 \sum_{l=1}^{m-1} a_{uy}(l\Delta t) \cos\left(\dfrac{rl\pi}{m}\right) \right] \\ \widetilde{Q}_{uy}(\omega_r) = 2\Delta t \sum_{l=1}^{m-1} b_{uy}(l\Delta t) \sin\left(\dfrac{rl\pi}{m}\right) \end{cases}, \quad r = 0, 1, \cdots, m \qquad (5.82)$$

其中

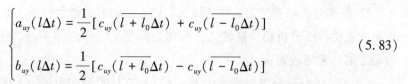

$$\begin{cases} a_{uy}(l\Delta t) = \dfrac{1}{2}\left[c_{uy}(\overline{(l+l_0)\Delta t}) + c_{uy}(\overline{(l-l_0)\Delta t})\right] \\[4mm] b_{uy}(l\Delta t) = \dfrac{1}{2}\left[c_{uy}(\overline{(l+l_0)\Delta t}) - c_{uy}(\overline{(l-l_0)\Delta t})\right] \end{cases} \tag{5.83}$$

且 l_0 是 $|c_{uy}(l\Delta t)|$ 取最大值时的 l 值。

f.谱密度的平滑：

$$\begin{cases} \widetilde{S}_{uu}(\omega_r) = \displaystyle\sum_{n=-l}^{l} a_n \widetilde{S}_{uu}(\omega_{r-n}) \\[4mm] \widetilde{S}_{yy}(\omega_r) = \displaystyle\sum_{n=-l}^{l} a_n \widetilde{S}_{yy}(\omega_{r-n}) \end{cases} \tag{5.84}$$

式中，a_n，n——窗函数的参数。

由于 $\widetilde{S}_{uu}(\omega)$ 是 ω 的偶函数，而且其周期为 $2\pi/\Delta t$，故在 $r<0$ 和 $r>M$ 区间内 $\widetilde{S}_{uu}(\omega_r) = \widetilde{S}_{uu}(-\omega_r)$，$\widetilde{S}_{uu}(\omega_{m+r}) = \widetilde{S}_{uu}(\omega_{m-r})$。

g.修正由互谱密度的平滑和移动引起的偏离：

$$\begin{cases} \widetilde{\widetilde{L}}_{uy}(\omega_r) = \displaystyle\sum_{n=-l}^{l} a_n \widetilde{L}_{uy}(\omega_{r-n}), \quad \widetilde{\widetilde{Q}}_{uy}(\omega_r) = \displaystyle\sum_{n=-l}^{l} a_n \widetilde{Q}_{uy}(\omega_{r-n}) \\[4mm] \overline{L}_{uy}(\omega_r) = \widetilde{\widetilde{L}}_{uy}(\omega_r)\cos\left(\dfrac{rl_0\pi}{m}\right) - \widetilde{\widetilde{Q}}_{uy}(\omega_r)\sin\left(\dfrac{rl_0\pi}{m}\right) \\[4mm] \overline{Q}_{uy}(\omega_r) = \widetilde{\widetilde{L}}_{uy}(\omega_r)\sin\left(\dfrac{rl_0\pi}{m}\right) + \widetilde{\widetilde{Q}}_{uy}(\omega_r)\cos\left(\dfrac{rl_0\pi}{m}\right) \\[4mm] \overline{S}_{uy}(\omega_r) = \overline{L}_{uy}(\omega_r) - \mathrm{j}\overline{Q}_{uy}(\omega_r) \end{cases} \quad , \ r=0,1,\cdots,m \tag{5.85}$$

h.频率响应的估计值：

$$\begin{cases} |\hat{G}|(\omega_r) = \dfrac{\sqrt{\overline{L}_{uy}^2(\omega_r) + \overline{Q}_{uy}^2(\omega_r)}}{S_{uu}(\omega_r)} \\[4mm] \hat{\theta}(\omega_r) = -\arctan\left[\dfrac{\overline{Q}_{uy}(\omega_r)}{\overline{L}_{uy}(\omega_r)}\right] \end{cases} \quad , \ r=0,1,\cdots,m \tag{5.86}$$

i.相干性：

$$\hat{\gamma}^2(\omega_r) = \frac{\overline{L}_{uy}^2(\omega_r) + \overline{Q}_{uy}^2(\omega_r)}{S_{uu}(\omega_r)\overline{S}_{yy}(\omega_r)}, \ r=0,1,\cdots,m \tag{5.87}$$

对比以上方法可知：

① 瞬态分析易于应用。它一般是给出一个阶跃响应或脉冲响应（权值函数）模型，但对噪声较为敏感，仅能给出一个粗略模型。

② 频率分析以正弦信号作为输入。该方法的实验过程较长，尤其是为了减小结果对噪声的敏感性而分析相关性时。它得到的模型是一个频率响应，可以用 Bode 图或者等价形式的传递函数表示。

③ 相关性分析是以白噪声作为输入。该方法得到的模型用一列权值函数表示，它对输出端的叠加噪声相当敏感。

④ 谱分析适用于任意输入。该方法可以通过 Bode 图（或其他等价形式）得到传递函数。要使估计结果相对精确，须用滞后窗，这使得它成为一种受限制的频率分析方法。

应注意，以上方法均为非参数方法，在应用方面相对容易，但得到的模型却不尽如人意。若要得到精度较高的模型，还需要借助参数方法。在此种情况下，可以先借助非参数方法得到一个粗略模型，为参数方法的运用提供一些有用的信息。

5.4.2　参数模型辨识

参数模型辨识方法需要根据先验知识确定一种模型结构，再通过使模型与系统间的误差函数最小化来确定模型的参数。如模型结构未知，则需利用结构辨识方法先确定模型的结构（如阶次及纯延迟），再进一步确定模型参数。在系统辨识和参数估计领域，应用最广泛的方法有最小二乘法、梯度矫正法、极大似然法等。本节主要讨论最小二乘法及其改进方法，可以解决线性定常系统、线性时变系统、含有色噪声的线性系统等模型辨识问题。

5.4.2.1　最小二乘法的基本算法

设线性时不变单输入单输出动态系统的差分方程为

$$y(k) = -a_1 y(k-1) - \cdots - a_n y(k-n) + b_0 u(k) + b_1 u(k-1) + \cdots + b_n u(k-n) + e(k)$$
$$(5.88)$$

已知系统的输入序列 $\{u(k)\}$ 和输出序列 $\{y(k)\}$，求参数 a_i，b_i，$i = 0, 1, \cdots, n$ 的估计值。

将式 (5.88) 写成最小二乘格式：

$$y(k) = \boldsymbol{\varphi}^{\mathrm{T}}(k)\theta + e(k) \qquad (5.89)$$

其中，$\boldsymbol{\varphi}(k) = [-y(k-1) \cdots -y(k-n) u(k-1) \cdots u(k-n)]^{\mathrm{T}}$，$\boldsymbol{\theta} = [a_1 a_2 \cdots a_n b_0 b_1 \cdots b_n]^{\mathrm{T}}$。

通过 N 次测量，令 $k = n+1, \cdots, n+N$，则可获得系统矩阵形式的线性方程组：

$$\boldsymbol{Y}_N = \boldsymbol{\Phi}_N \theta + \boldsymbol{e}_N \qquad (5.90)$$

其中，$\boldsymbol{Y}_N = [y(n+1) y(n+2) \cdots y(n+N)]^{\mathrm{T}}$，$\boldsymbol{e}_N = [e(n+1) e(n+2) \cdots e(n+N)]^{\mathrm{T}}$，

$$\boldsymbol{\Phi}_N = \begin{bmatrix} -y(n) & \cdots & -y(1) & u(n+1) & \cdots & u(1) \\ -y(n+1) & \cdots & -y(2) & u(n+2) & \cdots & u(2) \\ \vdots & \vdots & \vdots & \vdots & \vdots & \vdots \\ -y(n+N-1) & \cdots & -y(N) & u(n+N) & \cdots & u(N) \end{bmatrix}$$

对于式(5.89)的辨识问题,其中 $y(k)$ 和 $\boldsymbol{\varphi}(k)$ 都是可观测的数据,θ 是待估计的参数。引入最小二乘准则:

$$J = \sum_{k=n}^{N} \hat{e}^2(k) \tag{5.91}$$

其中,$\hat{e}(k) = y(k) + \hat{a}_1 y(k-1) + \cdots + \hat{a}_n y(k-n) - \hat{b}_0 u(k) - \hat{b}_1 u(k-1) - \cdots - \hat{b}_n u(k-n)$,称为残差。其也可表示为

$$\begin{aligned}\hat{e}(k) &= y(k) - \boldsymbol{\varphi}^{\mathrm{T}}(k)\hat{\theta} = \boldsymbol{\varphi}^{\mathrm{T}}(k)\theta + e(k) - \boldsymbol{\varphi}^{\mathrm{T}}(k)\hat{\theta} \\ &= \boldsymbol{\varphi}^{\mathrm{T}}(k)(\theta - \hat{\theta}) + e(k)\end{aligned} \tag{5.92}$$

由此可见,残差 $\hat{e}(k)$ 包含两个误差因素:一是参数估计误差带来的拟合误差,二是随机噪声带来的误差。

最小二乘估计是在残差二乘准则函数取得极小值情况下的最优估计,需按照准则函数 $\min\{J = \hat{e}^{\mathrm{T}}\hat{e} = (Y - \boldsymbol{\Phi}\hat{\theta})^{\mathrm{T}}(Y - \boldsymbol{\Phi}\hat{\theta})\}$ 确定估计值 $\hat{\theta}$,即

$$\frac{\partial J}{\partial \hat{\theta}} = \frac{\partial}{\partial \hat{\theta}}(Y - \boldsymbol{\Phi}\hat{\theta})^{\mathrm{T}}(Y - \boldsymbol{\Phi}\hat{\theta}) = -2\boldsymbol{\Phi}^{\mathrm{T}}(Y - \boldsymbol{\Phi}\hat{\theta}) = 0 \tag{5.93}$$

由此可得正则方程:

$$\boldsymbol{\Phi}^{\mathrm{T}}\boldsymbol{\Phi}\hat{\theta} = \boldsymbol{\Phi}^{\mathrm{T}}Y \tag{5.94}$$

当 $\boldsymbol{\Phi}^{\mathrm{T}}\boldsymbol{\Phi}$ 为非奇异,即 $\boldsymbol{\Phi}$ 满秩时,有

$$\hat{\theta}_{\mathrm{LS}} = (\boldsymbol{\Phi}^{\mathrm{T}}\boldsymbol{\Phi})^{-1}\boldsymbol{\Phi}^{\mathrm{T}}Y \tag{5.95}$$

式中,$\hat{\theta}_{\mathrm{LS}}$——最小二乘估计值,相应的方法称作最小二乘法。

在推导最小二乘法的结果时,并没有考虑噪声 $e(k)$ 的统计特性。但在评价最小二乘估计的性质时,必须假设噪声 $e(k)$ 是不相关的,且为同分布的随机变量。即假设 $\{e(k)\}$ 是白噪声序列,$E\{e_N\} = 0$,$\mathrm{Cov}\{e_N\} = \sigma_e^2 \cdot I_{N\times N}$,噪声向量的协方差矩阵为

$$\mathrm{Cov}\{e_N\} = E\{e_N \cdot e_N^{\mathrm{T}}\} = \begin{bmatrix} E\{e^2(1)\} & E\{e(1)e(2)\} & \cdots & E\{e(1)e(N)\} \\ E\{e(1)e(2)\} & E\{e^2(2)\} & \cdots & E\{e(2)e(N)\} \\ \vdots & \vdots & \vdots & \vdots \\ E\{e(1)e(N)\} & E\{e(2)e(N)\} & \cdots & E\{e^2(N)\} \end{bmatrix}$$

如果准则函数取为加权函数,即

$$J = \sum_{k=n}^{N} w(k)[y(k) - \boldsymbol{\varphi}^{\mathrm{T}}(k)\theta]^2 = \hat{e}^{\mathrm{T}}W\hat{e} \tag{5.96}$$

其中,$w(k)$ 称为非负的加权因子,如此则可考虑不同观测数据的可信度。在实际应用中,若被测系统为线性时不变系统,或者不具备数据的可信度信息,可简单地选择 $w(k) = 1$。在一定条件下,还可根据噪声的方差对 $w(k)$ 进行选择,得到的估计称为 Markov 估计。

通过使式(5.91)极小化，可获得参数估计为

$$\hat{\theta}_{\mathrm{WLS}} = (\boldsymbol{\Phi}^{\mathrm{T}} \boldsymbol{W} \boldsymbol{\Phi})^{-1} \boldsymbol{\Phi}^{\mathrm{T}} \boldsymbol{W} \boldsymbol{Y} \tag{5.97}$$

式中，$\boldsymbol{W}$ 称为加权矩阵，$\hat{\theta}_{\mathrm{WLS}}$ 称为加权最小二乘估计值，相应的方法称为加权最小二乘法。加权矩阵 $\boldsymbol{W}$ 为对称正定矩阵，若取 $\boldsymbol{W}=\boldsymbol{I}$，则 $\hat{\theta}_{\mathrm{WLS}} = \hat{\theta}_{\mathrm{LS}}$。所以，最小二乘法是加权最小方法的一种特例。

利用获得的一组数据，根据式(5.95)或式(5.97)一次即可求得相应的参数估计值，这样的参数辨识方法称为一次完成算法或批处理法。这在理论方面有许多方便之处，但在实际计算时会碰到矩阵求逆计算的困难。当矩阵的维数增加时，矩阵求逆运算的计算量将急剧增加，这会给计算速度和存储带来负担。另外，一次完成算法要求 $\boldsymbol{\Phi}^{\mathrm{T}} \boldsymbol{W} \boldsymbol{\Phi}$ 必须是正则矩阵，即可逆，其充分必要条件是系统的输入信号必须是 $2n$ 阶持续激励信号。更实用的方法，则是设法将式(5.97)转化为递推计算的形式，以便于在线辨识，并且可以大大减少数据的存储。

5.4.2.2 最小二乘法估计的统计性质

式(5.95)和式(5.97)给出了式(5.90)模型中未知参数 θ 的最小二乘估计值，由于 $\boldsymbol{\Phi}$ 和 $\boldsymbol{Y}$ 均具有一定的随机性，故估计值 $\hat{\theta}_{\mathrm{LS}}$ 和 $\hat{\theta}_{\mathrm{WLS}}$ 也是随机向量。为此，需研究最小二乘估计的统计性质，即无偏性、有效性和一致性，这些也是评价一个参数辨识方法的主要性质。

（1）无偏性

无偏性，用于衡量估计值的波动是否围绕真实值。若估计值的数学期望等于参数真值，即 $E[\hat{\theta}] = \theta$，则称其为无偏估计。

根据式(5.95)，$\hat{\theta}_{\mathrm{LS}}$ 的数学期望为

$$E[\hat{\theta}_{\mathrm{LS}}] = E[(\boldsymbol{\Phi}^{\mathrm{T}} \boldsymbol{\Phi})^{-1} \boldsymbol{\Phi}^{\mathrm{T}} (\boldsymbol{\Phi} \theta + e)] = \theta + E[(\boldsymbol{\Phi}^{\mathrm{T}} \boldsymbol{\Phi})^{-1} \boldsymbol{\Phi}^{\mathrm{T}} e] \tag{5.98}$$

定理 5.1   如果系统(5.89)的噪声向量 e 的均值为零，且和 $\boldsymbol{\Phi}$ 是统计独立的，则加权最小二乘估计值 $\hat{\theta}_{\mathrm{WLS}}$ 是无偏估计量，即 $E\{\hat{\theta}_{\mathrm{WLS}}\} = \theta$。

证明：参数估计量 $\hat{\theta}_{\mathrm{WLS}}$ 的数学期望为

$$E\{\hat{\theta}_{\mathrm{WLS}}\} = E[(\boldsymbol{\Phi}^{\mathrm{T}} \boldsymbol{W} \boldsymbol{\Phi})^{-1} \boldsymbol{\Phi}^{\mathrm{T}} \boldsymbol{W} (\boldsymbol{\Phi} \theta + e)] = \theta + E[(\boldsymbol{\Phi}^{\mathrm{T}} \boldsymbol{W} \boldsymbol{\Phi})^{-1} \boldsymbol{\Phi}^{\mathrm{T}} \boldsymbol{W} e] \tag{5.99}$$

由于 e 和 $\boldsymbol{\Phi}$ 统计独立，则有

$$E[(\boldsymbol{\Phi}^{\mathrm{T}} \boldsymbol{W} \boldsymbol{\Phi})^{-1} \boldsymbol{\Phi}^{\mathrm{T}} \boldsymbol{W} e] = E[(\boldsymbol{\Phi}^{\mathrm{T}} \boldsymbol{W} \boldsymbol{\Phi})^{-1} \boldsymbol{\Phi}^{\mathrm{T}} \boldsymbol{W}] \cdot E(e) = 0 \tag{5.100}$$

因此有 $E\{\hat{\theta}_{\mathrm{WLS}}\} = \theta$，$\hat{\theta}_{\mathrm{WLS}}$ 是无偏估计量。

应注意，定理 5.1 所给的条件仅是无偏估计的充分而非必要条件，其必要条件为

$$E[(\boldsymbol{\Phi}^{\mathrm{T}} \boldsymbol{W} \boldsymbol{\Phi})^{-1} \boldsymbol{\Phi}^{\mathrm{T}} \boldsymbol{W} e] = 0 \tag{5.101}$$

即 $(\boldsymbol{\Phi}^{\mathrm{T}} \boldsymbol{W} \boldsymbol{\Phi})^{-1} \boldsymbol{\Phi}^{\mathrm{T}} \boldsymbol{W}$ 与噪声向量 e 正交。当定理 5.1 的条件不能满足时，可通过选择加权

矩阵 W 使式(5.101)成立，也可获得无偏估计。

更实用地，若 $\{e(k)\}$ 为零均值白噪声序列，即 $E\{e(k)\} = 0$，$E\{e(k)e(j)\} = \begin{cases} \sigma^2, & k = j \\ 0, & k \neq j \end{cases}$，则也能保证 $\hat{\theta}_{\mathrm{WLS}}$ 是无偏估计量。

（2）有效性

有效性，用于衡量辨识算法的估计方差。有效算法的参数向量估计方差要比其他任何一种算法所得到的方差都小。

最小二乘估计值 $\hat{\theta}_{\mathrm{LS}}$ 的协方差矩阵为

$$\begin{aligned} \mathbf{Cov}\hat{\theta}_{\mathrm{LS}} &= E\{(\hat{\theta}_{\mathrm{LS}} - \theta)(\hat{\theta}_{\mathrm{LS}} - \theta)^{\mathrm{T}}\} \\ &= E\{[(\mathbf{\Phi}^{\mathrm{T}}\mathbf{\Phi})^{-1}\mathbf{\Phi}^{\mathrm{T}}e][e^{\mathrm{T}}\mathbf{\Phi}(\mathbf{\Phi}^{\mathrm{T}}\mathbf{\Phi})^{-1}]\} \\ &= (\mathbf{\Phi}^{\mathrm{T}}\mathbf{\Phi})^{-1}\mathbf{\Phi}^{\mathrm{T}}E[ee^{\mathrm{T}}]\mathbf{\Phi}(\mathbf{\Phi}^{\mathrm{T}}\mathbf{\Phi})^{-1} \end{aligned} \tag{5.102}$$

式中，$E[ee^{\mathrm{T}}] = R$ 为噪声向量的方差矩阵。

对于加权最小二乘估计值 $\hat{\theta}_{\mathrm{WLS}}$，其协方差矩阵为

$$\mathrm{Cov}\hat{\theta}_{\mathrm{WLS}} = (\mathbf{\Phi}^{\mathrm{T}}W\mathbf{\Phi})^{-1}\mathbf{\Phi}^{\mathrm{T}}WRW^{\mathrm{T}}\mathbf{\Phi}(\mathbf{\Phi}^{\mathrm{T}}W\mathbf{\Phi})^{-1} \tag{5.103}$$

定理 5.2　当加权矩阵取为噪声方差矩阵的逆，即 $W = R^{-1}$ 时，加权最小二乘估计值 $\hat{\theta}_{\mathrm{WLS}}$ 是最小误差方差估计，也称为 Markov 估计。

证明：若 $W = R^{-1}$，估计值 $\hat{\theta}_{\mathrm{WLS}}$ 记为 $\hat{\theta}_{\mathrm{MV}}$，$\hat{\theta}_{\mathrm{MV}} = (\mathbf{\Phi}^{\mathrm{T}}R^{-1}\mathbf{\Phi})^{-1}\mathbf{\Phi}^{\mathrm{T}}R^{-1}Y$。此时协方差矩阵记为 $\mathrm{Cov}\hat{\theta}_{\mathrm{MV}} = \mathrm{Cov}\hat{\theta}_{\mathrm{WLS}} = (\mathbf{\Phi}^{\mathrm{T}}R^{-1}\mathbf{\Phi})^{-1}$。要证明其为最小方差估计，只需证明 $\mathrm{Cov}\hat{\theta}_{\mathrm{WLS}} \geq \mathrm{Cov}\hat{\theta}_{\mathrm{MV}}$。

定义 $L_{\mathrm{WLS}} = (\mathbf{\Phi}^{\mathrm{T}}W\mathbf{\Phi})^{-1}\mathbf{\Phi}^{\mathrm{T}}W$，$L_{\mathrm{MV}} = (\mathbf{\Phi}^{\mathrm{T}}R^{-1}\mathbf{\Phi})^{-1}\mathbf{\Phi}^{\mathrm{T}}R^{-1}$，则有 $\mathrm{Cov}\hat{\theta}_{\mathrm{WLS}} = L_{\mathrm{WLS}}RL_{\mathrm{WLS}}^{\mathrm{T}}$，$\mathrm{Cov}\hat{\theta}_{\mathrm{MV}} = L_{\mathrm{MV}}RL_{\mathrm{MV}}^{\mathrm{T}}$。

而

$$\begin{aligned} L_{\mathrm{WLS}}RL_{\mathrm{MV}}^{\mathrm{T}} &= (\mathbf{\Phi}^{\mathrm{T}}W\mathbf{\Phi})^{-1}\mathbf{\Phi}^{\mathrm{T}}W \cdot R \cdot R^{-1}\mathbf{\Phi}(\mathbf{\Phi}^{\mathrm{T}}R^{-1}\mathbf{\Phi})^{-1} \\ &= (\mathbf{\Phi}^{\mathrm{T}}R^{-1}\mathbf{\Phi})^{-1} = \mathrm{Cov}\hat{\theta}_{\mathrm{MV}} \end{aligned}$$

$$\begin{aligned} \mathrm{Cov}\hat{\theta}_{\mathrm{WLS}} - \mathrm{Cov}\hat{\theta}_{\mathrm{MV}} &= \mathrm{Cov}\hat{\theta}_{\mathrm{WLS}} - \mathrm{Cov}\hat{\theta}_{\mathrm{MV}} - \mathrm{Cov}\hat{\theta}_{\mathrm{MV}} + \mathrm{Cov}\hat{\theta}_{\mathrm{MV}} \\ &= L_{\mathrm{WLS}}RL_{\mathrm{WLS}}^{\mathrm{T}} - L_{\mathrm{WLS}}RL_{\mathrm{MV}}^{\mathrm{T}} - L_{\mathrm{MV}}RL_{\mathrm{WLS}}^{\mathrm{T}} + L_{\mathrm{MV}}RL_{\mathrm{MV}}^{\mathrm{T}} \\ &= (L_{\mathrm{WLS}} - L_{\mathrm{MV}})R(L_{\mathrm{WLS}} - L_{\mathrm{MV}})^{\mathrm{T}} \geq 0 \end{aligned}$$

因此，有 $\mathrm{Cov}\hat{\theta}_{\mathrm{MV}} = (\mathbf{\Phi}^{\mathrm{T}}R^{-1}\mathbf{\Phi})^{-1} = \min$，加权最小二乘估计值 $\hat{\theta}_{\mathrm{WLS}}$ 是最小误差方差估计。

当噪声向量符合独立同分布，即 $\{e(k)\}$ 是白噪声时，$R = \sigma^2 I$，则 $\hat{\theta}_{\mathrm{WLS}} \overset{W = I}{\Longrightarrow} \hat{\theta}_{\mathrm{LS}} = \hat{\theta}_{\mathrm{MV}}$。

所以，此时最小二乘估计 $\hat{\theta}_{\mathrm{LS}}$ 为渐近无偏的有效估计。

（3）一致性

一致性，是指估计值将以概率 1 收敛于真值，即满足 $\lim_{N\to\infty}P\{|\hat{\theta} - \theta| < \varepsilon\} = 1$。

定理 5.3 若系统(5.90)中 e_N 是零均值白噪声序列，则最小二乘估计值 $\hat{\theta}_{LS}$ 是 θ 的一致估计。

证明：

$$\lim_{N\to\infty}\text{Cov}\{\hat{\theta}_{LS}\} = \lim_{N\to\infty}\sigma_n^2 \cdot E\{(\boldsymbol{\Phi}_N^T\boldsymbol{\Phi}_N)^{-1}\} = \lim_{N\to\infty}\frac{\sigma_n^2}{N} \cdot E\left\{\left(\frac{1}{N}\boldsymbol{\Phi}_N^T\boldsymbol{\Phi}_N\right)^{-1}\right\} \quad (5.104)$$

$$\frac{1}{N}\boldsymbol{\Phi}_N^T\boldsymbol{\Phi}_N = \frac{1}{N}\sum_{k=1}^{N}\boldsymbol{\varphi}(k)\boldsymbol{\varphi}^T(k) \overset{N\to\infty}{\Rightarrow} E\{\boldsymbol{\varphi}(k)\boldsymbol{\varphi}^T(k)\} \quad (5.105)$$

式中，$\frac{1}{N}\boldsymbol{\Phi}_N^T\boldsymbol{\Phi}_N$ 将依概率 1 收敛于一个正定矩阵，且 σ_n^2 是有界的，因而 $\lim_{N\to\infty}\text{Cov}\{\hat{\theta}_{LS}\} = 0$。又因为 $E\{\hat{\theta}_{LS}\} = \theta$，故有 $\lim_{N\to\infty}P\{|\hat{\theta}_{LS} - \theta| < \varepsilon\} = 1$。

综上所述，在 $\{e(k)\}$ 为白噪声序列时，最小二乘估计 $\hat{\theta}_{LS}$ 具有无偏性、有效性和一致性。一般情况下，系统广义回归模型中的噪声项是有色噪声序列，所以最小二乘估计是有偏的非一致估计。但因最小二乘法算法简单，在模型精度要求不高的场合得到了普遍应用。

5.4.2.3 递推最小二乘法

5.4.2.1 节已经给出了最小二乘一次完成算法，但具体使用时不仅占用内存量大，而且无法用于在线辨识。此外，式(5.90)的一次完成算法还有如下的缺陷：

① 数据量越多，系统参数估计的精度就越高。为了获得满意的辨识结果，矩阵 $\boldsymbol{\Phi}^T\boldsymbol{\Phi}$ 的阶数常取得很大。这样，矩阵求逆的计算量很大，存储量也很大。

② 每增加一次观测量，都必须重新计算 $\boldsymbol{\Phi}$ 和 $(\boldsymbol{\Phi}^T\boldsymbol{\Phi})^{-1}$。

③ 如果出现 $\boldsymbol{\Phi}$ 列相关，即不满秩的情况，$\boldsymbol{\Phi}^T\boldsymbol{\Phi}$ 为病态矩阵，则无法得到最小二乘估计值。

解决这个问题的办法是把它化成递推算法，每获得一次新的观测数据就修正一次参数估计值，随着时间的推移，便能获得满意的辨识结果。递推辨识算法无需矩阵求逆，这样不仅可以减少计算量和储存量，而且能实现在线辨识，因而也适用于时变系统。

仍然考虑式(5.90)描述的系统，其前 N 次测量获得的最小二乘参数估计为

$$\hat{\theta}_N = (\boldsymbol{\Phi}_N^T\boldsymbol{\Phi}_N)^{-1}\boldsymbol{\Phi}_N^T\boldsymbol{Y}_N \quad (5.106)$$

记 $\boldsymbol{P}_N = (\boldsymbol{\Phi}_N^T\boldsymbol{\Phi}_N)^{-1}$，则由估计误差确定的方差矩阵为

$$\text{Cov}\hat{\theta}_{LS} = \sigma^2(\boldsymbol{\Phi}_N^T\boldsymbol{\Phi}_N)^{-1} = \sigma^2\boldsymbol{P}_N \quad (5.107)$$

式中，$\boldsymbol{P}_N$——协方差矩阵；

σ^2——方程误差方差。

如果再增加一组新的观测值 $u(n+N+1)$，$y(n+N+1)$，记为 u_{N+1}，y_{N+1}，则在式 (5.90) 基础上可扩展为一组新的方程

$$Y_{N+1} = \Phi_{N+1}^T \theta + e_{N+1} \tag{5.108}$$

其中，$Y_{N+1} = \begin{bmatrix} Y_N \\ y_{N+1} \end{bmatrix}$，$\Phi_{N+1} = \begin{bmatrix} \Phi_N \\ \varphi_{N+1}^T \end{bmatrix}$。如此，可以得到新的参数估计值：

$$\hat{\theta}_{N+1} = (\Phi_{N+1}^T \Phi_{N+1})^{-1} \Phi_{N+1}^T Y_{N+1} \tag{5.109}$$

记

$$
\begin{aligned}
P_{N+1} &= \left[\left(\Phi_N^T \quad \varphi_{N+1} \right) \begin{pmatrix} \Phi_N \\ \varphi_{N+1}^T \end{pmatrix} \right]^{-1} \\
&= \left[\Phi_N^T \Phi_N + \varphi_{N+1} \varphi_{N+1}^T \right]^{-1} \\
&= \left[P_N^{-1} (I + P_N \varphi_{N+1} \varphi_{N+1}^T) \right]^{-1} \\
&= \left[I + P_N \varphi_{N+1} \varphi_{N+1}^T \right]^{-1} P_N
\end{aligned}
$$

矩阵求逆引理　设 A 为 $n \times n$ 矩阵，B 为 $n \times m$ 矩阵，C 为 $m \times n$ 矩阵，并且 A，$A+BC$ 和 $I + CA^{-1}B$ 都是非奇异矩阵，则有恒等式：

$$[A + BC]^{-1} = A^{-1} - A^{-1}B [I + CA^{-1}B]^{-1} CA^{-1} \tag{5.110}$$

令 $A_{M \times M}$，$B_{M \times 1} = P_N \varphi_{N+1}$，$C_{1 \times M} = \varphi_{N+1}^T$。则由矩阵求逆引理可得

$$
\begin{aligned}
P_{N+1} &= P_N - P_N \varphi_{N+1} \left[I + \varphi_{N+1}^T P_N \varphi_{N+1} \right]^{-1} \varphi_{N+1}^T P_N \\
&= P_N - \frac{P_N \varphi_{N+1} \varphi_{N+1}^T P_N}{I + \varphi_{N+1}^T P_N \varphi_{N+1}}
\end{aligned} \tag{5.111}
$$

从上述推导可知，最小二乘估计批处理方法中，需要 $(2n+1) \times (2n+1)$ 矩阵 $P_N^{-1} (I + P_N \varphi_{N+1} \varphi_{N+1}^T)$ 的矩阵求逆，计算非常复杂。应用矩阵求逆引理，可将矩阵求逆转变为求标量 $I + \varphi_{N+1}^T P_N \varphi_{N+1}$ 的导数，从而大幅减小了计算量。同时，又得到了 P_{N+1} 与 P_N 之间的递推关系式。

由式 (5.106) 和 (5.108) 可得

$$
\begin{aligned}
\hat{\theta}_{N+1} &= P_{N+1} \begin{bmatrix} \Phi_N^T & \varphi_{N+1} \end{bmatrix} \begin{bmatrix} Y_N \\ y_{N+1} \end{bmatrix} \\
&= P_{N+1} (\Phi_N^T Y_N + \varphi_{N+1} y_{N+1}) \\
&= P_N \Phi_N^T Y_N - \frac{P_N \varphi_{N+1} \varphi_{N+1}^T P_N}{I + \varphi_{N+1}^T P_N \varphi_{N+1}} \Phi_N^T Y_N \\
&\quad + P_N \varphi_{N+1} y_{N+1} - \frac{P_N \varphi_{N+1} \varphi_{N+1}^T P_N}{I + \varphi_{N+1}^T P_N \varphi_{N+1}} \varphi_{N+1} y_{N+1} \\
&= \hat{\theta}_N + \frac{P_N \varphi_{N+1}}{I + \varphi_{N+1}^T P_N \varphi_{N+1}} (y_{N+1} - \varphi_{N+1}^T \hat{\theta}_N)
\end{aligned} \tag{5.112}
$$

式中 $\dfrac{P_N \varphi_{N+1}}{I + \varphi_{N+1}^T P_N \varphi_{N+1}}$ 为增益矩阵，记为 G_{N+1}；而 $(y_{N+1} - \varphi_{N+1}^T \hat{\theta}_N)$ 称为预报误差。

综合以上推导过程，得到最小二乘估计递推算法

$$\begin{cases} \hat{\theta}_{N+1} = \hat{\theta}_N + G_{N+1}(y_{N+1} - \varphi_{N+1}^T \hat{\theta}_N) \\ G_{N+1} = \dfrac{P_N \varphi_{N+1}}{I + \varphi_{N+1}^T P_N \varphi_{N+1}} \\ P_{N+1} = P_N - G_{N+1}\varphi_{N+1}^T P_N \end{cases} \tag{5.113}$$

其递推过程如下：

① 获得 $\hat{\theta}_N$，P_N，u_{N+1} 和 y_{N+1}；

② 顺序计算 φ_{N+1}，G_{N+1}，$\hat{\theta}_{N+1}$ 和 P_{N+1}；

③ 进入下一步递推。

其中，对于初值 $\hat{\theta}_0$ 和 P_0，可采用以下两种方法获取 $\hat{\theta}_m$ 和 P_m，再从 $m+1$ 开始递推。

一是根据前 m 组数据，利用最小二乘批处理算法获得

$$\begin{cases} \hat{\theta}_m = (\Phi_m^T \Phi_m)^{-1} \Phi_m^T Y_m \\ P_m = (\Phi_m^T \Phi_m)^{-1} \end{cases} \tag{5.114}$$

二是可以取 $\hat{\theta}_0 = 0$，任取 $P_0 = \sigma^2 I$，σ 特别大。

可选择递推算法的终止准则为

$$\max_i | \frac{\hat{\theta}_{N+1}(i) - \hat{\theta}_N(i)}{\hat{\theta}_{N+1}(i)} | < \varepsilon \tag{5.115}$$

式中，$\hat{\theta}_{N+1}(i)$ 为参数向量 θ 的第 i 个元素在 $N+1$ 次递推计算的结果，ε 为给定的精度要求。

5.4.2.4　增广最小二乘法

增广最小二乘方法在最小二乘法基础上，扩充了参数向量 θ 和 $\varphi(k)$ 的维数，在辨识过程中同时考虑了噪声模型的参数：

$$A(z^{-1})y(k) = B(z^{-1})u(k) + D(z^{-1})\varepsilon(k) \tag{5.116}$$

式中，$D(z^{-1}) = 1 + d_1 z^{-1} + \cdots + d_m z^{-m}$。

噪声 $e(k)$ 为 MA 模型，称 $\{\varepsilon(k)\}$ 为新息序列。在给定的输出序列 $\{\varepsilon(k)\}$ 和输入序列 $\{u(k)\}$ 的条件下，$\varepsilon(k)$ 的条件均值为零，把具有这种性质的随机序列称为新息序列。

如果 $\{\varepsilon(k)\}$ 是可量测的，则系统模型(5.116)可表示为

$$y(k) = \varphi_k^T \theta + \varepsilon(k) \tag{5.117}$$

其中

$$\boldsymbol{\varphi}_k = \begin{bmatrix} -y(k-1) & \cdots & -y(k-n) & u(k-1) & \cdots & u(k-n) & \varepsilon(k-1) & \cdots & \varepsilon(k-m) \end{bmatrix}^T$$

$$\boldsymbol{\theta} = \begin{bmatrix} a_1 & a_2 & \cdots & a_n & b_0 & b_1 & \cdots & b_n & d_1 & \cdots & d_m \end{bmatrix}^T$$

如此，可通过最小二乘法求解参数的估计量，但式中 $\boldsymbol{\varphi}_k$ 的分量 $\varepsilon(k-1)$，$\varepsilon(k-2)$，$\cdots$ 是未知的。为了克服该困难，可用 $\hat{\varepsilon}(k)$ 代替 $\varepsilon(k)$，借助已知的参数估计量 $\hat{\theta}_{k-1}$ 来计算误差估计，即

$$\hat{\varepsilon}(k) = y(k) - \hat{\boldsymbol{\varphi}}_k^T \hat{\theta}_{k-1} \tag{5.118}$$

其中

$$\hat{\boldsymbol{\varphi}}_k = \begin{bmatrix} -y(k-1) & \cdots & -y(k-n) & u(k-1) & \cdots & u(k-n) & \hat{\varepsilon}(k-1) & \cdots & \hat{\varepsilon}(k-m) \end{bmatrix}^T$$

如此，即可采用递推方法进行迭代，初值取 $\hat{\varepsilon}(k-1) = \cdots = \hat{\varepsilon}(k-m) = 0$。

按照递推最小二乘的推导方法，可得到如下的递推增广最小二乘算法：

$$\begin{cases} \hat{\boldsymbol{\theta}}_{N+1} = \hat{\boldsymbol{\theta}}_N + \boldsymbol{G}_{N+1}(\boldsymbol{y}_{N+1} - \hat{\boldsymbol{\varphi}}_{N+1}^T \hat{\boldsymbol{\theta}}_N) \\[2mm] \boldsymbol{G}_{N+1} = \dfrac{\boldsymbol{P}_N \hat{\boldsymbol{\varphi}}_{N+1}}{\boldsymbol{I} + \hat{\boldsymbol{\varphi}}_{N+1}^T \boldsymbol{P}_N \hat{\boldsymbol{\varphi}}_{N+1}} \\[2mm] \boldsymbol{P}_{N+1} = \boldsymbol{P}_N - \boldsymbol{G}_{N+1} \hat{\boldsymbol{\varphi}}_{N+1}^T \boldsymbol{P}_N \end{cases} \tag{5.119}$$

可见，递推增广最小二乘法的算法与递推最小二乘法的形式是一致的，只是参数向量与数据向量的维数扩充了 m 维。增广最小二乘法在一般情况下具有一致无偏性，且算法简单，在实际中得到了广泛应用。

第 6 章　数值求解方法

欲研究系统的静态特性、动态特性，在建立系统的数学模型并获得系统参数后，仍需要利用边界条件或约束、选择适当的求解器对微分方程组进行求解。而针对科学研究或工程中建立的微分方程模型，通常无法给出解析形式的解，这就要求我们在了解微分方程组解的存在性的基础上，寻求给定问题的数值解。

计算数值解的过程中需要对微分方程中的连续变量离散化，总的来说，离散点取得越多，越能逼近于微分方程的精确解。但增加离散点，必然产生计算量增大的困难，随着数字计算机技术的快速发展，微分方程数值求解的上述困难得到解决，数值解的研究和应用得到了充分的发展，常微分方程数值解的理论分析和软件实现已经相对成熟。本章将分别从常微分方程和求解方法两个角度来介绍一阶常微分方程非刚性和刚性问题的数值求解及初值相关问题，并应用 MATLAB 软件求解常微分系统数值解。而对于高阶微分方程，则可通过转化为一阶微分系统来求解。

6.1　基础概念、预备知识以及基本定理

6.1.1　构造差分方法的基本思想

通常来讲，很难通过使用数学方法解出常微分方程解析的真实解，大多数情况下，人们通过使用离散的数值方法，得到一个离散函数，去逼近这个真实解。

例如常微分方程

$$\begin{cases} \dfrac{\mathrm{d}y}{\mathrm{d}t} = f(t, y) \\ y(t_0) = y_0 \end{cases}, \ t \in I, \ I = [t_0, T] \tag{6.1}$$

式中，y ——系统中某物理量随时间变化的函数，是待求解的函数；

$f(t, y)$ ——该物理量随时间变化函数的导数，是已知量。

微分方程的解 $y(t)$ 是连续变量时间 t 的函数。若将求解区域 I 进行离散，形成一系列离散时刻 $t_1, t_2, t_3, \cdots, t_n$，其中 $t_i = t_0 + ih$，h 称为步长，是相邻两个离散点的距离，差分方法就是以每一个离散点 t_n 上的近似值 $y_1, y_2, y_3, \cdots, y_n$，来逼近待求函数 $y(t)$ 在各离散点上的真实值 $y(t_1), y(t_2), y(t_3), \cdots, y(t_n)$。我们称 y_k，$k = 1, 2, \cdots, n$ 为式

（6.1）在点 t_k 处的数值解。

构造差分方法的基本思想是：通过某种离散化方法将常微分方程式（6.1）在离散节点 $\{x_n\}$ 上离散化，建立节点近似值 $\{y_n\}$ 满足的差分方程（也称差分公式），然后结合定解条件由差分方程求出近似值 y_k，$k = 1, 2, \cdots, n$。这种方法也称离散变量法，是一种递推算法。

建立差分算法有以下几个基本步骤：

① 建立差分格式，包括定义域离散、方程离散和初边界处理。

② 实用性分析，包括误差分析、收敛速度以及差分格式的稳定性分析。

③ 误差方程的求解。

严格来说，数值解是定解问题的近似解，所以要对计算过程做误差分析，以保证所得数值解与"真正的解"之间的误差保持在允许的范围内。同时数值解的本质是连续变量离散化，由此出现收敛速度、误差积累等计算方法方面的问题。虽然这些问题与常微分方程理论本身并无直接联系，但只有在此基础上，才能利用计算机语言或数学软件编写有效的程序，得出有实际意义的数值解。

6.1.2　欧拉法

欧拉法是最简单的数值方法，它的积累误差较大，用途有限，但这种方法具有明确的几何意义，可以非常直观地观察到数值解 y_n 是怎样逼近微分方程的精确解 $y(t_n)$ 的。且它包含了数值求解中几乎所有内容，所以，我们通过讨论欧拉法来引出常微分方程计算过程中的各种概念。

在区间 $[t_n, t_{n+1}]$ 上对式（6.1）积分，得到

$$y(t_{n+1}) = y(t_n) + \int_{t_n}^{t_{n+1}} f(t, y(t)) \, dt \tag{6.2}$$

若令近似的数值解来替代真实值：

$$y_n \approx y(t_n), \quad Q_n \approx \int_{t_n}^{t_{n+1}} f(t, y(t)) \, dt$$

则有

$$y(t_{n+1}) \approx y_n + Q_n$$

式中，$y(t_{n+1})$ 是所求量，y_n 是已知量。显然只需要求得 Q_n 即可求出想要的近似解。因此，主要问题即是如何对 Q_n 进行求解，即如何对 $f(t, y)$ 进行近似积分。

积分 Q_n 一般是很难求出的，其几何意义为曲线 $f(t, y)$ 在 $[t_n, t_{n+1}]$ 区间上的面积。当 $[t_n, t_{n+1}]$ 区间足够小时，可用矩形面积来近似代替，如果应用左矩形求积公式，即，以前一个离散点的导函数值为高，步长为底，建立矩形来近似曲边梯形 Q_n：

$$\int_{t_n}^{t_{n+1}} f(t, y) \, dt = h \cdot f(t_n, y(t_n)) + O(h^2)$$

则式（6.2）化为

$$y(t_{n+1}) = y(t_n) + h \cdot f(t_n, y(t_n)) + O(h^2)$$

舍去高阶小项 $O(h^2)$，得到

$$y(t_{n+1}) \approx y(t_n) + h \cdot f(t_n, y(t_n))$$

据此，可建立离散点近似值 y_n 所满足的差分公式：

$$y_{n+1} = y_n + h \cdot f(t_n, y_n), \quad n = 0, 1, 2, \cdots \tag{6.3}$$

式(6.3)称为欧拉(Euler)公式，当取定初值 $y(t_0) = y_0$，即可由式(6.3)递推计算出 y_1，y_2，y_3，$\cdots$，y_N。写成递推计算过程，即

$$\begin{cases} y_0 = y(t_0) \\ y_1 = y_0 + f(t_0, y_0) \cdot (t_1 - t_0) \\ y_2 = y_1 + f(t_1, y_1) \cdot (t_2 - t_1) \\ \quad \vdots \\ y_{n+1} = y_n + f(t_n, y_n) \cdot (t_{n+1} - t_n) \end{cases} \tag{6.4}$$

欧拉法的几何意义(图6.1)十分清楚，它指的是以经过 (t_0, y_0) 的切线在下一个离散点的值来近似待求函数 y 在下一个离散点的真实值。

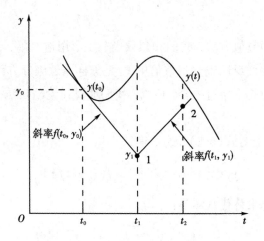

图 6.1　欧拉法的几何意义

类似的，若对式(6.2)右端的积分应用梯形求积公式，即利用两个相邻的离散点的导函数值建立梯形来近似曲边梯形 Q_n：

$$\int_{t_n}^{t_{n+1}} f(t, y(t)) \mathrm{d}t = \frac{h}{2}[f(t_n, y(t_n)) + f(t_{n+1}, y(t_{n+1}))] + O(h^3)$$

便可导出梯形差分公式：

$$\begin{cases} y_{n+1} = y_n + \dfrac{h}{2}[f(t_n, y(t_n)) + f(t_{n+1}, y(t_{n+1}))] \\ y(t_0) = y_0 \end{cases} \tag{6.5}$$

如果在小区间 $[t_{n-1}, t_{n+1}]$ 上积分式(6.1)，注意这里是两个小离散区间，则得到

$$y(t_{n+1}) - y(t_{n-1}) = \int_{t_{n-1}}^{t_{n+1}} f(t, y(t)) \mathrm{d}t$$

对右端积分应用中矩形求积公式，即取中间离散点的导函数值为高，以两个步长为底，建立矩形来近似曲边梯形 Q_n：

$$\int_{t_{n-1}}^{t_{n+1}} f(t, y(t)) \mathrm{d}t = 2hf(t_n, y(t_n)) + O(h^3)$$

则可推到出欧拉中点公式：

$$\begin{cases} y_{n+1} = y_{n-1} + 2hf(t_n, y(t_n)) \\ y_0 = y(t_0) \end{cases} \tag{6.6}$$

这是一个迭代的思想，通过已知时刻的初值，经过不断的迭代运算，推断出未知函数 $y(t)$ 在若干个时间步长后某一时刻的数值解，也就是近似解，只要数值解产生的误差是在精度要求的范围内，那么就可以认为求出的离散式是可以代替待求函数 $y(t)$。

6.1.3 李普希兹条件

根据常微分方程理论可知，如果函数 $f(t, y)$ 在区域 $\{t_0 \leqslant t \leqslant T, -\infty < y < +\infty\}$ 上连续，且关于 y 满足李普希兹（Lipschitz）条件：

$$|f(x, y) - f(x, \bar{y})| \leqslant L|y - \bar{y}|, \quad \forall y, \bar{y}$$

其中，$L > 0$ 称为李普希兹常数。则初值问题式(6.1)的解 $y = y(x)$ 存在且唯一。

这个条件表示的是函数在区间内任意两点连线的斜率一致有界，不可无限大，且绝对连续，即一致连续，也就是说满足李普希兹条件的函数是比连续函数更加"光滑"，但不一定处处光滑。李普希兹条件对分析复杂函数非常有用，因为它可以近似将优化复杂函数的问题，转化为二次规划问题。

6.1.4 差分公式的误差分析

由上面的描述可以发现，由差分方程计算出来的数值解必然不可能和精确解完全相等，会产生误差。并且从差分公式的递推计算形式可以看到，在离散点 t_n 的误差 $y(t_n) - y_n$ 不仅与 y_n 这一步计算有关，而且与前 $n-1$ 步计算出的 $y_{n-1}, y_{n-2}, \cdots, y_1$ 都有关。由此对误差进行分类，分别是局部截断误差和舍入误差。

（1）局部截断误差

在假设之前所有的计算都是精确的，即 $y_n = y(t_n)$ 的情况下，只考虑下一步计算时所产生的误差，也就是误差 $y(t_{n+1}) - y_{n+1}$，我们把它称为局部截断误差。它可以反映出差分公式的精度，代表了差分方程的相容性。现在推导欧拉法的局部截断误差。

假设 $y_n = y(t_n)$，注意到 $y'(t_n) = f(t_n, y(t_n)) = f(t_n, y_n) = y_n'$，则式(6.3)可以写为

$$y_{n+1} = y_n + hy_n' \tag{6.7}$$

这是离散点 t_{n+1} 处的数值解，对于精确解 $y(t_{n+1})$，可以利用泰勒展开式得到：

$$y(t_{n+1}) = y(t_n) + hy'(t_n) + \frac{h^2}{2}y''(t_n) + O(h^3) \qquad (6.8)$$

式(6.8)与式(6.7)相减就可得到欧拉法的局部截断误差是:

$$y(t_{n+1}) - y_{n+1} = \frac{h^2}{2}y''(t_n) + O(h^3) = O(h^2)$$

同样的,可推得式(6.5)的局部截断误差为

$$y(t_{n+1}) - y_{n+1} = O(h^3)$$

定义6.1 一般地,如果单步差分法的局部截断误差为 $O(h^{p+1})$ 阶,则称该方法为 p 阶方法,p 为非负整数。

根据此定义,欧拉法是一阶方法,梯形方法是二阶方法。一般情况下,"局部"带来的误差是容易估计的,且不同步长的选取会造成不同的误差结果。

(2)舍入误差

与局部截断误差和整体截断误差不同的是,舍入误差是由于计算机进行计算时,数字的位数有限所引起的误差。随着计算终止时间和积分方法阶次的增加,舍入误差会增大。而且舍入误差还会随积分步长的减小而更加严重,这是因为舍入误差在计算机进行每一步运算时都会产生,步长越小,运算次数越多,舍入误差自然会越大。值得关注的是,舍入误差是否会随着计算过程无限扩大地传递下去,从而影响差分方程的稳定性。

舍入误差的积累值是难以精确预测的,一般认为它与 h^{-1} 成正比。所以,最后得到的欧拉法总误差可表示为

$$\varepsilon_n = O_1(h^2) + O_2(h^{-1}) \qquad (6.9)$$

由式(6.9)可以看出,步长 h 增加,截断误差 $O_1(h^2)$ 增加,而舍入误差 $O_2(h^{-1})$ 减小。反之,截断误差 $O_1(h^2)$ 减小,而舍入误差 $O_2(h^{-1})$ 增加。

6.1.5 差分方法的收敛性和稳定性

初值问题的差分方法是经过某种离散化过程导出的,人们自然关心差分解能否作为精确解的近似,因此需要对差分方法进行定性分析。本节将通过以欧拉法为代表的单步法来讨论收敛性与稳定性。

(1)收敛性

对于式(6.1)初值问题的单步显式方法可以统一写为如下形式:

$$y_{n+1} = y_n + h\Phi(t_n, y_n, h) \qquad (6.10)$$

式中,$\Phi(t_n, y_n, h)$ 为差分方法的增量函数。不同的单步方法对应着不同的增量函数,例如,对于欧拉法,它的增量函数是

$$\Phi(t_n, y_n, h) = f(t, y)$$

对于任意给定的点 t_n,用单步方法式(6.10)求出精确解 $y(t_n)$ 的近似值 y_n,当步长 h 充分小时,y_n 能否逼近 $y(t_n)$,也就是说,当 $h \to 0$ 时,是否有 $y_n \to y(t_n)$,这就是收敛

性问题。由上述对于局部截断误差的分析，也可以得到，收敛性研究的是由局部截断误差积累产生的整体截断误差。一般情况下，整体误差比局部误差大，其值不易估计。

定义 6.2　设 $y(t)$ 为初值问题(6.1)的精确解，y_n 是单步方法式(6.10)产生的近似解，如果对任意固定的点 t_n，均有 $\lim\limits_{h\to 0} y_n = y(t_n)$，则称单步方法式(6.10)是收敛的。

此定义也适用于单步隐式方法和多步方法，从定义可知，若单步方法式(6.10)是收敛的，当 $h\to 0$ 时，整体截断误差 $e_n = y(t_n) - y_n$ 将趋于零。

定理 6.1　设单步方法式(6.10)是 $p \geqslant 1$ 阶方法，增量函数 $\Phi(t_n, y_n, h)$ 在区域 $\{t_0 \leqslant t \leqslant T, -\infty < y < +\infty, 0 \leqslant h \leqslant h_0\}$ 上连续，且关于 y 满足李普希兹条件，初始近似解 $y_0 = y(t_0)$，则单步方法式(6.10)是收敛的，且存在与 h 无关的常数 C，使

$$|y(t_n) - y_n| \leqslant Ch^p \tag{6.11}$$

证明：由于单步方法式(6.10)是 p 阶方法，则 $y(t)$ 满足

$$y(t_{n+1}) = y(t_n) + h\Phi(t_n, y(t_n), h) + R_n(h) \tag{6.12}$$

其中，局部截断误差 $|R_n(h)| \leqslant C_1 h^{p+1}$，整体截断误差 $e_n = y(t_n) - y_n$。从式(6.10)和式(6.11)得到

$$e_{n+1} = e_n + h[\Phi(t_n, y(t_n), h) - \Phi(t_n, y_n, h)] + R_n(h)$$

利用李普希兹条件得

$$|e_{n+1}| \leqslant (1 + hL)|e_n| + C_1 h^{p+1}, \quad n = 0, 1, \cdots$$

由此递推得到

$$|e_n| \leqslant (1 + hL)^n |e_0| + C_1 h^{p+1} \sum_{i=0}^{n-1} (1 + hL)^i$$

$$\leqslant (1 + hL)^n |e_0| + \frac{C_1 h^{p+1}}{hL}[(1 + hL)^n - 1]$$

注意到

$$1 + hL \leqslant e^{hL}, \quad (1 + hL)^n \leqslant e^{nhL} \leqslant e^{L(b-a)}$$

于是

$$|e_n| \leqslant |e_0| e^{L(b-a)} + \frac{C_1 h^{p+1}}{L}(e^{L(b-a)} - 1)$$

由于 $e_0 = y_0 - y(t_0) = 0$，所以 $\lim\limits_{h\to 0} y_n = y(t_n)$，且由收敛阶估计：

$$|y(t_n) - y_n| \leqslant Ch^p$$

现设 $f(t, y)$ 连续且关于 y 满足李普希兹条件，对于欧拉法，由于增量函数 $\Phi(t_n, y_n, h) = f(t, y)$，根据定理 6.1，欧拉法是收敛的。

（2）稳定性

在收敛性的讨论中，我们假定差分方程是精确求解的，但实际情况并非如此，例如，初始数据可能存在误差，计算过程中也不可避免地产生计算舍入误差，对应于一定的步长 h，还有截断误差。这些误差的传播和积累都会影响到数值解，那么实际计算得出的

数值解能否作为精确解的近似，这取决于计算误差是否可控制，这就是数值方法稳定性的概念。如果计算结果对初值误差或计算误差不敏感，就可以说该计算方法是稳定的，否则是不稳定的。对于不稳定的算法，误差会恶性发展，以致计算失败。

定义 6.3 对于初值问题式(6.1)，取定步长 h，用某一差分方法进行计算时，假设仅在一个节点值 y_n 上产生计算误差 δ，即计算值 $\bar{y}_n = y_n + \delta$，如果这个误差引起以后各节点计算值 y_m ($m > n$)的变化均不超过 δ，则称此差分方法是绝对稳定的。

讨论数值方法的稳定性，通常只限于典型的试验方程

$$y' = \lambda y$$

其中，λ 为复数且 $Re(\lambda) < 0$。通过一个简单的常微分方程来试验差分方法是否稳定，如果对这样的简单常微分方程的差分方法式都是不稳定的，那么对更复杂的常微分方程也将如此、差分方法的稳定性一般与步长 h 的大小也有关，在复平面上，当方法稳定时变量 λh 的取值范围称为方法的绝对稳定域，它与实轴的交集称为绝对稳定区间。

将欧拉法应用于试验方程 $y' = \lambda y$，得到数值解

$$y_{n+1} = y_n + hf(t_n, y_n)$$

把 $y' = f(t, y) = \lambda y$ 带入，可得

$$y_{n+1} = (1 + h\lambda) y_n$$

该常微分方程在点 $n + 1$ 处的精确解，可以用函数 y 在该点的泰勒展开式来表示：

$$y(t_{n+1}) = y(t_n) + hy'(t_n) + O(h^2)$$
$$= (1 + h\lambda) y(t_n) + O(h^2)$$

设离散的迭代误差 $\varepsilon_n = y(t_n) - y_n$，由此可得

$$\varepsilon_{n+1} = (1 + h\lambda) \varepsilon_n + O(h^2)$$
$$= (1 + h\lambda)^{n+1} \varepsilon_0 + O(h^2)$$

为了满足稳定性要求，变量 λh 需要满足不等式

$$| 1 + h\lambda | < 1$$

因此欧拉法的绝对稳定域为 $| 1 + h\lambda | < 1$，绝对稳定区间是 $-2 < Re(h\lambda) < 0$。如图 6.2 所示。

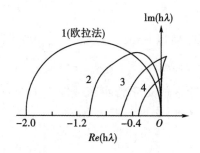

图 6.2 欧拉公式的稳定区域(只展示上平面)

对隐式单步方法也可类似讨论，将梯形公式用于试验方程 $y' = \lambda y$，有

$$y_{n+1} = y_n + \frac{h}{2}\lambda(y_n + y_{n+1})$$

解出 y_{n+1} 得

$$y_{n+1} = \frac{1 + \frac{1}{2}h\lambda}{1 - \frac{1}{2}h\lambda}y_n$$

类似前面分析,可知绝对稳定区域为

$$\left| \frac{1 + \frac{1}{2}h\lambda}{1 - \frac{1}{2}h\lambda} \right| < 1$$

由于试验方程满足 $Re(\lambda) < 0$,所以此不等式对任意步长 h 恒成立,这是隐式公式的优点。

表 6.1 给出了一些常用方法的绝对稳定区间。

表 6.1 常用差分方法的稳定区间

差分方法	方法的阶数	稳定区间
欧拉方法	1	$(-2,0)$
梯形方法	2	$(-\infty,0)$
改进欧拉方法	2	$(-2,0)$
二阶龙格-库塔方法	2	$(-2,0)$
三阶龙格-库塔方法	3	$(-2.51,0)$
四阶龙格-库塔方法	4	$(-2.78,0)$

综上所述,收敛性是反映差分公式本身的截断误差对数值解的影响,它不考虑由具体的计算机字长限制而带来的舍入误差;稳定性是反映计算过程中舍入误差对数值解的影响。单步显式方法的稳定性与步长密切相关,在一种步长下是稳定的差分公式,取大一点的步长可能就不稳定,只有既收敛又稳定的差分公式才具有使用的价值。

6.1.6 差分方法的分类

本章节为了说明差分方法的性质,介绍了 3 个差分公式,分别是是欧拉公式、梯形公式以及欧拉中点公式。由欧拉公式(式 6.3)

$$y_{n+1} = y_n + hf(t_n, y_n)$$

可以看出,为了求出 y_{n+1},只需要用到前一步的值 y_n,这种差分方法称为单步法,计算简便,一般精度较低。

相比于欧拉法,梯形公式(式 6.5)

$$\begin{cases} y_{n+1} = y_n + \dfrac{h}{2}[f(t_n, y(t_n)) + f(t_{n+1}, y(t_{n+1}))] \\ y(t_0) = y_0 \end{cases}$$

则不然，计算 y_{n+1} 时，同时需要前两步的值 y_n 和 y_{n-1}，称其为两步方法，两步以上的方法统称为多步法。相对于单步法，多步法需要计算前面多步的函数值，才能求出一次 y_{n+1}，计算量较大。但也由于在计算 y_{n+1} 时，已经计算出了 y_n，y_{n-1}，… 以及 $f(t_n, y_n)$，$f(t_{n-1}, y_{n-1})$，…，因此可以期望利用这些值构造出精度高、计算量小的差分公式，相应的多步法会在 6.2 节中进行介绍。

差分公式除了可利用单步法和多步法划分外，还可以分为显式公式和隐式公式。由欧拉公式(6.3)以及欧拉中点公式(6.6)可以看出，需要计算的 y_{n+1} 已被显式表示出来，并且只在等号左侧，称这类差分公式为显式公式。而梯形公式(6.5)则不然，公式的等号两边都含有 y_{n+1}，这类公式称为隐式公式。对于隐式公式，当 y_n 已知时，等号两边都有待求量 y_{n+1}，所以就需要解方程才能求出 y_{n+1}。显然，隐式公式比显式公式需要更多的计算量，但从 6.1.3 稳定性分析中可以看出，一般情况下，隐式公式的稳定性比显式公式要好。所以在刚性方程求解过程中，由于刚性方程对稳定性的要求很高，而显式公式的稳定性依赖于步长 h 的选取，所以非刚性常微分方程的求解一般使用显式公式，而刚性常微分方程一般使用隐式公式来进行求解。

以上是对差分公式的形式进行的分类，而对于一些特殊的常微分方程初值问题，它们的解在求解区域内变化程度差别很大。如果在整个区域上统一使用大步长可能达不到精度要求，而使用小步长又可能浪费计算量，还会导致舍入误差积累的增加。这就要求根据解的性态来调整步长的大小，在变化平缓的部分，数值求解时可以使用较大的步长；而在变化剧烈的部分，应当使用较小的步长，其目的是在保持精度的前提下尽可能减少计算量。由此，差分方法还可以按照步长的选择分为定步长法和变步长法。

定步长指的是，步长 h 取为定值，没有误差控制机制，选取的步长越小，则计算精度越高。这个方法在生成实时运算代码时，必须使用定步长求解器。而变步长指的是在仿真过程中需要计算步长 h，并通过增加或减小步长 h 来满足所设定的误差容限，这样可以减少计算时间。在没有界定常微分方程解的误差精度时，可以通过定步长方法进行仿真求解，再通过不断改变步长，以此来获得想要的精度；在已确定常微分方程解的误差精度时，可以通过变步长方法进行仿真求解，它可以自动调节步长，以达到需要的误差精度。对于同一个常微分方程，两种方法可以达到同样的精度，前提是定步长方法所采用的步长是变步长方法中最小的步长。该分类只是求解方法的分类，在一定条件下不影响求解结果，且与常微分方程的形式无关。

6.2　数值求解微分方程的方法

本节简单介绍当下主要使用的几种数值求解方法，不涉及过多的证明。

6.2.1　改进的欧拉法

从数值积分角度来看，相比较于欧拉法用前一个离散点的导函数值为高建立矩形来近似曲边梯形 Q_n，梯形公式同时利用前后两个离散点的导函数值，并以此来建立梯形，以近似曲边梯形 Q_n，显然，其计算数值解的精度要比欧拉公式好。

梯形公式中，

$$\begin{cases} y_{n+1} = y_n + \dfrac{h}{2}[f(t_n, y(t_n)) + f(t_{n+1}, y(t_{n+1}))] \\ y(t_0) = y_0 \end{cases}$$

已知 y_n，利用梯形公式（式 6.5）计算 y_{n+1} 时，需要解差分方程（一般是非线性），通常采用迭代法求解。迭代求解时，可将欧拉公式与梯形公式结合使用，计算公式为

$$\begin{cases} y_{n+1}^{[0]} = y_n + hf(x_n, y_n) \\ y_{n+1}^{[k+1]} = y_n + \dfrac{h}{2}[f(x_n, y_n) + f(x_{n+1}, y_{n+1}^{[k]})] \\ y_0 = \alpha, \ k = 0, 1, 2, \cdots \end{cases} \tag{6.13}$$

由此可知，由 y_n 计算 y_{n+1} 时，先用欧拉公式提供 y_{n+1} 的一个初始近似值 $y_{n+1}^{[0]}$，再利用梯形公式进行迭代计算，直至 $|y_{n+1}^{[k+1]} - y_{n+1}^{[k]}| \leq \varepsilon$（$\varepsilon$ 为允许误差）。然后再把 $y_{n+1}^{[k+1]}$ 取为 y_{n+1}，可以证明，如果 $\left|\dfrac{\partial f}{\partial y}\right| \leq L$ 且 $\dfrac{h}{2}L < 1$，就可以保证迭代公式（式 6.7）收敛。实际计算时，只要 h 适当小，收敛是很快的。为简化计算，通常采用迭代一次的算法

$$\begin{cases} \bar{y}_{n+1} = y_n + hf(y_n, t_n) \\ y_{n+1} = y_n + \dfrac{h}{2}[f(y_n, t_n) + f(\bar{y}_{n+1}, t_{n+1})] \\ y_0 = \alpha, \ n = 0, 1, 2, \cdots \end{cases} \tag{6.14}$$

或写为

$$\begin{cases} y_{n+1} = y_n + \dfrac{h}{2}(K_1 + K_2) \\ K_1 = f(t_n, y_n) \\ K_2 = f(t_n + h, y_n + hK_1) \\ y_0 = \alpha, \ n = 0, 1, 2, \cdots \end{cases} \tag{6.15}$$

称式(6.14)或式(6.15)为改进欧拉法。

与欧拉法不同,梯形公式是关于 y_{n+1} 的一个非线性方程,属于单步隐式方法。而实际应用中,我们采用的改进欧拉法(预估-矫正法)属于单步显式方法,并且它的截断误差比欧拉法高一阶,是二阶方法。其中,迭代次数根据精度上限选择,通常只需要一两次迭代即可,如果需要多次迭代,则应该缩小步长 h 后再计算。

6.2.2　龙格-库塔法

首先通过分析欧拉法和改进欧拉法来说明构造龙格-库塔方法的基本思想。

设 $y(t)$ 为常微分方程的精确解,$y'(t) = f(t, y)$。对式(6.2)使用积分中值定理,整理可得

$$y(t_{n+1}) = y(t_n) + hy'(\xi) = y(t_n) + hf(\xi, y(\xi)),\ t_n \leqslant \xi \leqslant t_{n+1}$$

构造差分方法就是研究如何利用适当的函数值来近似计算 $f(\xi, y(\xi))$,欧拉法可以写成

$$\begin{cases} y_{n+1} = y_n + hK_1 \\ K_1 = f(t_n, y_n) \end{cases}$$

这相当于用一个函数值 $K_1 = f(t_n, y_n)$ 来近似 $f(\xi, y(\xi))$。当 $y_n = y(t_n)$ 时,欧拉法对于在节点 $n+1$ 处的表达式 y_{n+1},与该节点处精确解 $y(t_{n+1})$ 的泰勒展开式前两项完全一致,因此欧拉法的局部截断误差 $y(t_{n+1}) - y_{n+1} = O(h^2)$,是一阶的。

同理,改进欧拉法可以写成

$$\begin{cases} y_{n+1} = y_n + \dfrac{h}{2}(K_1 + K_2) \\ K_1 = f(t_n, y_n) \\ K_2 = f(t_n + h, y_n + hK_1) \end{cases}$$

这相当于在离散区间内,用了两个函数值 K_1 和 K_2 的线性组合来作为 $f(\xi, y(\xi))$ 的近似(注意这里是离散区间内,使用跨离散区间的多个函数值求解的是多步法)。当 $y_n = y(t_n)$ 时,改进欧拉法在节点 $n+1$ 处的表达式 y_{n+1},与该节点处精确解 $y(t_{n+1})$ 的泰勒展开式前三项完全一致,因此改进欧拉法的局部截断误差 $y(t_{n+1}) - y_{n+1} = O(h^3)$,是二阶的。

上述表明,欧拉法计算了一次 $f(t, y)$,它的局部截断误是 $y(t_{n+1}) - y_{n+1} = O(h^2)$;而改进欧拉法为了提高精度,计算了离散区间内的两次 $f(t, y)$ 值,它的局部截断误差是 $y(t_{n+1}) - y_{n+1} = O(h^3)$。这表明,增加计算 $f(t, y)$ 函数值的次数,就有可能构造出高阶差分公式。这启示我们考虑如下形式的差分公式:

$$
\begin{cases}
K_1 = f(t_n, y_n) \\
K_2 = f(t_n + \alpha_2 h, y_n + h\beta_{21}K_1) \\
\quad\vdots \\
K_p = f\left(t_n + \alpha_p h, y_n + h\sum_{s=1}^{p-1}\beta_{ps}K_1\right)
\end{cases}
\tag{6.16}
$$

其中，$\{\lambda_i, \alpha_i, \beta_{is}\}$ 为待定参数，确定各参数 λ_i，α_i，β_{is} 的原则是：将式(6.16)中的 $K_j(j = 1, \cdots, p)$ 在点 (t_n, y_n) 处泰勒展开，然后与精确解中 $y(t_{n+1})$ 的泰勒展开式相比较，在 $y_n = y(t_n)$ 的前提下，使两式直到 h^p 项完全一致，据此确定各参数 λ_i，α_i，β_{is} 的值，从而导出局部截断误差 $O(h^{p+1})$ 阶的 p 阶龙格-库塔公式。

由此得知，龙格-库塔法的理论基础源于泰勒公式，并使用斜率近似代替微分，它在离散区间多预计出几个点的斜率，然后进行加权平均，用作下一点的依据，从而构造出精度更高的数值积分计算方法。我们把取的预计算点数记为 p，以此称需要预计算 s 次 $f(t, y)$ 函数值的龙格-库塔法为 s 级龙格-库塔法。那么是否在离散区间内级数越高，龙格-库塔法所能达到的精度就越高呢？有研究结果表明，当龙格-库塔法在离散区间内取的预计算点多于五个的时候，它的精度就不再与计算 $f(t, y)$ 函数值的次数成正比关系了。所以一般使用的是四阶标准龙格-库塔法。其公式如下：

$$
\begin{cases}
y_{n+1} = y_n + \dfrac{h}{6}(K_1 + 2K_2 + 2K_3 + K_4) \\
K_1 = f(t_n, y_n) \\
K_2 = f\left(t_n + \dfrac{h}{2}, y_n + \dfrac{h}{2}K_1\right) \\
K_3 = f\left(t_n + \dfrac{h}{2}, y_n + \dfrac{h}{2}K_2\right) \\
K_4 = f(t_n + h, y_n + hK_3)
\end{cases}
\tag{6.17}
$$

局部截断误差为 $y(t_{n+1}) - y_{n+1} = O(h^5)$，绝对稳定区间 $-2.78 < Re(\lambda)h < 0$。

四阶标准龙格-库塔方法是精度为四阶的单步显式方法，可自启动，计算简便且能满足精度要求，它的不足是每一步需计算四次 $f(t, y)$ 的值，计算量较大。为了避免龙格-库塔方法计算量过大的弊端，可适应扩大步长，这样在计算量相等的情况下，可得到精确度较高的数值解。例如，为达到相同的精度，四阶方法的步长可以比二阶方法的步长大十倍，而四阶方法的每步计算量仅比二阶方法大一倍，所以总的计算量仍比二阶方法小。

以上讨论的是显式龙格-库塔法，当然也可以构造隐式龙格-库塔法，其一般形式为

$$\begin{cases} y_{n+1} = y_n + h \sum_{r=1}^{p} \lambda_r K_r \\ K_r = f\left(x_n + \alpha_r h, \ y_n + h \sum_{s=1}^{p} \beta_{rs} K_S\right), \ r = 1, \ 2, \ \cdots, \ p \end{cases}$$

称为 p 级隐式龙格-库塔法,确定待定参数 $\{\lambda_r, \ \alpha_r, \ \beta_{rs}\}$ 的原则同显式龙格-库塔法,其优点是 p 级的隐式龙格-库塔法的阶可以大于 p。例如一级隐式中点公式为

$$\begin{cases} y_{n+1} = y_n + h K_1 \\ K_1 = f\left(t_n + \frac{1}{2}h, \ y_n + \frac{1}{2}h K_1\right) \end{cases}$$

它其实是二阶的方法。隐式龙格-库塔法每步需要求解方程组,一般是非线性方程组,计算量较大,但具有隐式公式的普遍性优点,即数值稳定性好。

当龙格-库塔法的阶数增大时,绝对稳定域也随之增大。考虑计算量和精度的问题,实际计算中一般采用四阶龙格-库塔法。如果仍需要进步扩大稳定域,就可以采用隐式龙格-库塔法。同时,龙格-库塔方法的推导基于泰勒展开方法,因而它要求所求的解具有较好的光滑性。如果解的光滑性差,那么,使用四阶龙格-库塔方法求得的数值解,其精度可能反而不如改进的欧拉方法。在实际计算时,应针对问题的具体特点选择适合的算法。对于光滑性不太好的解,最好采用低阶算法而将步长 h 取小。

6.2.3 ADAMS 显式多步法

以上所述的欧拉法和龙格-库塔法均为单步法,在计算中只要知道 y_n 和 $f(t_n, y_n)$ 的值即可递推算出 y_{n+1}。也就是说,根据初始条件可以递推计算出相继各时刻的 y 值,所以这种方法可以自启动。与单步法相对应,就是本节介绍的线性多步法。

多步法与单步法的构造思想相同,在区间 $[t_n, t_{n+1}]$ 上对式(6.1)积分,得到

$$y(t_{n+1}) = y(t_n) + \int_{t_n}^{t_{n+1}} f(t, y(t)) \, \mathrm{d}t \tag{6.18}$$

设 $P_r(t)$ 是函数 $f(t, y(t))$ 的某个 r 次插值多项式,则式(6.18)可写为

$$y(t_{n+1}) = y(t_n) + \int_{t_n}^{t_{n+1}} P_r(t) \, \mathrm{d}t + R_n$$

其中

$$R_n = \int_{t_n}^{t_{n+1}} (f(t, y(t)) - P_r(t)) \, \mathrm{d}t$$

为求积余项。误差 R_n 在要求的精度范围内时,可以建立近似值 $y_n \approx y(t_n)$ 所满足的多步差分公式

$$y_{n+1} = y_n + \int_{t_n}^{t_{n+1}} P_r(t) \, \mathrm{d}t \tag{6.19}$$

选取不同的插值多项式 $P_r(t)$,就可导出不同的多步差分公式。

（1）ADAMS 显式多步法

对于常微分方程（式 6.1），假设以步长为 h 的各离散点 t_{n-r}，$\cdots$，t_n 上的精确解是 $y(t)$，并且已求得近似解 y_{n-r}，$\cdots$，y_n。记 $f_k = f(t_k, y_k)$，利用 $r+1$ 个已经计算出的数据 (x_{n-r}, f_{n-r})，$\cdots$，(x_n, f_n) 构造 $f(t, y(t))$ 的 r 次拉格朗日插值多项式 $P_r(t)$，以近似 $f(t, y(t))$ 可得

$$P_r(x) = \sum_{j=0}^{r} l_{n-j}(x) f_{n-j}$$

其中

$$l_{n-j}(x) = \prod_{\substack{k=0 \\ k \neq j}}^{r} \frac{(x - x_{n-k})}{(x_{n-j} - x_{n-k})}$$

带入式（6.19）中，得到

$$y_{n+1} = y_n + \int_{t_n}^{t_{n+1}} P_r(t) \, \mathrm{d}t$$

$$= y_n + \int_{t_n}^{t_{n+1}} \sum_{j=0}^{r} l_{n-j}(x) f_{n-j} \mathrm{d}t$$

$$= y_n + \sum_{j=0}^{r} \int_{t_n}^{t_{n+1}} l_{n-j}(x) f_{n-j} \mathrm{d}t$$

做变量代换 $t = t_n + ih$，经整理可得

$$y_{n+1} = y_n + h \sum_{j=0}^{r} \beta_{rj} f_{n-j} \tag{6.20}$$

其中系数为

$$\beta_{rj} = \frac{(-1)^j}{(r-j)! \, j!} \int_0^1 \frac{\prod_{k=0}^{r}(t+k)}{(t+j)} \mathrm{d}t, \, j = 0, 1, \cdots, r$$

取定 r，并计算出系数 β_{rj}，就可由式（6.20）得 $r+1$ 阶 ADAMS 显式多步法公式。下面给出几个带有局部截断误差项的 ADAMS 显式公式。

$r = 0$ 时，相当于欧拉公式

$$y_{n+1} = y_n + h f_n + O(h^2) \tag{6.21}$$

$r = 1$ 时，二阶 ADAMS 显式公式

$$y_{n+1} = y_n + \frac{1}{2} h (3f_n - f_{n-1}) + O(h^3) \tag{6.22}$$

$r = 2$ 时，三阶 ADAMS 显式公式

$$y_{n+1} = y_n + \frac{1}{12} h (23f_n - 16f_{n-1} + 5f_{n-2}) + O(h^4) \tag{6.23}$$

$r = 3$ 时，四阶 ADAMS 显式公式

$$y_{n+1} = y_n + \frac{h}{12} (55f_n - 59f_{n-1} + 37f_{n-2} - 9f_{n-3}) + O(h^5) \tag{6.24}$$

ADAMS 显式多步法是为了求离散区间 $[t_n, t_{n+1}]$ 上离散节点 t_{n+1} 处的数值解 y_{n+1}，为近似 $f(t, y)$ 而建立的插值多项式 $P_r(t)$，利用区间 $[x_{n-r}, x_{n-r+1}]$，$[x_{n-r+1}, x_{n-r+2}]$，$\cdots$，$[x_{n-1}, x_n]$ 内的数据，是待求离散区间 $[t_n, t_{n+1}]$ 外的数据。所以 ADAMS 显式多步法又称 ADAMS 外插值法。

（2）ADAMS 隐式多步法

根据插值理论可知，插值节点的选择对插值多项式的精度有直接的影响。同样阶数的内插值公式比外插值公式更为精确。所以相较于 ADAMS 显式多步法，ADAMS 隐式多步法是将待求离散区间 $[t_n, t_{n+1}]$ 的数据也纳入计算。即选择插值节点为 t_{n-r+1}，$\cdots$，t_n，t_{n+1}，使用数据包括 (x_{n-r+1}, f_{n-r+1})，$\cdots$，(x_n, f_n)，(x_{n+1}, f_{n+1})，以建立更加精确的插值多项式，所以 ADAMS 隐式多步法又称为 ADAMS 内插值法。其一般形式为

$$y_{n+1} = y_n + h \sum_{j=0}^{r} \beta_{rj}^* f_{n-j+1} \tag{6.25}$$

其中系数

$$\beta_{rj}^* = \frac{(-1)^j}{(r-j)! \, j!} \int_{-1}^{0} \frac{\prod\limits_{k=0}^{r}(t+k)}{(t+j)} \mathrm{d}t \,, j = 0, 1, \cdots, r$$

下面给出几个带有局部误差项的 ADAMS 隐式公式

$r = 0$ 时，相当于向后欧拉公式

$$y_{n+1} = y_n + h f_{n+1} + O(h^2) \tag{6.26}$$

$r = 1$ 时，二阶 ADAMS 隐式公式

$$y_{n+1} = y_n + \frac{1}{2} h (f_n + f_{n+1}) + O(h^3) \tag{6.27}$$

$r = 2$ 时，三阶 ADAMS 隐式公式

$$y_{n+1} = y_n + \frac{1}{12} h (5 f_{n+1} + 8 f_n - f_{n-1}) + O(h^4) \tag{6.28}$$

$r = 3$ 时，四阶 ADAMS 隐式公式

$$y_{n+1} = y_n + \frac{h}{24} (9 f_{n+1} + 19 f_n - 5 f_{n-1} + f_{n-2}) + O(h^5) \tag{6.29}$$

显然，作为隐式公式，ADAMS 隐式多步法要比 ADAMS 显式多步法更加稳定。

（3）ADAMS 预估-校正法

通常把 ADAMS 显式和隐式公式结合起来使用，由显式公式提供一个预估值，再用隐式公式进行校正，求得数值解，这种方法称为 ADAMS 预估-校正方法。

一般预估公式和校正公式都取同阶的公式，例如，四阶 ADAMS 预估-校正公式就是由四阶 ADAMS 显式公式做预估，再用四阶 ADAMS 隐式公式做校正，由式（6.23）和式（6.27）可得

预估
$$\bar{y}_{n+1} = y_n + \frac{h}{12}(55f_n - 59f_{n-1} + 37f_{n-2} - 9f_{n-3})$$

校正
$$y_{n+1} = y_n + \frac{h}{24}(9\bar{f}_{n+1} + 19f_n - 5f_{n-1} + f_{n-2})$$

$$\bar{f}_{n+1} = f(t_{n+1}, \bar{y}_{n+1}), \ n = 3, 4, \cdots$$

这是四阶的显示公式。实际计算时,可以用同阶的单步公式,例如使用四阶龙格-库塔公式来提供初始值 y_1, y_2, y_3。所以 ADAMS 预估-校正法的计算步骤如下:

①利用单步法计算预测公式中的初始值 $f_{n-3}, f_{n-2}, f_{n-1}, f_n$;

②计算预估值 $\bar{y}_{n+1}$;

③计算 $\bar{f}_{n+1} = f(t_{n+1}, \bar{y}_{n+1})$;

④计算校正值 y_{n+1}。

ADAMS 预估-校正法的每一步只需要重新计算 $f(t, y)$ 的函数值两次,因此比四阶标准龙格-库塔公式的计算量小,其缺点是要用其他方法计算初始值,计算过程中难以改变步长。

6.2.4 向后差分法

本节只是简单介绍向后差分法的原理,由于向后差分法主要应用于求解常微分方程组中的刚性方程问题,所以具体分析参见 6.3.2 节刚性方程介绍。

对于常微分方程组

$$\mathbf{y}' = \mathbf{F}(t, \mathbf{y}), \ \mathbf{y}(t_0) = \mathbf{y}_0$$

由之前的分析可得,为了使稳定区间充分大,构建一个基础的隐式差分方法

$$\mathbf{y}_{n+1} = \mathbf{y}_n + h \cdot \mathbf{F}(t_{n+1}, \mathbf{y}(t_{n+1}))$$

假设其离散节点 $t_{n-r+1}, \cdots, t_n$ 处的数值解 $\mathbf{y}_{n-r+1}, \cdots, \mathbf{y}_n$ 已经求出。为了计算 $\mathbf{y}_{n+1}$,类似 ADAMS 隐式多步法,利用数据 $(x_{n-r+1}, \mathbf{y}_{n-r+1}), \cdots, (x_n, \mathbf{y}_n), (x_{n+1}, \bar{\mathbf{y}}_{n+1})$ 构建插值多项式 $\mathbf{q}(t)$ 来近似替代 $\mathbf{y}(t)$,然后再对构建出的 $\mathbf{q}(t)$ 进行求导,得到 $\mathbf{q}'(t)$ 来近似初值问题的差分项 $\mathbf{F}(t, \mathbf{y}(t))$。注意,向后差分法有两点不同于 ADAMS 隐式方法,一是 ADAMS 法是利用 $(x_{n-r+1}, f_{n-r+1}), \cdots, (x_n, f_n), (x_{n+1}, f_{n+1})$ 来构建近似 $f(t, y)$ 的插值多项式,而向后差分法构建的是近似 $\mathbf{y}(t)$ 的插值多项式;二是 ADAMS 法以及之前介绍的几种方法,差分项 $f(t, y)$ 中 y 使用的都是之前计算出的数值解,即 $f(t_n, y_n)$,而向后差分法是利用近似 $\mathbf{y}(t)$ 的插值多项式构建差分项,即 $f(t_n, \mathbf{y}(t_n))$,其一般形式为

$$\frac{1}{m}\nabla^m y_{n+r} = hf_{n+r} \tag{6.30}$$

其中,$\nabla^m y_{n+r}$ 代表函数 y 在节点 $n+r$ 处的 m 次梯度。由此可以得到(6.30)式的局部截断误差为

$$\frac{1}{r+1}h^{(r+1)}y^{(r+1)}(\xi), \ t_n \leqslant \xi \leqslant t_{n+r}$$

显然，对于以 r 个点建立插值项的向后差分法，它的阶数是 $r+1$ 阶。将式(6.30)写成一般的线性多步公式的形式，为

$$y_{n+r} = \sum_{j=1}^{r-1} \alpha_j y_{n+j} + h\beta_r f_{n+r} \tag{6.31}$$

取定 r 值后，就可以得到具体的向后差分公式，例如：

$$r = 1 \text{ 时，} y_{n+1} = y_n + hf_{n+1}$$

$$r = 2 \text{ 时，} y_{n+1} = -\frac{1}{3}y_{n-1} + \frac{4}{3}y_n + \frac{2}{3}hf_{n+1}$$

$$r = 3 \text{ 时，} y_{n+1} = \frac{2}{11}y_{n-2} - \frac{9}{11}y_{n-1} + \frac{18}{11}y_n + \frac{6}{11}hf_{n+1}$$

由此，$r = 1, 2, \cdots, 6$ 时，式(6.31)的系数 α_j，β 由下表给出。

表 6.2　向后差分方法的系数

r	1	2	3	4	5	6
β_0	1	$\frac{2}{3}$	$\frac{6}{11}$	$\frac{12}{25}$	$\frac{60}{137}$	$\frac{60}{147}$
α_0	1	$-\frac{1}{3}$	$\frac{2}{11}$	$-\frac{3}{25}$	$\frac{12}{137}$	$-\frac{10}{147}$
α_1	—	$\frac{4}{3}$	$-\frac{9}{11}$	$\frac{16}{25}$	$-\frac{75}{137}$	$\frac{72}{147}$
α_2	—	—	$\frac{18}{11}$	$-\frac{36}{25}$	$\frac{200}{137}$	$-\frac{225}{147}$
α_3	—	—	—	$\frac{48}{25}$	$-\frac{300}{137}$	$\frac{400}{147}$
α_4	—	—	—	—	$\frac{300}{137}$	$-\frac{450}{147}$
α_5	—	—	—	—	—	$\frac{160}{147}$

当 $r = 1, 2$ 时，它是 A 稳定的，当 $r = 3, 4, 5, 6$ 时，它是 $A(\alpha)$ 稳定和刚性稳定的。当 $r > 6$ 时，向后差分公式是不稳定的。式(6.31)是一个隐式方程，需要一个显式方程来预估 y_{n+r}。

预估方程可以取为

$$y_{n+r} = \sum_{i=1}^{r-1} \alpha_i^* y_{n+i} + h\beta_{r-1}^* f_{n+r-1} \tag{6.32}$$

其中，系数 α_i^* 和 β_{r-1}^* 的选取应使式(6.30)的精度阶也是 r。根据预估式(6.32)和校正

式(6.31)，可以求出满足方程

$$y_{n+r} = \sum_{j=1}^{r-1} \alpha_j y_{n+j} + h\beta_r f(t_{n+r}, y_{n+r})$$（6.33）

的解 y_{n+r}。

6.3　特殊的常微分方程初值问题

6.3.1　常微分方程组与高阶方程

6.2 节中所介绍的关于一阶常微分方程初值问题的差分方法，原则上都可以推广到一阶常微分方程组和高阶方程的情形。

（1）一阶常微分方程组

考虑一阶常微分方程组初值问题

$$y' = F(t, y), \quad y(t_0) = y_0$$（6.34）

其中

$$y(t) = \begin{bmatrix} y_1(t) \\ y_2(t) \\ \vdots \\ y_m(t) \end{bmatrix}, \quad F(t, y) = \begin{bmatrix} f_1(t, y) \\ f_2(t, y) \\ \vdots \\ f_m(t, y) \end{bmatrix}, \quad y_0 = \begin{bmatrix} y_{10} \\ y_{20} \\ \vdots \\ y_{m0} \end{bmatrix}$$

现在仿照一阶常微分初值问题的差分方法，可完全类似地建立一阶常微分方程组初值问题(6.34)的差分方法。例如，对于一阶常微分方程组初值问题

$$\begin{cases} y' = f(t, y, z), \quad y(t_0) = y_0 \\ z' = g(t, y, z), \quad z(t_0) = z_0 \end{cases}$$

标准四阶龙格-库塔方法为

$$\begin{cases} y_{n+1} = y_n + \dfrac{h}{6}(K_1 + 2K_2 + 2K_3 + K_4) \\ K_1 = F(t_n, y_n) \\ K_2 = F\left(t_n + \dfrac{h}{2}, y_n + \dfrac{h}{2}K_1\right) \\ K_3 = F\left(t_n + \dfrac{h}{2}, y_n + \dfrac{h}{2}K_2\right) \\ K_4 = F(t_n + h, y_n + hK_3) \end{cases}$$（6.35）

其中

$$y_n = \begin{bmatrix} y_n \\ z_n \end{bmatrix}, \quad K_1 = \begin{bmatrix} k_1 \\ l_1 \end{bmatrix} = \begin{bmatrix} f(t_n, y_n, z_n) \\ g(t_n, y_n, z_n) \end{bmatrix}$$

$$\boldsymbol{K}_2 = \begin{bmatrix} k_2 \\ l_2 \end{bmatrix} = \begin{bmatrix} f\left(t_n + \dfrac{h}{2},\ y_n + \dfrac{h}{2}k_1,\ z_n + \dfrac{h}{2}l_1\right) \\ g\left(t_n + \dfrac{h}{2},\ y_n + \dfrac{h}{2}k_1,\ z_n + \dfrac{h}{2}l_1\right) \end{bmatrix}$$

$$\boldsymbol{K}_3 = \begin{bmatrix} k_3 \\ l_3 \end{bmatrix} = \begin{bmatrix} f\left(t_n + \dfrac{h}{2},\ y_n + \dfrac{h}{2}k_2,\ z_n + \dfrac{h}{2}l_2\right) \\ g\left(t_n + \dfrac{h}{2},\ y_n + \dfrac{h}{2}k_2,\ z_n + \dfrac{h}{2}l_2\right) \end{bmatrix}$$

$$\boldsymbol{K}_4 = \begin{bmatrix} k_4 \\ l_4 \end{bmatrix} = \begin{bmatrix} f(t_n + h,\ y_n + hk_3,\ z_n + hl_3) \\ g(t_n + h,\ y_n + hk_3,\ z_n + hl_3) \end{bmatrix}$$

这是单步显式方法。利用离散节点 t_n 上的已知值 y_n，z_n，可依次计算出 k_i，l_i，$i = 1, 2,$ 3，4，然后带入式(6.35)求出节点 t_{n+1} 上的近似值 y_{n+1}，z_{n+1}。求解一阶常微分方程组式 (6.34)的其他差分方法，如线性多步方法等，也可类似推导。

（2）高阶方程

考虑高阶（m 阶）常微分方程初值问题：

$$\begin{cases} y^{(m)} = f(t, y, y', \cdots, y^{(m-1)}),\ t_0 \leqslant t \leqslant T \\ y(t_0) = y_0,\ y'(t_0) = y_0',\ \cdots,\ y^{(m-1)}(t_0) = y_0^{(m-1)} \end{cases} \tag{6.36}$$

引入变换

$$y_j(t) = y^{(j-1)}(t)\ \text{或}\ y_j'(t) = y^{(j)}(t) = y_{j+1}(t),\ j = 1, 2, \cdots, m$$

在此变换下，高阶方程初值问题式(6.36)化为如下一阶方程组的初值问题：

$$\begin{array}{ll} y_1' = y_2, & y_2(t_0) = y_0 \\ y_2' = y_3, & y_2(t_0) = y_0' \\ \quad \vdots & \quad \vdots \\ y_{m-1}' = y_m, & y_{m-1}(t_0) = y_0^{(m-2)} \\ y_m' = f(t, y_1, y_2, \cdots, y_m), & y_m(t_0) = y_0^{(m-1)} \end{array}$$

因此，可以利用求解一阶方程组的差分方法，求出高阶方程初值问题(6.36)的数值解。

6.3.2　刚性微分方程

在可以用常微分方程来描述的诸多实际的物理或者化学过程中，往往包含许多复杂的子过程以及它们之间的相互作用，其中有的子过程表现为快变化，而另一些相对来说是慢变化，并且变化速度可以相差非常大的量级。例如，在液压系统中，控制阀一般反应灵敏，是快变的，具有小的时间常数；而受控执行机构一般惯性大，是慢变的，具有相对较大的时间常数。因此在描述这些过程的常微分方程组的解中也包含快变分量和慢变分量。如果在一个过程中，快变子过程与慢变子过程的变化速度相差非常大，甚至是好几个量级，我们就称这种过程具有刚性（Stiff），而描述这种过程的常微分方程组成为刚性方程。刚性方程在文献中也称为病态方程，具有差别大的时间常数或者具有大的李普希兹常数。这种类型问题在控制系统工程、电子网络、生物学、物理学及化学动力学过程中经常遇到。这导致我们在液压系统建模之后经常会得到刚性方程，刚性方程的求解有利于系统建模后的时域分析和控制校正等工作的开展。

考虑一个线性系统

$$\begin{cases} \dfrac{\mathrm{d}\boldsymbol{y}}{\mathrm{d}t} = \boldsymbol{A}\boldsymbol{y}(t) + \boldsymbol{\Phi}(t) \\ \boldsymbol{y}(t_0) = \boldsymbol{y}_0 \end{cases} \tag{6.37}$$

其中 $\boldsymbol{y}$，$\boldsymbol{A}$ 和 $\boldsymbol{\Phi}$ 都是 n 维向量，且 $\boldsymbol{\Phi}(t)$ 有界。不失一般性地，假定矩阵 $\boldsymbol{A}$ 的 Jordan 标准型是对角矩阵，其特征值为

$$\lambda_k = \alpha_k + \mathrm{i}\beta_k, \; k = 1, 2, \cdots, n$$

相应的特征向量记成 ξ_k，则式（6.37）解的形式为

$$y(t) = \sum_{k=1}^{m} C_k \mathrm{e}^{\lambda_k t} \xi_k + \boldsymbol{\Phi}(t)$$

系统可以使用的前提是稳定，即当 $t \to \infty$ 时，$y(t)$ 有界。为保证系统稳定，指数函数 $\mathrm{e}^{\lambda_k t}$ 需保证在时间域内收敛，即 $Re(\lambda_k) < 0$，此时称式（6.37）是渐近稳定的。

对在渐近稳定的系统进一步分析可得，当 $t \to \infty$ 时，$\sum_{k=1}^{m} C_k \mathrm{e}^{\lambda_k t} \xi_k \to 0$，则称 $\sum_{k=1}^{m} C_k \mathrm{e}^{\lambda_k t} \xi_k$ 是式（6.37）的暂态解，称 $\boldsymbol{\Phi}(t)$ 是稳态解。各个 $\mathrm{e}^{\lambda_k t}$ 则称作式（6.37）的齐次方程组的解分量。

对暂态解 $\sum_{k=1}^{m} C_k \mathrm{e}^{\lambda_k t} \xi_k$ 进一步分解，可得

$$u_k(t) = \mathrm{e}^{\lambda_k t} = \mathrm{e}^{\alpha_k t} \cdot \alpha^{\mathrm{i}\beta_k t}$$

由特征值实部 α_k 决定的实部解分量 $\mathrm{e}^{\alpha_k t}$ 确定 $u_k(t)$ 的衰减特性，对于一个稳定系统，α_k 一定是非正的，且 α_k 越小衰减越快。由特征值虚部 $\mathrm{i}\beta_k$ 决定的虚部解分量 $\alpha^{\mathrm{i}\beta_k t}$ 确定 $u_k(t)$ 的震荡特性，它不影响系统的稳态特征，β_k 越大，系统震荡越快。

一般 $u_k(t)$ 是衰减的或者是震荡衰减的，此前对于刚性过程的描述，在此可以表述为：各个解分量 $u_k(t)$ 的衰减特性是不同的，有的 $u_k(t)$ 衰减速度很快，有的 $u_k(t)$ 衰减速度很慢，各解分量 $u_k(t)$ 的衰减速度之间差异可能是非常大的。由此给出刚性方程的定义。

定义 6.2　若线性方程

$$\frac{\mathrm{d}\boldsymbol{y}}{\mathrm{d}t} = \boldsymbol{A}\boldsymbol{y}(t) + \boldsymbol{\Phi}(t)$$

中矩阵 $\boldsymbol{A}$ 的特征值 λ_k 满足

① $Re(\lambda_k) < 0, \; k = 1, 2, \cdots, n$

② $r = \dfrac{\max\limits_{k=1,2,\cdots,n} | Re(\lambda_k) |}{\min\limits_{k=1,2,\cdots,n} | Re(\lambda_k) |} \gg 1$

则称其为刚性方程（组）或病态方程（组），比值 r 称为刚性比。

通常当刚性比 $r = O(10^p)$，$p \geqslant 3$ 时，就可以认为方程组是刚性的，且 r 越大刚性（病态）越严重。例如，设式(6.37)中的系数矩阵 A 为

$$A = \begin{pmatrix} -0.1 & -49.9 & 0 \\ 0 & -50 & 0 \\ 0 & 70 & -30000 \end{pmatrix}$$

可以求出 A 的特征值为 $\lambda_1 = -30000$，$\lambda_2 = -50$，$\lambda_3 = -0.1$，由此可以计算出刚性比 $r = \dfrac{30000}{0.1} = 3 \times 10^5$，$p = 5$，属于严重病态。同时也可以得到其解的形式：

$$y(t) = C_1 e^{-30000t} \xi_1 + C_2 e^{-50t} \xi_2 + C_3 e^{-0.1t} \xi_3$$

所以各个解分量 $u(t)$ 为

$$u_1(t) = e^{-30000t}, \ u_2(t) = e^{-50t}, \ u_3(t) = e^{-0.1t}$$

其解的曲线如图 6.3 所示。

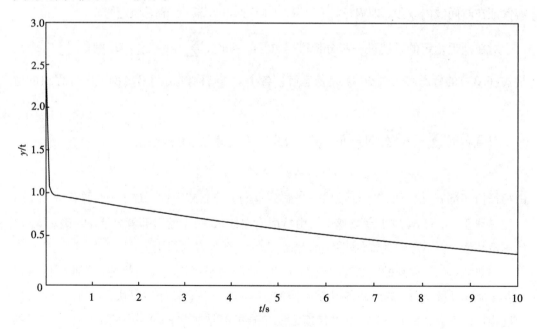

图 6.3　刚性方程解的曲线

由图 6.3 可以看出，刚性方程解的曲线可以分为两段，开始一段是快变段，此时解的曲线由解中衰减快的分量 $u_1(t)$，$u_2(t)$ 主导，称为快变分量，$u_1(t)$，$u_2(t)$ 在极短的时间内迅速地衰减到可忽略的程度；后面的一段则是慢变段，或称为边界层外的阶段，由解中衰减较慢的分量 $u_3(t)$ 主导，称作慢变分量。

由 6.1.4 节中对于稳定性的分析，以及 6.3.1 节中一阶差分方法在高阶与一阶方程

组的推广可以看出，大多数常用的数值积分方法的稳定性与所用的步长和矩阵 A 的特征值 λ 有着密切的关系，例如欧拉法，它的绝对稳定域是

$$| 1 + h\lambda | < 1$$

类似地，四阶显式龙格-库塔法

$$\left| 1 + h\lambda + \frac{1}{2}(h\lambda)^2 + \frac{1}{6}(h\lambda)^3 + \frac{1}{24}(h\lambda)^4 \right| < 1$$

由此可以看出，为满足数值积分方法的稳定性要求，步长 h 的选取应由矩阵 A 的特征值决定。而对于刚性方程，由于各特征值 λ_k 数量级差距极大，显然，步长 h 将由 $\max\limits_{k=1,2,\cdots,n} | Re(\lambda_k) |$ 来决定。所以步长 h 的量级应是 $\dfrac{1}{\max\limits_{k=1,2,\cdots,n} | Re(\lambda_k) |}$，而刚性方程动辄几个数量级的差异，就使得对步长 h 选取的要求非常高。正是由于这种现象，使得用传统的差分方法来求解刚性方程的计算量过大，甚至无法实现。

事实上，上述步长的选取是由对解不起作用的成分确定的，因而是不合理的。为了克服这一不合理性，应使用刚性方程数值求解方法。到目前为止，刚性方程的数值求解方法可以分为显式公式、隐式公式和预测-校正型。

① 显式公式常用雷纳尔法，其在保证稳定的前提下，尽可能地扩大稳定区域。这一方法是显式的，便于程序设计。对于一般条件的方程，它就还原为四阶龙格-库塔方法，而对刚性方程它又有增加稳定性的优势。

② 隐式一阶、二阶公式是恒稳的，因而适合于描述刚性系统的方程组求解，但这种方法每计算一步都需要进行迭代，计算工作量大，在工程上使用有一定的困难。因而，在应用中常使用半隐式的龙格-库塔法。

③ 预测-校正型中常用的刚性方程求解方法为吉尔（Gear）法。吉尔法首先引进了刚性系统稳定性的概念，它可以满足稳定性，并降低对步长的限制；又是一种通用的方法，不仅适用于刚性方程组求解，也适用于非刚性方程组的求解。

6.4 数值求解软件在常微分方程计算中的应用

线性常微分系统和低阶特殊非线性常微分系统可以求得解析解，而一般的非线性常微分系统难以得到解析解，故需要用数值方法求解。在 MATLAB 软件中，既有求常微分方程组初值问题解析解的函数，也有求其数值解的函数。本节主要介绍 MATLAB 中常见的数值解法语句及其应用。

要对动态系统进行仿真，需要利用系统模型提供的信息计算其在指定时间跨度内的状态，以这种方式计算模型状态的过程称为模型求解。事实上，没有任何一种模型求解方法能适用于所有系统。因而，Simulink 提供了一组求解器，每个求解器采用一种数值

方法来求解代表模型的一组常微分方程。

时间步是进行计算的时间间隔，此间隔的大小称为步长。Simulink 提供的数值求解器按照计算步长大小类型可分为固定步长求解器和可变步长求解器。对于固定步长求解器，从仿真开始到结束，其都使用相同的步长来解算模型。步长大小可以指定，也可由求解器选择。一般情况下，减小步长将提高结果的准确性，并增加系统仿真所需的时间。而可变步长求解器可在仿真过程中改变步长大小。求解器减小步长大小，以提高模型仿真过程中某些事件(如快速状态变化、过零事件等)的精度。另外，当模型状态变化缓慢时，求解器将增加步长大小以避免执行不必要的步长。增大步长将增加每个步长的计算消耗，但是它可以减少步长总数。因此，对于具有过零事件、快速变化的状态以及其他需要额外计算的事件的模型，可减少保证指定精度所需的仿真时间。

6.4.1　MATLAB 提供的定步长求解器

定步长连续求解器，在当前时间点的基础上加上仿真步长来计算下一时间点，并通过数值积分计算连续状态，利用上一时间点的值和当前步积分计算当前时间点的值。定步长连续求解器也可以用于没有连续状态的模型计算，但增加计算负担。通常，模型中没有连续状态的模块宜采用离散求解器仿真。

Simulink 提供了两种定步长连续求解器：隐式求解和显式求解。隐式求解器主要用于解决模型中的刚性问题，显式求解器用于解决非刚性问题。主要区别在于计算速度和稳定性方面，隐式求解器比显式的每步计算量大，但稳定性好。例如，在控制系统中，控制元件反应灵敏，是快变的，时间常数小，而受控对象一般属于慢变的，时间常数大。通常将时间尺度差别很大的系统称为刚性系统，通俗地，就是系统中含有时间快变和慢变的解分量(同时含有小时间常数和大时间常数的系统)。刚性系统可使快变分量的扰动快速衰减，当对这样一个系统数值积分时，一旦快变分量消失，则需要选取合适的时间步长用于计算慢变分量。对于刚性系统，要计算的解是慢变的，但存在迅速衰减的扰动，这样的扰动使得慢变解的数值计算复杂化。因而，对系统中的震荡现象，隐式求解远比显式求解稳定，但计算的消耗比显式求解大，它需要在仿真的每个时间步利用类牛顿方法计算雅克比矩阵和代数方程组。

Simulink 提供的显式定步长求解器具体如表 6.3 所列。

表 6.3　Simulink 中的显式定步长求解器

求解器	积分方法	精度等级
ode1	Euler's Method	1
ode2	Heun's Method	2
ode3	Bogacki-Shampine Formula	3
ode4	Fourth-Order Runge-Kutta（RK4）Formula	4

表6.3(续)

求解器	积分方法	精度等级
ode5	Dormand-Prince(RK5)Formula	5
ode8	Dormand-Prince RK8(7)Formula	8

这些求解器都没有误差控制机制,仿真精度和持续时间直接由仿真步长控制。表中的求解器根据数值积分方法的复杂度(精度等级)将求解器由简单到复杂排序。在相同的仿真步长设置下,求解器计算越复杂,计算结果精度越高。

在设置求解器时,若选择定步长求解,Simulink 默认为 ode3,其支持离散和连续状态求解,且仿真性能适中(计算精度和计算消耗)。其仿真步长的设置和离散求解器一样,在缺省步长设置时,若模型中有离散状态模块,则将模型中最小采样时间作为求解器的基步长;若没有,则默认整个仿真只有 50 步,仿真步长为仿真时间历程的 1/50。

Simulink 也提供了一种隐式定步长求解器 ode14x。此求解器综合利用牛顿迭代法和外推法,根据当前状态值计算下一时间点的状态。用户可以设置牛顿法迭代次数和外推阶次。迭代次数越大、外推阶次越高,仿真精度越高,同时每一仿真步长的计算负担也越大。

6.4.2　MATLAB 提供的变步长求解器

对应常微分方程中的非刚性方程和刚性方程,MATLAB 一共提供了 7 种求解器:用于非刚性方程的 ode45、ode23 和 ode113;用于刚性方程的 ode15s、ode23s、ode23t、ode23tb。

(1)对于非刚性方程

① ode45

ode45 为显式单步变步长求解器,理论依据是龙格-库塔法的四阶-五阶算法,用于求解中阶的非刚性微分方程。

求解器 ode45 基于显式龙格-库塔算法。它是一个单步求解器,也就是说它在计算 y_{n+1} 时,仅利用前一步的计算结果 y_n。对于精度,ode45 求解器采用的是四阶-五阶龙格-库塔算法。其中,四阶方法提供候选解,五阶方法控制误差,是一种自适应步长(变步长)的常微分方程数值解法,其整体截断误差为 $O(h^5)$,用于解决非刚性常微分方程。

ode45 是解决数值求解问题的首选方法,对于大多数问题,在第一次仿真时,都可用 ode45 试一下。若长时间没结果,该问题应该就是刚性的,可换用 ode23s 继续尝试。

② ode23

ode23 为显式单步变步长求解器,理论依据是龙格-库塔法的二阶-三阶算法,用于求解低阶的非刚性微分方程。

基本性质等同于 ode45 求解器。但对于宽误差容限和存在轻微刚性的系统,它比 ode45 更有效一些。

③ ode113

ode113 为显式多步变步长求解器，理论依据是变精度变阶次的 Adams–Bashforth–Moulton PECE 预估–校正算法，用于求解变阶的非刚性微分方程。

ode113 是变阶 Adams-Bashforth—Moulton PECE 求解器。在误差容限比较严时，它比 ode45 更有效。ode113 是一个多步求解器，即为了计算当前的结果 y_{n+1}，不仅要知道前一步结果 y_n，还要知道前几步的结果 y_{n-1}，y_{n-2}，…。

（2）对于刚性方程

① ode15s

ode15s 为隐式多步变步长连续求解器，理论依据是可变阶次的数值微分公式（NDFs），用于求解低阶的刚性微分方程。

ode15s 是基于一阶到五阶的数值微分公式（NDFs）的变阶求解器，它与向后微分公式（BDFs，也叫 Gear 方法）有联系，但比它更有效。尽管理论上公式的阶数越高，结果越精确，但稳定性会差一些。所以如果模型是刚性的，并且要求有比较好的稳定性，应将最大的阶数减小到 2，选择 ode15s 求解器时，对话框中会显示这一参数。

如果认为一个问题是刚性的，或者是在 ode45 求解器仿真失败或不够有效时，可以试试 ode15s。

② ode23s

ode23s 为隐式单步变步长连续求解器，理论依据是二阶修正的 Rosenbrock 公式，用于求解低阶的刚性微分方程。

因为它是一个单步求解器，所以对于宽误差容限的问题，它比 ode15s 更有效。对于一些用 ode15s 不是很有效的刚性问题，可以尝试用它解决。

③ ode23t

ode23t 为隐式变步长连续求解器，理论依据是"自由"内插式梯形规则，用于求解中等刚性的微分方程。

如果问题是适度刚性，而且需要没有数字阻尼的结果，可采用该求解器。

④ ode23tb

ode23tb 为隐式变步长连续求解器，理论依据 TR–BDF2 方法，即隐式龙格–库塔公式，且其第一级采用梯形法则，第二级采用 Gear 法。用于求解刚性的微分方程。其与 ode23s 相似，对于宽误差容限的问题，比 ode15s 更有效。

各变步长求解器的使用范围及计算精度如表 6.4 所列。

表 6.4　Simulink 中变步长求解器的使用范围及计算精度

求解器	求解问题的类型	计算精度	使用条件
ode45	非刚性	中	大多数情况下均使用该求解器。
ode23		低	适用于比较宽松的误差限，或者求解适度刚性问题。
ode113		低-高	适用于对误差要求比较严格的情况，或求解一个计算量比较大的 ODE 文件
ode15s	刚性	低-中	当采用 ode45 计算速度太慢，或包含质量矩阵。
ode23s		低	如果采用比较宽松的误差限来求解刚性系统，或包含一个常质量矩阵。
ode23t		低	如果所需求解的是一个适度刚性问题，而且得到一个不含数值阻尼的解。
ode23tb		低	如果采用比较宽松的误差限来求解刚性系统，或包含一个质量矩阵

6.4.3　求解器的选择

求解器的选择，需要满足系统动态特性、解的稳定性、计算速度、求解器的稳健性等。可根据以下要点为模型选择求解器：

① 使用 auto 求解器。新模型默认情况下将其求解器选择设置为 auto 求解器。auto 求解器会为模型推荐固定步长或可变步长求解器以及最大步长。

② 如果对使用 auto 求解器的仿真结果不满意，可在模型配置参数的 Solver 窗格中选择求解器。

③ 在编译和仿真模型时，可以基于模型的动态特性选择求解器。可变步长求解器更适合纯连续模型，如质量弹性阻尼系统的动态特性。对于包含多个开关的模型（如逆变电力系统），建议使用固定步长求解器，因为求解器重置次数增多会导致变步长求解器失效。

第7章 系统动态特性和静态特性分析

在本书中，计算机仿真的主要目的是辅助液压控制系统的设计，对系统特性进行分析，建立校正，以获得期望的输出性能，相应地也可以缩短设计周期，降低系统设计难度及成本。所以仿真计算的结果不是本书的最终目的，它对分析仿真结果。掌握该液压系统的特性从而更好地设计并优化系统更加重要。本章主要针对液压控制系统/元件的典型特性，介绍其分析机理，以使得读者能够更好地掌握这些分析手段，更加深入地应用液压系统仿真软件进行系统特性分析。

7.1 动态过程和稳态过程

动态过程又称过渡过程或瞬态过程，指系统在典型输入信号作用下，系统输出量从初始状态到最终状态的响应过程。在受到外部干扰或参考输入发生变化时，系统被控参量就会发生变化，经过一段时间后，被控量再次达到平衡状态。由于实际控制系统受惯性、摩擦以及其他因素影响，系统输出量不可能完全复现输入量的变化。根据系统结构和参数选择情况，动态过程可表现为衰减、发散、等幅振荡等形式。但对于一个可以实际运行的控制系统，其动态过程必须是衰减的，换言之，系统必须是稳定的。动态过程除提供系统稳定性的信息外，还可以提供响应速度及阻尼情况等信息，这些信息用动态性能描述。

对于液压系统，通常研究的问题有执行器或控制机构（控制阀或变量泵的变量机构）的压力或位置响应情况，以及高压管道与高压腔的压力瞬时峰值与波动情况。实际上，人们关注的动态特性主要包括两个方面：一方面是稳定性问题，即系统在受到外部干扰或指令参考输入后，经过动态过程，能否达到新的平衡状态，抑或形成持续的振荡或发散；另一方面则是动态过程的品质问题，即执行器或控制机构的响应品质和响应速度，包括达到新的稳定状态所经历的过渡时间、峰值时间、超调量等。

静态过程指系统在典型输入信号作用下，当时间 t 趋于无穷时，系统输出量的表现情况。静态过程又称静态响应，表征系统输出量最终复现输入量的程度，提供系统有关静态误差的信息，用静态性能描述。

对于液压系统，给定不同的系统输入量，测量得到稳态情况下系统的实际输出量与输入量之间的关系，即为其静态特性，例如泵或阀的流量特性、执行机构的速度、元件的效率和系统的稳定性，主要形式为静态误差、流量特性曲线、压力特性曲线、流量-压力曲线等。求解时需建立静态模型，通常是一组代数方程（微分方程中静态分量衰减为零），然后用数字计算机求出精确结果。静态计算除用于系统静态特性设计外，所求得的静态值通常又可作为系统动态特性分析的初值。

液压控制系统，需要兼顾动态特性和静态特性，既要获得绝对的系统稳定性，又要保证较快的响应速度、相对平滑的动态响应过程以及较高的静态跟踪精度。传统的液压系统设计方法通常以完成设备工作循环和满足静态特性为目的，如今已不能满足现代产品的设计和性能要求，而需要充分保证系统的动态性能，即较高的静态跟踪精度、较快的响应速度、相对平滑的动态响应过程以及相对的系统稳定性。

7.2　时域响应分析

在确定系统的数学模型后，便可采用相应的方法去分析控制系统的动态性能和稳态性能。在经典控制理论中，常用时域分析法、根轨迹法或频域分析法来分析线性控制系统的性能。不同的方法有不同的特点和适用范围，但是比较而言，时域分析法是一种直接在时间域中对系统进行分析的方法，具有直观、准确的优点，并且可以提供系统时间响应的全部信息。本节主要研究线性控制系统性能分析的时域法。

7.2.1　系统时域响应的性能指标

为了求解系统的时域响应，首先必须了解输入信号（即外作用）的解析表达式。一般情况下，控制系统的外部输入信号具有随机性而无法预先确定，因此需要选择典型输入信号。通过自动控制原理或机械工程控制课程的学习，我们了解到若干典型输入信号，对于液压控制系统，其外加输入信号通常为单位阶跃信号、单位斜坡信号、方波信号和正弦信号等。同一系统中，不同形式的输入信号所对应的输出响应是不同的，但对于线性控制系统来说，它们所表征的系统特性是一致的。

实际应用时，究竟采用哪一种典型输入信号，取决于液压系统常见的工作状态以及应用场合。典型输入信号应能满足以下条件：① 反映实际输入；② 在形式上尽可能简单，便于分析；③ 使系统运行在最不利的工作状态。一般认为，阶跃输入对系统来说是最严峻的工作状态。如果系统在阶跃函数作用下的动态性能满足要求，那么系统在其他形式的函数作用下，其动态性能也是令人满意的。因此，常以单位阶跃函数作为典型输入作用，对各种控制系统的特性进行评价和研究。

对应于动态过程和稳态过程，控制系统性能的评价指标也分为动态性能指标和稳态性能指标两类。

（1）动态性能指标

描述稳定系统在单位阶跃函数作用下，动态过程随时间 t 的变化状况的指标，称为动态性能指标。为了便于分析和比较，假定系统在单位阶跃输入信号作用前处于静止状态，而且输出量及其各阶导数均等于零。对于大多数控制系统来说，该假设是符合实际情况的。对于图 7.1 所示的单位阶跃响应，其动态性能指标通常如下：

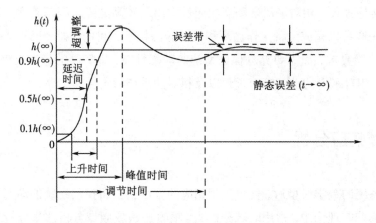

图 7.1 单位阶跃响应

延迟时间 t_d，指响应曲线第一次达到其终值的一半所需的时间。

上升时间 t_r，指响应从终值 10% 上升到终值 90% 所需的时间（对于有振荡的系统，也可定义为响应从 0 上升到终值所需的时间）。

峰值时间 t_p，指响应超过其终值到达第一个峰值所需的时间。

调节时间 t_s，指响应到达并保持在终值 ±5%（或 ±2%）内所需的最短时间。

超调量 $\sigma\%$，指响应的最大偏离量 $h(t_p)$ 与终值 $h(\infty)$ 的差与终值 $h(\infty)$ 比值的百分数，即

$$\sigma\% = \frac{h(t_p) - h(\infty)}{h(\infty)} \times 100\% \qquad (7.1)$$

若 $h(t_p) < h(\infty)$，则响应无超调。超调量也称最大超调量，或百分比超调量。

上述 5 个动态性能指标，基本上可以体现系统动态过程的特征。在实际应用中，常用的动态性能指标多为上升时间 t_r、调节时间 t_s 和超调量 $\sigma\%$。通常，用 t_r 或 t_p 评价系统的响应速度；用 $\sigma\%$ 评价系统的阻尼程度；而 t_s 是同时反映响应速度和阻尼程度的综合性指标。应当指出，除简单的一阶、二阶系统外，要精确确定这些动态性能指标的解析表达式是很困难的。

（2）静态性能指标

静态误差是描述系统静态性能的一种性能指标，通常在阶跃函数、斜坡函数或加速度函数作用下进行测定或计算。若时间趋于无穷时，系统的输出量不等于输入量或输入量的确定函数，则系统存在静态误差。静态误差是系统控制精度或抗扰能力的一种度

量，可表示为

$$e_{ss} = \lim_{t \to \infty} [h(t) - r(t)] \tag{7.2}$$

对于时变信号，由于无法获得完全意义上的系统静态，通常需要根据运动平稳阶段的信号特征来描述静态性能。常用指标有均值 $\mu_h(t)$ 、方差 $\sigma_h^2(t)$ 和标准差 $\sigma_h(t)$ 来衡量，其中

$$\mu_h(t) = \frac{1}{t_2 - t_1} \int_{t_1}^{t_2} h(t) \, dt \tag{7.3}$$

$$\sigma_h^2(t) = \frac{1}{t_2 - t_1} \int_{t_1}^{t_2} [h(t) - \mu_h(t)]^2 dt \tag{7.4}$$

$$\sigma_h(t) = \sqrt{\frac{1}{t_2 - t_1} \int_{t_1}^{t_2} [h(t) - \mu_h(t)]^2 dt} \tag{7.5}$$

7.2.2　一阶系统的时域分析

凡以一阶微分方程进行运动描述的控制系统，称为一阶系统。在液压控制系统中，伺服电机、比例阀、变量泵的控制机构等具有较典型的惯性特征的元件，常用一阶系统来近似表征。

（1）一阶系统的数学模型

为使分析结果具有普遍意义，一阶系统写成如下标准形式：

$$\Phi(s) = \frac{H(s)}{R(s)} = \frac{1}{Ts + 1} \tag{7.6}$$

其中，$R(s)$ 和 $H(s)$ 分别为输入和输出信号的拉普拉斯变换，T 为时间常数，表征惯性系统响应的快慢程度。在以下的分析和计算中，均假定系统初始条件为零。

（2）一阶系统的单位阶跃响应

设一阶系统的输入信号为单位阶跃函数 $r(t) = 1(t)$，则由式（7.6）可得一阶系统的单位阶跃响应为

$$h(t) = 1 - e^{-t/T}, \ t \geqslant 0 \tag{7.7}$$

由式（7.7）可见，一阶系统的单位阶跃响应是一条初始值为零，以指数规律上升到终值 $h_{ss} = 1$ 的曲线，如图 7.2 所示。

由图 7.2 可知，一阶系统的单位阶跃响应为非周期响应，具备如下两个重要特点：

① 可用时间常数 T 度量系统输出量的数值。例如，当 $t = T$ 时，$h(T) = 0.632$；而当 t 分别等于 $2T$，$3T$ 和 $4T$ 时，$h(t)$ 的数值将分别等于终值的 86.5%，95% 和 98.2%。根据这一特点，可用实验方法测定一阶系统的时间常数，或判定所测系统是否属于一阶系统。

② 响应曲线的斜率初始值为 $1/T$，并随时间的推移而下降。例如

$$\left. \frac{dh(t)}{dt} \right|_{t=0} = \frac{1}{T} , \ \left. \frac{dh(t)}{dt} \right|_{t=T} = 0.368 \frac{1}{T} , \ \left. \frac{dh(t)}{dt} \right|_{t=\infty} = 0$$

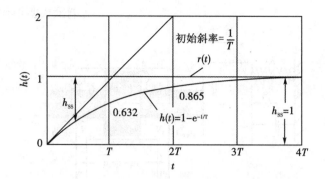

图 7.2　一阶系统的单位阶跃响应曲线

从而使单位阶跃响应完成全部变化量所需的时间为无限长，即有 $h(\infty)=1$。初始斜率特性，也可用于确定一阶系统时间常数，但由于响应曲线的斜率较难精确测量，故而不如①方法实用。

根据动态性能指标的定义，一阶系统的动态性能指标为

$$t_d = 0.69T,\ t_r = 2.20T,\ t_s = 3T$$

显然，其峰值时间 t_p 和超调量 $\sigma\%$ 都不存在。一阶系统的时间常数反映系统的惯性，系统的惯性越小，其响应过程越快；惯性越大，响应过程越慢。

通过自动控制原理或机械工程控制课程的学习可以知道，系统对输入信号导数的响应，就等于系统对该输入信号响应的导数；或者，系统对输入信号积分的响应，就等于系统对该输入信号响应的积分，而积分常数由零输出初始条件确定。这是线性定常系统的一个重要特性。因此，研究线性定常系统的时域响应，不必对每一种形式的输入信号都进行测定和计算，往往只取其中一种典型形式进行研究。

7.2.3　二阶系统的时域分析

凡以二阶微分方程作为运动方程的控制系统，称为二阶系统。在液压系统中，二阶系统的典型应用极为普遍，包括伺服阀、液压缸、液压泵、马达等多数液压元件均可视作二阶系统，此外，不少高阶系统的特性在一定条件下也可用二阶系统来表征。因此，研究二阶系统的分析和计算方法，具有重要的实际意义。

（1）二阶系统的数学模型

为了使分析结果具有普遍意义，可将二阶系统写成如下标准形式：

$$\Phi(s) = \frac{\omega_n^2}{s^2 + 2\zeta\omega_n s + \omega_n^2} \tag{7.8}$$

式中，ω_n——自然频率或无阻尼振荡频率；

ζ——阻尼比。

应当指出，对于不同液压元件的二阶系统，其结构和功用不同，其中 ω_n 和 ζ 的物理含意是不同的。

令式(7.8)的分母多项式为零,得二阶系统的特征方程

$$s^2 + 2\zeta\omega_n s + \omega_n^2 = 0 \tag{7.9}$$

其两个根(闭环极点)为

$$s_{1,2} = -\zeta\omega_n \pm \omega_n\sqrt{\zeta^2 - 1} \tag{7.10}$$

显然,二阶系统的时间响应取决于 ζ 和 ω_n 这两个参数。下面将根据式(7.8)这一数学模型,研究二阶系统时间响应及动态性能指标的求法。

(2)二阶系统的单位阶跃响应

由式(7.10)可知,二阶系统特征根的性质取决于 ζ 值的大小。若 $\zeta < 0$,则二阶系统具有两个正实部的特征根,其单位阶跃响应为

$$h(t) = \begin{cases} 1 - \dfrac{e^{-\zeta\omega_n t}}{\sqrt{1-\zeta^2}}\sin(\omega_n\sqrt{1-\zeta^2}\,t + \beta), & -1 < \zeta < 0,\ t \geqslant 0 \\[3mm] 1 + \dfrac{e^{-(\zeta+\sqrt{\zeta^2-1})\omega_n t}}{2\sqrt{\zeta^2-1}(\zeta+\sqrt{\zeta^2-1})} - \dfrac{e^{-(\zeta-\sqrt{\zeta^2-1})\omega_n t}}{2\sqrt{\zeta^2-1}(\zeta-\sqrt{\zeta^2-1})}, & \zeta < -1,\ t \geqslant 0 \end{cases}$$

$$\tag{7.11}$$

式中, $\beta = \arctan(\sqrt{1-\zeta^2}/\zeta)$。由于阻尼比 ζ 为负,指数因子具有正幂指数,因此系统的动态过程为发散正弦振荡或单调发散,从而表明 $\zeta < 0$ 时二阶系统是不稳定的;如果 $\zeta = 0$,则特征方程有一对纯虚根 $s_{1,2} = \pm j\omega_n$,对应于 s 平面虚轴上一对共轭极点,可以算出系统的阶跃响应为等幅振荡,此时系统相当于无阻尼情况;如果 $0 < \zeta < 1$,则特征方程有一对具有负实部的共轭复根, $s_{1,2} = -\zeta\omega_n \pm j\omega_n\sqrt{1-\zeta^2}$,对应于 s 平面左半部的共轭复数极点,相应的阶跃响应为衰减振荡过程,此时系统处于欠阻尼情况;如果 $\zeta = 1$,则特征方程具有两个相等的负实根, $s_{1,2} = -\omega_n$,对应于 s 平面负实轴上的两个相等实极点,相应的阶跃响应非周期地趋于稳态输出,此时系统处于临界阻尼情况;如果 $\zeta > 1$,则特征方程有两个不相等的负实根, $s_{1,2} = -\zeta\omega_n \pm \omega_n\sqrt{\zeta^2-1}$,对应于 s 平面负实轴上的两个不等实极点,相应的单位阶跃响应也是非周期地趋于稳态输出,但响应速度比临界阻尼情况缓慢,因此称为过阻尼情况。

上述各种情况的闭环极点分布如图7.3所示。

由此可见,阻尼比 ζ 值的大小决定了系统的阻尼程度。

下面分别研究欠阻尼、临界阻尼、过阻尼二阶系统的单位阶跃响应:

① 欠阻尼($0 < \zeta < 1$)二阶系统的单位阶跃响应。

若令 $\sigma = \zeta\omega_n$, $\omega_d = \omega_n\sqrt{1-\zeta^2}$,则有

$$s_{1,2} = -\sigma \pm j\omega_d$$

式中, σ ——衰减系数;

ω_d ——阻尼振荡频率。

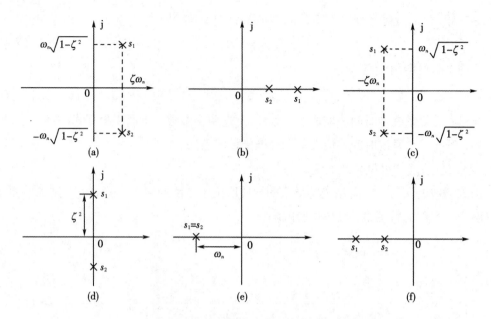

图 7.3　二阶系统的闭环极点分布

输入信号为 $R(s) = 1/s$，由式(7.8)得

$$C(s) = \frac{\omega_n^2}{s^2 + 2\zeta\omega_n s + \omega_n^2} \cdot \frac{1}{s} = \frac{1}{s} - \frac{s + \zeta\omega_n}{(s + \zeta\omega_n)^2 + \omega_d^2} - \frac{\zeta\omega_n}{(s + \zeta\omega_n)^2 + \omega_d^2}$$

对其取拉普拉斯反变换，求得单位阶跃响应为

$$h(t) = 1 - e^{-\zeta\omega_n t}\left[\cos\omega_d t + \frac{\zeta}{\sqrt{1 - \zeta^2}}\sin\omega_d t\right]$$

$$= 1 - \frac{1}{\sqrt{1 - \zeta^2}}e^{-\zeta\omega_n t}\left[\sqrt{1 - \zeta^2}\cos\omega_d t + \zeta\sin\omega_d t\right] \qquad (7.12)$$

$$= 1 - \frac{1}{\sqrt{1 - \zeta^2}}e^{-\zeta\omega_n t}\sin(\omega_d t + \beta),\ t \geqslant 0$$

式中，$\beta = \arctan(\sqrt{1 - \zeta^2}/\zeta)$，或者 $\beta = \arccos\zeta$。

式(7.12)表明，欠阻尼二阶系统的单位阶跃响应由两部分组成：稳态分量为 1，表明系统在单位阶跃函数作用下不存在稳态位置误差，瞬态分量为阻尼正弦振荡项，其振荡频率为 ω_d，故称为阻尼振荡频率。由于瞬态分量衰减的快慢程度取决于包络线 $1 \pm e^{-\zeta\omega_n t}/\sqrt{1 - \zeta^2}$ 收敛的速度，当 ζ 一定时，包络线的收敛速度又取决于指数函数 $e^{-\zeta\omega_n t}$ 的幂，所以 $\sigma = \zeta\omega_n$ 称为衰减系数。

若 $\zeta = 0$，则二阶系统无阻尼时的单位阶跃响应为

$$h(t) = 1 - \cos\omega_n t,\ t \geqslant 0 \qquad (7.13)$$

这是一条平均值为 1 的余弦形式的等幅振荡，其振荡频率为 ω_n，故可称为无阻尼振荡频率。ω_n 由系统本身的结构参数确定，故常称为自然频率。

应当指出,实际的控制系统通常都有一定的阻尼比,因此不可能通过实验方法测得 ω_n,而只能测得 ω_d,其值总小于自然频率 ω_n。只有在 $\zeta=0$ 时,才有 $\omega_d=\omega_n$。当阻尼比增大时,阻尼振荡频率 ω_d 将减小。如果 $\zeta \geqslant 1$,ω_d 将不复存在,系统的响应不再出现振荡。但是,为了便于分析和叙述,在 $\zeta \geqslant 1$ 时仍将沿用 ω_n 和 ω_d 的符号和名称。

② 临界阻尼($\zeta=1$)二阶系统的单位阶跃响应。

设输入信号为单位阶跃函数,则系统输出量的拉普拉斯变换可写为

$$C(s)=\frac{\omega_n^2}{(s+\omega_n)^2} \cdot \frac{1}{s}=\frac{1}{s}-\frac{\omega_n}{(s+\omega_n)^2}-\frac{1}{s+\omega_n}$$

对其取拉普拉斯反变换,得临界阻尼二阶系统的单位阶跃响应为

$$h(t)=1-e^{-\omega_n t}(1+\omega_n t), \quad t \geqslant 0 \tag{7.14}$$

式(7.14)表明,当 $\zeta=1$ 时,二阶系统的单位阶跃响应是稳态值为1的无超调单调上升过程,其变化率

$$\frac{\mathrm{d}h(t)}{\mathrm{d}t}=\omega_n^2 t e^{-\omega_n t}$$

当 $t=0$ 时,响应过程的变化率为零;当 $t>0$ 时,响应过程的变化率为正,响应过程单调上升;当 $t \rightarrow \infty$ 时,响应过程的变化率趋于零,响应过程趋于常值1。通常,临界阻尼情况下的二阶系统的单位阶跃响应称为临界阻尼响应。

③ 过阻尼($\zeta>1$)二阶系统的单位阶跃响应。

设输入信号为单位阶跃函数,且令

$$T_1=\frac{1}{\omega_n(\zeta-\sqrt{\zeta^2-1})}, \quad T_2=\frac{1}{\omega_n(\zeta+\sqrt{\zeta^2-1})}$$

则过阻尼二阶系统的输出量拉普拉斯变换为

$$C(s)=\frac{\omega_n^2}{s(s+1/T_1)(s+1/T_2)}$$

式中,T_1 和 T_2 为过阻尼二阶系统的时间常数,且有 $T_1>T_2$。对上式取拉普拉斯反变换,得

$$h(t)=1+\frac{e^{-t/T_1}}{T_2/T_1-1}+\frac{e^{-t/T_2}}{T_1/T_2-1}, \quad t \geqslant 0 \tag{7.15}$$

式(7.15)表明,响应特性包含着两个单调衰减的指数项,其代数和决不会超过稳态值1,因而过阻尼二阶系统的单位阶跃响应是非振荡的,通常称为过阻尼响应。

在过阻尼和临界阻尼响应曲线中,临界阻尼响应具有最短的上升时间,响应速度最快;在欠阻尼($0<\zeta<1$)响应曲线中,阻尼比越小,超调量越大,上升时间越短,通常取 $\zeta=0.4 \sim 0.8$ 为宜,此时超调量适度,调节时间较短;若二阶系统具有相同的 ζ 和不同的 ω_n,则其振荡特性相同但响应速度不同,ω_n 越大,响应速度越快。

由于欠阻尼二阶系统与过阻尼(含临界阻尼)二阶系统具有不同形式的响应曲线,因此它们的动态性能指标的估算方法也不尽相同。

（3）欠阻尼二阶系统的动态过程分析

在控制工程中，除了那些不容许产生振荡响应的系统外，通常都希望控制系统具有适度的阻尼、较快的响应速度和较短的调节时间。因此，对于二阶控制系统，其各项动态性能指标，除峰值时间、超调量和上升时间可用 ζ 与 ω_n 准确表示外，延迟时间和调节时间均很难用 ζ 与 ω_n 准确描述，不得不采用工程上的近似计算方法。

为了便于说明改善系统动态性能的方法，图 7.4 表示了欠阻尼二阶系统各特征参量之间的关系。由图可见，衰减系数 σ 是闭环极点到虚轴之间的距离；阻尼振荡频率 ω_d 是闭环极点到实轴之间的距离；自然频率 ω_n 是闭环极点到坐标原点之间的距离；ω_n 与负实轴夹角的余弦正好是阻尼比，即 $\zeta = \cos\beta$，故称 β 为阻尼角。

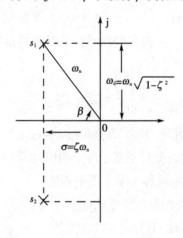

图 7.4   欠阻尼二阶系统的特征参量

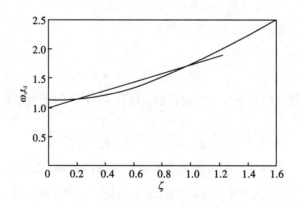

图 7.5   二阶系统 $\omega_n t_d$ 与 ζ 的关系曲线

针对式（7.8）描述的无零点欠阻尼二阶系统，其动态性能指标可计算如下：

① 延迟时间 t_d

在式（7.12）中，令 $h(t_d) = 0.5$，可得 t_d 的隐函数表达式

$$\omega_n t_d = \frac{1}{\zeta} \ln \frac{2\sin(\sqrt{1-\zeta^2}\,\omega_n t_d + \arccos\zeta)}{\sqrt{1-\zeta^2}} \qquad (7.16)$$

则 $\omega_n t_d$ 与 ζ 的关系曲线如图 7.5 所示。利用曲线拟合法，在较大的 ζ 值范围内，近似有

$$t_d = \frac{1 + 0.6\zeta + 0.2\zeta^2}{\omega_n} \qquad (7.17)$$

当 $0 < \zeta < 1$ 时，也可用下式近似描述：

$$t_d = \frac{1 + 0.7\zeta}{\omega_n} \qquad (7.18)$$

式(7.17)与式(7.18)表明，增大自然频率或减小阻尼比，都可以减小延迟时间。或者说，当 ζ 不变时，闭环极点距 s 平面的坐标原点越远，系统的延迟时间越短；而当 ω_n 不变时，闭环极点距 s 平面上的虚轴越近，系统的延迟时间越短。

② 上升时间 t_r

在式(7.12)中，令 $h(t_r) = 1$，求得

$$\frac{1}{\sqrt{1-\zeta^2}} e^{-\zeta\omega_n t_r} \sin(\omega_d t_r + \beta) = 0$$

由于 $e^{-\zeta\omega_n t_r} \neq 0$，所以有

$$t_r = \frac{\pi - \beta}{\omega_d} \qquad (7.19)$$

由式(7.19)可见，当阻尼比 ζ 一定时，阻尼角 β 不变，系统的响应速度与 ω_n 成正比；而当阻尼振荡频率 ω_d 一定时，阻尼比越小，上升时间越短。

③ 峰值时间 t_p

将式(7.12)对 t 求导，并令其为零，求得

$$\zeta\omega_n e^{-\zeta\omega_n t_p}\sin(\omega_d t_p + \beta) - \omega_d e^{-\zeta\omega_n t_p}\cos(\omega_d t_p + \beta) = 0$$

整理得

$$\tan(\omega_d t_p + \beta) = \frac{\sqrt{1-\zeta^2}}{\zeta}$$

由于 $\tan\beta = \sqrt{1-\zeta^2}/\zeta$，于是上列三角方程的解为 $\omega_d t_p = 0, \pi, 2\pi, 3\pi, \cdots$。根据峰值时间定义，应取 $\omega_d t_p = \pi$，于是峰值时间

$$t_p = \frac{\pi}{\omega_d} \qquad (7.20)$$

式(7.20)表明，峰值时间等于阻尼振荡周期的一半。或者说，峰值时间与闭环极点的虚部数值成反比。当阻尼比一定时，闭环极点离负实轴的距离越远，系统的峰值时间越短。

④ 超调量 $\sigma\%$

因为超调量发生在峰值时间上，所以将式(7.20)代入式(7.12)，得输出量的最大值

$$h(t_p) = 1 - \frac{1}{\sqrt{1-\zeta^2}}e^{-\pi\zeta/\sqrt{1-\zeta^2}}\sin(\pi + \beta) \qquad (7.21)$$

由于 $\sin(\pi + \beta) = -\sqrt{1-\zeta^2}$，故式 (7.21) 可写为 $h(t_p) = 1 + e^{-\pi\zeta/\sqrt{1-\zeta^2}}$。按超调量定义式 (7.1)，并考虑到 $h(\infty) = 1$，求得

$$\sigma\% = e^{-\pi\zeta/\sqrt{1-\zeta^2}} \times 100\% \qquad (7.22)$$

式 (7.22) 表明，超调量仅是阻尼比 ζ 的函数，而与自然频率 ω_n 无关。超调量与阻尼比的关系曲线，如图 7.6 所示。由图可见，阻尼比越大，超调量越小，反之亦然。一般，当选取 $\zeta = 0.4 \sim 0.8$ 时，$\sigma\% = 1.5\% \sim 25.4\%$。

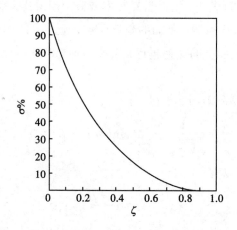

图 7.6　欠阻尼二阶系统 ζ 与 $\sigma\%$ 关系曲线

⑤ 调节时间 t_s

对于欠阻尼二阶系统单位阶跃响应式 (7.12)，指数曲线 $1 \pm e^{-\zeta\omega_n t/\sqrt{1-\zeta^2}}$ 对称于 $h(\infty) = 1$ 的一对包络线，整个响应曲线总是包含在这一对包络线之内，如图 7.7 所示。图中采用无因次时间 $\omega_n t$（弧度）作为横坐标，因此时间响应特性仅是阻尼比 ζ 的函数。由图可见，实际输出响应的收敛程度小于包络线的收敛程度。图中选用的 $\zeta = 0.707$，但对于其他 ζ 值下的阶跃响应特性，也存在类似情况。为方便起见，往往采用包络线代替实际响应来估算调节时间，所得结果略保守。此外，图中还表明了阻尼正弦函数的滞后角 $-\beta/\sqrt{1-\zeta^2}$，因为当 $\sin[\sqrt{1-\zeta^2}(\omega_n t) + \beta] = 0$ 时，必有 $(\omega_n t) = -\beta/\sqrt{1-\zeta^2}$。整个响应在 $\omega_n t < 0$ 时的延续部分，如图 7.7 中虚线所示。

根据上述分析，如果令 Δ 代表实际响应与稳态输出之间的误差，则有

$$\Delta = \left| \frac{e^{-\zeta\omega_n t}}{\sqrt{1-\zeta^2}}\sin(\omega_d t + \beta) \right| \leqslant \frac{e^{-\zeta\omega_n t}}{\sqrt{1-\zeta^2}}$$

假定 $\zeta \leqslant 0.8$，并在上述不等式右端分母中代入 $\zeta = 0.8$，选取误差带 $\Delta = 0.05$，可以解得 $t_s < 3.5/\zeta\omega_n$。在分析问题时，常取

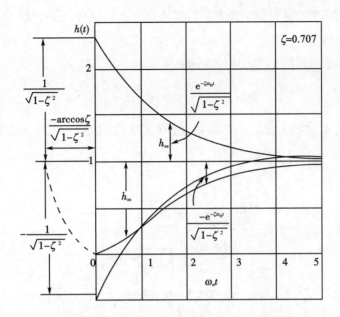

图 7.7　欠阻尼二阶系统 $h(t)$ 的一对包络线

$$t_s = \frac{3.5}{\zeta \omega_n} = \frac{3.5}{\sigma}$$

若选取误差带 $\Delta = 0.02$，则有

$$t_s = \frac{4.4}{\zeta \omega_n} = \frac{4.4}{\sigma}$$

由此表明，调节时间与闭环极点的实部数值成反比。闭环极点距虚轴的距离越远，系统的调节时间越短。由于阻尼比值主要根据对系统超调量的要求来确定，所以调节时间主要由自然频率决定。若能保持阻尼比值不变而加大自然频率值，则可以在不改变超调量的情况下缩短调节时间。

从上述各项动态性能指标的计算式可以看出，各指标之间是有矛盾的。例如，上升时间和超调量，即响应速度和阻尼程度，不能同时达到满意的结果。对于二阶系统 $\Phi(s) = K/(T_m s^2 + s + K)$，有 $\omega_n = \sqrt{K/T_m}$ 及 $\zeta = 1/2\sqrt{T_m K}$，其中 T_m 是一个不可调的确定参数。当增大开环增益 K 时，可以加大自然频率 ω_n，提高了系统的响应速度，但同时减小了阻尼比 ζ，使得系统的阻尼程度减小。因此，对于既要增强系统的阻尼程度，又要系统具有较高响应速度的二阶控制系统设计，需要采取合理的折中方案或补偿方案，才能达到设计的目的。

7.2.4　高阶系统的时域分析

在控制工程中，几乎所有的控制系统都是高阶系统，即用高阶微分方程描述的系统。对于不能用一、二阶系统近似的高阶系统来说，其动态性能指标的确定是比较复杂的。

工程上常采用闭环主导极点的概念对高阶系统进行近似分析，或直接应用 MATLAB 软件进行高阶系统分析。

研究图 7.8 所示系统，其闭环传递函数为

$$\Phi(s) = \frac{C(s)}{R(s)} = \frac{G(s)}{1 + G(s)H(s)} \tag{7.23}$$

在一般情况下，$G(s)$ 和 $H(s)$ 都是 s 的多项式之比，故式(7.23)可以写为

$$\Phi(s) = \frac{N(s)}{D(s)} = \frac{b_0 s^m + b_1 s^{m-1} + \cdots b_{m-1} s + b_m}{a_0 s^n + a_1 s^{n-1} + \cdots a_{n-1} s + a_n}, \ m \leqslant n \tag{7.24}$$

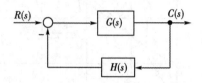

图 7.8　控制系统

(1)高阶系统的单位阶跃响应

利用 MATLAB 软件可以方便地求出式(7.24)所示高阶系统的单位阶跃响应。即先建立其高阶系统模型，再直接调用 step 命令即可。一般命令语句如下：

sys = tf([b0 bl b2 b3 ⋯ bm], [a0 al a2 a3 ⋯ an]);%高阶系统建模

step(sys);%计算单位阶跃响应

其中，b0，bl，b2，b3，⋯，bm——式(7.24)对应的分子多项式系数；

　　a0，al，a2，a3，⋯，an——式(7.24)对应的分母多项式系数。

当采用解析法求解高阶系统的单位阶跃响应时，应将式(7.24)的分子多项式和分母多项式进行因式分解，再进行拉普拉斯反变换。这种分解方法，可采用高次代数方程的近似求根法，也可以使用 MATLAB 中的 tf2zp 命令。如此，式(7.24)可以表示为如下因式的乘积：

$$\Phi(s) = \frac{C(s)}{R(s)} = \frac{N(s)}{D(s)} = \frac{K \displaystyle\prod_{i=1}^{m}(s - z_i)}{\displaystyle\prod_{i=1}^{n}(s - s_i)} \tag{7.25}$$

式中，$K = b_0/a_0$；

　　z_i——$N(s) = 0$ 的根，称为闭环零点；

　　s_i——$D(s) = 0$ 的根，称为闭环极点。

(2)高阶系统闭环主导极点及其动态性能分析

对于稳定的高阶系统，其闭环极点和零点在左半 s 开平面上虽有各种分布模式，但就距虚轴的距离来说，却只有远近之别。如果在所有的闭环极点中，距虚轴最近的极点周围没有闭环零点，而其他闭环极点又远离虚轴，那么距虚轴最近的闭环极点所对应的

响应分量，随时间的推移衰减缓慢，在系统的时间响应过程中起主导作用，这样的闭环极点就称为闭环主导极点。闭环主导极点可以是实数极点，也可以是复数极点，或者是它们的组合。除闭环主导极点外，所有其他闭环极点由于其对应的响应分量随时间的推移迅速衰减，对系统的时间响应过程影响甚微，因而统称为非主导极点。

如果闭环零点、极点相距很近，一般来讲，若闭环零点、极点之间的距离比它们本身的模值小一个数量级，那么这样的一对闭环零点、极点常称为偶极子。偶极子有实数偶极子和复数偶极子之分，而复数偶极子必共轭出现。不难看出，只要偶极子不十分接近坐标原点，它们对系统动态性能的影响就较小，从而可以忽略它们的存在。

在工程计算中，采用主导极点代替系统全部闭环极点来估算系统性能指标的方法，称为主导极点法。采用主导极点法时，在全部闭环极点中，选留最靠近虚轴又不十分靠近闭环零点的一个或几个闭环极点作为主导极点，略去不十分接近原点的偶极子，以及比主导极点距虚轴远 6 倍以上的闭环零、极点。这样一来，在设计中所遇到的绝大多数有实际意义的高阶系统，就可以简化为只有 1~2 个闭环零点和 2~3 个闭环极点的系统，因而可用比较简便的方法来估算高阶系统的性能。为了使估算得到满意的结果，选留的主导零点数不要超过选留的主导极点数。

在许多实际应用中，比主导极点距虚轴远 2~3 倍的闭环零点、极点，也常可略去。此外，用主导极点代替全部闭环极点绘制系统时间响应曲线时，形状误差仅出现在曲线的起始段，而主要决定性能指标的曲线中、后段，其形状基本不变。应当注意，输入信号极点不在主导极点的选择范围之内。

最后，在略去偶极子和非主导零点、极点的情况下，闭环系统的根轨迹增益常会发生改变，必须进行核算，否则将导致性能的估算错误。

① 闭环零点影响。闭环零点对系统动态性能的影响为：减小峰值时间，使系统响应速度加快，超调量增大。这表明闭环零点会减小系统阻尼，并且这种作用将随闭环零点接近虚轴而加剧。因此，配置闭环零点时，要折中考虑闭环零点对系统响应速度和阻尼程度的影响。

② 闭环实数主导极点对系统性能的影响。闭环实数主导极点的作用，相当于增大系统的阻尼，使峰值时间迟后，超调量下降。如果实数极点比共轭复数极点更接近坐标原点，甚至可以使振荡过程变为非振荡过程。

③ 闭环非主导极点影响。非主导极点对系统动态性能的影响为：增大峰值时间，使系统响应速度变缓，但可以使超调量减小。这表明闭环非主导极点可以增大系统阻尼，且这种作用将随闭环极点接近虚轴而加剧。

④ 若闭环零点、极点彼此接近，则它们对系统响应速度的影响会相互削弱。

闭环系统零点、极点位置对时间响应性能的影响，可以归纳为以下几点：

① 稳定性。如果闭环极点全部位于 s 左半平面，则系统一定是稳定的，即稳定性只与闭环极点位置有关，而与闭环零点位置无关。

② 运动形式。如果闭环系统无零点，且闭环极点均为实数极点，则时间响应一定是单调的；如果闭环极点均为复数极点，则时间响应一般是振荡的。

③ 超调量。超调量主要取决于闭环复数主导极点的衰减率 $\sigma_1/\omega_d = \zeta/\sqrt{1-\zeta^2}$，并与其他闭环零点、极点接近坐标原点的程度有关。

④ 调节时间。调节时间主要取决于最靠近虚轴的闭环复数极点的实部绝对值 $\sigma_1 = \zeta\omega_n$；如果实数极点距虚轴最近，并且它附近没有实数零点，则调节时间主要取决于该实数极点的模值。

⑤ 实数零点、极点。零点减小系统阻尼，使峰值时间提前，超调量增大；极点增大系统阻尼，使峰值时间滞后，超调量减小。它们的作用随着其本身接近坐标原点的程度而加强。

⑥ 偶极子。如果零点、极点之间的距离比它们本身的模值小一个数量级，则它们就构成了偶极子。远离原点的偶极子，其影响可忽略；接近原点的偶极子，其影响必须考虑。

⑦ 主导极点。在 s 平面上，最靠近虚轴而附近又无闭环零点的一些闭环极点，对系统性能影响最大，称为主导极点。凡比主导极点的实部大 3~6 倍以上的其他闭环零点、极点，其影响均可忽略。

在控制工程实践中，通常要求控制系统既具有较快的响应速度，又具有一定的阻尼程度，此外，还要求减少死区、间隙和库仑摩擦等非线性因素对系统性能的影响。在设计高阶系统时，常利用主导极点的概念来选择系统参数，使系统具有一对复数共轭主导极点，并利用 MATLAB 软件对系统的动态性能进行初步分析。关于闭环零点、极点位置对系统动态性能的影响，以及利用主导极点概念设计高阶系统等问题，详细论述请参见自动控制原理相关书籍。

7.2.5 线性系统的稳定性分析

（1）稳定性的基本概念

任何系统在扰动作用下都会偏离原平衡状态，产生初始偏差。稳定性是指系统在扰动消失后，由初始偏差状态恢复到原平衡状态的性能。

稳定是控制系统的重要性能，也是系统能够正常运行的首要条件。控制系统在实际运行过程中，总会受到外界和内部一些因素的扰动，例如负载和动力源的波动、系统参数的变化、环境条件的改变等。如果系统不稳定，就会在任何微小的扰动作用下偏离原来的平衡状态，并随时间的推移而发散。因而，分析系统的稳定性并提出保证系统稳定的措施，是控制问题的基本任务之一。

关于系统的稳定性有多种定义方法。假设系统具有一个平衡工作状态，若系统受到有界扰动作用偏离了原平衡状态，不论扰动引起的初始偏差有多大，当扰动停止后，系统都能以足够的准确度恢复到初始平衡状态，则这种系统称为大范围稳定的系统；如果系统受到有界扰动作用，只有当扰动引起的初始偏差小于某一范围时，系统才能在扰动停止后恢复到初始平衡状态，否则就不能恢复到初始平衡状态，则这样的系统称为小范围稳定的系统。对于稳定的线性系统，必然在大范围内和小范围内都能稳定；只有非线性系统才可能有小范围稳定而大范围不稳定的情况。上述为平衡状态稳定性，由李雅普诺夫于 1892 年提出，李雅普诺夫还提出了一系列稳定性的严密数学定义及稳定性定理。本书只讨论线性系统的稳定性问题。

在分析线性系统的稳定性时，人们关心的是系统的运动稳定性，即系统方程在不受任何外界输入作用下，系统方程的解在时间 t 趋于无穷时的渐近行为。毫无疑问，这种解就是系统齐次微分方程的解，而"解"通常对应于系统方程的一个"运动"，因而称其为运动稳定性。严格来说，平衡状态稳定性与运动稳定性并不是一回事，但是可以证明，对于线性系统而言，运动稳定性与平衡状态稳定性是等价的。

根据李雅普诺夫稳定性理论，线性控制系统的稳定性可叙述如下：若线性控制系统在初始扰动的影响下，其动态过程随时间的推移逐渐衰减并趋于零（原平衡工作点），则称系统渐近稳定，简称稳定；反之，若在初始扰动影响下，系统的动态过程随时间的推移而发散，则称系统不稳定。

（2）线性系统稳定的充分必要条件

上述稳定性定义表明，线性系统的稳定性仅取决于系统自身的固有特性，而与外界条件无关。因此，设线性系统在初始条件为零时，作用一个理想单位脉冲 $\delta(t)$，这时系统的输出增量为脉冲响应 $k(t)$。这相当于系统在扰动信号作用下，输出信号偏离原平衡工作点的问题。若 $t \to \infty$ 时，脉冲响应

$$\lim_{t \to \infty} k(t) = 0 \tag{7.26}$$

即输出增量收敛于原平衡工作点，则线性系统是稳定的。

设闭环传递函数如式（7.25）所示，且设 $s_i(i=1,2,\cdots)$ 为特征方程 $D(s)=0$ 的根，而且彼此不相等。由于 $\delta(t)$ 的拉普拉斯变换为 1，所以，系统输出增量的拉普拉斯变换为

$$C(s) = \frac{N(s)}{D(s)} = \sum_{i=1}^{n} \frac{A_i}{s - s_i} = \frac{K \prod_{i=1}^{m}(s - z_i)}{\prod_{j=1}^{q}(s - s_j) \prod_{k=1}^{r}(s^2 + 2\zeta_k \omega_k s + \omega_k^2)} \tag{7.27}$$

式中，$q+2r=n$。将式（7.27）展成部分分式，并设 $0 < \zeta_k < 1$，可得

$$C(s) = \sum_{j=1}^{q} \frac{A_j}{s - s_j} + \sum_{k=1}^{r} \frac{B_k s + C_k}{s^2 + 2\zeta_k \omega_k s + \omega_k^2} \tag{7.28}$$

式中，A_j——$C(s)$ 在闭环实数极点 s_j 处的留数，可按下式计算：

$$A_j = \lim_{s \to s_j}(s - s_j)C(s), \; j = 1, 2, \cdots, q \tag{7.29}$$

B_k 和 C_k 是与 $C(s)$ 在闭环复数极点 $s = -\zeta_k \omega_k \pm j\omega_k \sqrt{1 - \zeta_k^2}$ 处的留数有关的常系数。

将式（7.28）进行拉普拉斯反变换，并设初始条件全部为零，可得系统的脉冲响应为

$$k(t) = \sum_{j=1}^{q} A_j \mathrm{e}^{s_j t} + \sum_{k=1}^{r} B_k \mathrm{e}^{-\zeta_k \omega_k t} \cos(\omega_k \sqrt{1-\zeta_k^2})\ t +$$

$$\sum_{k=1}^{r} \frac{C_k - B_k \zeta_k \omega_k}{\omega_k \sqrt{1-\zeta_k^2}} \mathrm{e}^{-\zeta_k \omega_k t} \sin(\omega_k \sqrt{1-\zeta_k^2})\ t, \ t \geqslant 0 \qquad (7.30)$$

式(7.30)表明,当且仅当系统的特征根全部具有负实部时,式(7.26)才能成立;若特征根中有一个或一个以上正实部根,则 $\lim\limits_{t \to \infty} k(t) \to \infty$,表明系统不稳定;若特征根中具有一个或一个以上零实部根,而其余的特征根均具有负实部,则脉冲响应 $k(t)$ 趋于常数,或趋于等幅正弦振荡,按照稳定性定义,此时系统不是渐近稳定的。顺便指出,这最后一种情况处于稳定和不稳定的临界状态,常称为临界稳定情况。在经典控制理论中,只有渐近稳定的系统才称为稳定系统;否则,称为不稳定系统。

由此可见,线性系统稳定的充分必要条件是:闭环系统特征方程的所有根均具有负实部;或者说,闭环传递函数的极点均位于 s 左半平面。

(3)劳斯稳定性判据

设线性系统的特征方程为

$$D(s) = a_0 s^n + a_1 s^{n-1} + \cdots + a_{n-1} s + a_n = 0, \ a_0 > 0 \qquad (7.31)$$

根据赫尔维茨稳定判据,线性系统稳定的充分且必要条件是:由系统特征方程各项系数所构成的主行列式及其顺序主子式全部为正。当系统特征方程的次数较高时,应用赫尔维茨判据的计算工作量巨大,使用起来诸多不便,因此通常采用劳斯稳定判据来判别系统的稳定性。

劳斯稳定判据为表格形式,如表 7.1,称为劳斯表。劳斯表的前两行由系统特征方程(7.31)的系数直接构成。劳斯表中的第一行,由特征方程的第一、三、五…项系数组成;第二行,由第二、四、六…项系数组成。劳斯表中以后各行的数值,需按表 7.1 所列逐行计算,凡在运算过程中出现的空位,均置以零,这种过程一直进行到第 n 行为止,第 $n+1$ 行仅第一列有值,且正好等于特征方程最后一项系数 a_n。表中系数排列呈上三角形。

表 7.1 劳斯表

s^n	a_0	a_2	a_4	a_6	$\cdots$
s^{n-1}	a_1	a_3	a_5	a_7	$\cdots$
s^{n-2}	$c_{13} = \dfrac{a_1 a_2 - a_0 a_3}{a_1}$	$c_{23} = \dfrac{a_1 a_4 - a_0 a_5}{a_1}$	$c_{33} = \dfrac{a_1 a_6 - a_0 a_7}{a_1}$	c_{43}	$\cdots$
s^{n-3}	$c_{14} = \dfrac{c_{13} a_3 - a_1 c_{23}}{c_{13}}$	$c_{24} = \dfrac{c_{13} a_5 - a_1 c_{33}}{c_{13}}$	$c_{34} = \dfrac{c_{13} a_7 - a_1 c_{43}}{c_{13}}$	c_{44}	$\cdots$
s^{n-4}	$c_{15} = \dfrac{c_{14} c_{23} - c_{13} c_{24}}{c_4}$	$c_{25} = \dfrac{c_{14} c_{33} - c_{13} c_{34}}{c_{14}}$	$c_{35} = \dfrac{c_{14} c_{43} - c_{13} c_{44}}{c_{14}}$	c_{45}	$\cdots$

表7.1(续)

s^n	a_0	a_2	a_4	a_6	...
⋮	⋮	⋮	⋮	—	—
s^2	$c_{1,n-1}$	$c_{1,n-1}$	—	—	—
s^1	$c_{1,n}$	—	—	—	—
s^0	$c_{1,n+1}=a_n$	—	—	—	—

按照劳斯稳定判据,由特征方程式(7.31)所表征的线性系统稳定的充分且必要条件是:劳斯表中第一列各值为正。如果劳斯表第一列中出现小于零的数值,系统就不稳定,且第一列各系数符号的改变次数,代表特征方程式(7.31)的正实部根的数目。对于高阶系统特征方程,可以采用递推劳斯表(表7.2)来判断系统的稳定性。

表 7.2　递推劳斯表

	$a_0^0=a_0$	$a_2^0=a_2$	$a_4^0=a_4$	$a_6^0=a_6$	...
	$a_0^1=a_1$	$a_2^1=a_3$	$a_4^1=a_5$	$a_6^1=a_7$	...
$a_1=\dfrac{a_0^0}{a_0^1}$	$a_0^2=a_2^0-a_1a_2^1$	$a_2^2=a_4^0-a_1a_4^1$	$a_4^2=a_6^0-a_1a_6^1$	...	—
$a_2=\dfrac{a_0^1}{a_0^2}$	$a_0^3=a_2^1-a_2a_2^2$	$a_2^3=a_4^1-a_2a_4^2$	$a_4^3=a_6^1-a_2a_6^2$	...	—
$a_3=\dfrac{a_0^2}{a_0^3}$	$a_0^4=a_2^2-a_3a_2^3$	$a_2^4=a_4^2-a_3a_4^3$	...	—	—
$a_4=\dfrac{a_0^3}{a_0^4}$	$a_0^5=a_2^3-a_4a_2^4$	$a_2^5=a_4^3-a_4a_4^4$	...	—	—
$a_5=\dfrac{a_0^4}{a_0^5}$	$a_0^6=a_2^4-a_5a_2^5$	...	—	—	—
⋮	⋮	—	—	—	—

递推劳斯表的构造方式、稳定判据等与劳斯表完全相同,仅第三行至第 n 行的系数计算可用如下递推式方便地求得:

$$a_i = \frac{a_0^{i-1}}{a_0^i}$$

$$a_{j-2}^{i+1} = a_j^{i-1} - a_i a_j^i \tag{7.32}$$

$$i = 1,\ 2,\ \cdots,\ n-1;\ j = 2,\ 4,\ 6,\ \cdots$$

递推式(7.32)可采用计算程序自动完成计算。例如,置 $i=1$,算出 a_1,再分别令 $j=2,4,6,\cdots$,算得 a_0^2,a_2^2,a_4^2,$\cdots$ 表中第三行各系数;再置 $i=2$,算得 a_2,令 j 为偶数,算出递推劳斯表中第四行各系数 a_0^3,a_2^3,a_4^3,$\cdots$。依次递推,直至完成表7.2中第 n 行的系数计算。第 $n+1$ 行仅第一列有值,正好等于 a_n。

在线性控制系统中，劳斯判据主要用来判断系统的稳定性。如果系统不稳定，则这种判据并不能直接指出使系统稳定的方法；如果系统稳定，劳斯判据也不能保证系统具备满意的动态性能。换言之，劳斯判据不能表明系统特征根在 s 平面上相对于虚轴的距离。

7.3 频域响应分析

根据傅里叶级数展开式，控制系统中的任意周期信号均可由不同频率的正弦或余弦信号叠加来表示。各信号作用下系统关于频率的响应特性即称为频率特性，应用频率特性研究线性系统的经典方法称为频域分析法，其具有以下特点：

① 控制系统及其元部件的频率特性可以运用分析法和实验方法获得，并可用多种形式的曲线表示，因而系统分析和控制器设计可以采用图解法进行。

② 频率特性物理意义明确。对于一阶系统和二阶系统，频域性能指标和时域性能指标有确定的对应关系；对于高阶系统，也可建立近似的对应关系。

③ 控制系统的频域设计可以兼顾动态响应和噪声抑制两方面的要求。

④ 频域分析法不仅适用于线性定常系统，还可以推广应用于某些非线性控制系统。

7.3.1 系统频率特性

对于稳定的线性定常系统，由谐波输入产生的输出稳态分量仍然是与输入同频率的谐波函数，而幅值和相位的变化是频率 ω 的函数，且与系统数学模型相关。为此，定义谐波输入下，输出响应中同频率的谐波分量与谐波输入的幅值之比 $A(\omega)$ 为幅频特性，相位之差 $\phi(\omega)$ 为相频特性，并称其指数表达形式为系统的频率特性：

$$G(j\omega) = A(\omega)\,\mathrm{e}^{\mathrm{j}\varphi(\omega)} \tag{7.33}$$

稳定系统的频率特性可以用实验方法确定，即在系统的输入端施加不同频率的正弦信号，然后测量系统输出的稳态响应，再根据幅值比和相位差作出系统的频率特性曲线。频率特性也是系统数学模型的一种表达形式。对于不稳定系统，输出响应稳态分量中含有系统传递函数的不稳定极点产生的呈振荡发散的分量，所以不稳定系统的频率特性不能通过实验方法确定。

在工程分析和设计中，通常把线性系统的频率特性画成曲线，再运用图解法进行研究。常用的频率特性曲线有以下三种。

(1)幅相频率特性曲线

幅相频率特性曲线即奈奎斯特图(Nyquist plot)，它又简称为幅相曲线。以横轴为实轴、纵轴为虚轴，构成复数平面。对于任一给定的频率 ω，频率特性值为复数。若将频率特性表示为实数与虚数和的形式，则实部为实轴坐标值，虚部为虚轴坐标值。若将频率特性表示为复指数形式，则为复平面上的向量，而向量的长度为频率特性的幅值，向量与实轴正方向的夹角等于频率特性的相位。由于幅频特性为 ω 的偶函数，相频特性为 ω 的奇函数，则 ω 从零变化至 $+\infty$ 和 ω 从零变化至 $-\infty$ 的幅相曲线关于实轴对称，因此一般只绘制 ω 从零变化至 $+\infty$ 的幅相曲线。在系统幅相曲线中，频率 ω 为参变量，一般用小箭头表示 ω 增大时幅相曲线的变化方向。

（2）对数频率特性曲线

对数频率特性曲线又称为伯德图（Bode plot），由对数幅频曲线和对数相频曲线组成，是工程中广泛使用的一组曲线。对数频率特性曲线的横坐标按 $\lg\omega$ 分度，单位为 rad/s，对数幅频曲线的纵坐标按 $L(\omega)=20\lg|G(\mathrm{j}\omega)|=20\lg A(\omega)$ 线性分度，单位为 dB。对数相频曲线的纵坐标按 $\varphi(\omega)$ 线性分度，单位为 °。由此构成的坐标系称为半对数坐标系。

对数频率特性采用 ω 的对数分度实现了横坐标的非线性压缩，便于在较大频率范围反映频率特性的变化情况。对数幅频特性采用 $20\lg A(\omega)$ 则将幅值的乘除运算化为加减运算，可以简化曲线的绘制过程。

（3）对数幅相曲线

对数幅相曲线又称尼科尔斯曲线（Nichols chart）。其纵坐标为 $L(\omega)$，单位为 dB，横坐标为 $\varphi(\omega)$，单位为 °，均为线性分度，频率 ω 为参变量。

在尼科尔斯曲线对应的坐标系中，可以根据系统开环和闭环的关系，绘制关于闭环幅频特性的等 M 簇线和闭环相频特性的等 α 簇线，因而可以根据频域指标要求确定校正环节，简化系统的设计过程。

7.3.2　典型液压系统的频域分析

在大多数液压伺服系统中，液压动力机构作为极其关键的部件，它的动态特性在很大程度上决定着整个系统的性能。前面在时域响应分析部分，已经介绍了液压系统中的各元件对应的典型环节，对其在频域中的响应表现不再赘述。对应于常见的液压控制系统，本小节主要介绍几种典型的液压动力机构，包括四通阀控液压缸、四通阀控液压马达、三通阀控制差动液压缸、泵控液压马达等，推导上述动力机构的基本方程，求出传递函数，并根据频域响应分析各系统的主要性能。

阀控动力机构又称节流控制动力机构，分为阀控液压缸和阀控液压马达，阀控动力机构是靠伺服阀控制从液压源输入到执行元件的流量，来改变执行元件的输出速度。在阀控动力机构中，油源压力通常是恒定的。泵控动力机构也称容积控制机构，分为泵控液压缸和泵控液压马达，泵控动力机构是靠改变伺服变量泵的排量来控制输入到执行元件的流量，来改变执行元件的输出速度，其工作容腔的压力取决于外负载。

7.3.2.1　四通阀控制液压缸

四通阀控制液压缸原理图如图 7.9 所示，其由零开口四边滑阀和对称液压缸组成，是最常用的一种液压动力元件。

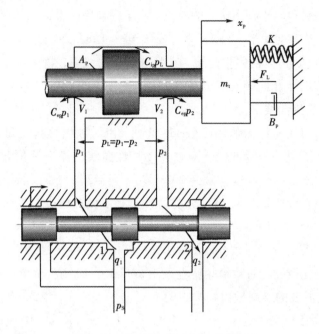

图 7.9 四通阀控制液压缸原理图

（1）基本方程

为了推导出液压动力元件的传递函数，首先要列出各元件的基本方程，分别是液压控制阀的流量方程、液压缸流量连续性方程、液压缸和负载的力平衡方程。

① 液压控制阀的流量方程

假设阀是零开口四边滑阀，四个节流窗口是匹配和对称的，供油压力 p_s 恒定，回油压力 p_0 为零。位置伺服系统动态分析经常是在零位工作条件下进行的，此时阀的线性化流量方程为

$$q_L = K_q x_v - K_c p_L \tag{7.34}$$

若不考虑泄漏和油液压缩性的影响，对于匹配和对称的零开口四边滑阀来说，两个控制通道的流量 q_1 和 q_2 均等于负载流量 q_L。但受到液压缸外泄漏和压缩性的影响，流入液压缸的流量 q_1 和流出液压缸的流量 q_2 不相等。为了简化分析，定义负载流量为

$$q_L = \frac{q_1 + q_2}{2} \tag{7.35}$$

② 液压缸的流量连续性方程

假设：第一，阀与液压缸的连接管道对称并且短而粗，管道中的压力损失和管道动态可以忽略；第二，液压缸每个工作腔内各处压力相等，油温和体积弹性模量为常数；第三，液压缸内外泄漏均为层流流动。

则流入液压缸进油腔的流量 q_1 为

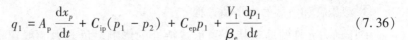

$$q_1 = A_p \frac{\mathrm{d}x_p}{\mathrm{d}t} + C_{ip}(p_1 - p_2) + C_{ep}p_1 + \frac{V_1}{\beta_e}\frac{\mathrm{d}p_1}{\mathrm{d}t} \tag{7.36}$$

从液压缸回油腔流出的流量 q_2 为

$$q_2 = A_p \frac{\mathrm{d}x_p}{\mathrm{d}t} + C_{ip}(p_1 - p_2) - C_{ep}p_2 - \frac{V_2}{\beta_e}\frac{\mathrm{d}p_2}{\mathrm{d}t} \tag{7.37}$$

式中，A_p ——液压缸活塞有效面积，m^2；

x_p ——活塞位移，m；

C_{ip} ——液压缸内泄漏系数，$\mathrm{m}^3/(\mathrm{s} \cdot \mathrm{Pa})$；

C_{ep} ——液压缸外泄漏系数，$\mathrm{m}^3/(\mathrm{s} \cdot \mathrm{Pa})$；

β_e ——有效体积弹性模量(包括油液、连接管道和缸体的机械柔度)，Pa；

V_1 ——液压缸进油腔的容积(包括阀、连接管道和进油腔)，m^3；

V_2 ——液压缸回油腔的容积(包括阀、连接管道和回油腔)，m^3。

在式(7.36)和式(7.37)中，等号右边第一项是推动活塞运动所需的流量，第二项是经过活塞密封的内泄漏流量，第三项是经过活塞杆密封处的外泄漏流量，第四项是油液压缩和腔体变形所需的流量。

由式(7.35)~式(7.37)可得

$$
\begin{aligned}
q_L &= \frac{q_1 + q_2}{2} \\
&= A_p \frac{\mathrm{d}x_p}{\mathrm{d}x} + C_{ip}(p_1 - p_2) + \frac{C_{ep}}{2}(p_1 - p_2) + \frac{1}{2}\left(\frac{V_1}{\beta_e}\frac{\mathrm{d}p_1}{\mathrm{d}t} - \frac{V_2}{\beta_e}\frac{\mathrm{d}p_2}{\mathrm{d}t}\right) \\
&= A_p \frac{\mathrm{d}x_p}{\mathrm{d}x} + \left(C_{ip} + \frac{C_{ep}}{2}\right)p_L + \frac{1}{2\beta_e}\left(V_1 \frac{\mathrm{d}p_1}{\mathrm{d}t} - V_2 \frac{\mathrm{d}p_2}{\mathrm{d}t}\right)
\end{aligned} \tag{7.38}
$$

用总泄漏系数 $C_{tp} = C_{ip} + \dfrac{C_{ep}}{2}$ 反映液压缸泄漏对负载流量的影响。取 $V_1 = V_2$，即活塞处于液压缸正中间时进行分析，此时系统稳定性最差。取压缸工作腔的容积可写为 $V_1 = V_2 = \dfrac{V_t}{2}$，$V_t$ 为液压缸的总容积。式(7.38)可写成

$$q_L = A_p \frac{\mathrm{d}x_p}{\mathrm{d}x} + C_{tp}p_L + \frac{V_t}{4\beta_e}\frac{\mathrm{d}(p_1 - p_2)}{\mathrm{d}t} \tag{7.39}$$

零开口四边阀控液压缸的流量连续性方程可写成

$$q_L = A_p \frac{\mathrm{d}x_p}{\mathrm{d}x} + C_{tp}p_L + \frac{V_t}{4\beta_e}\frac{\mathrm{d}p_t}{\mathrm{d}t} \tag{7.40}$$

式(7.40)是液压动力元件流量连续性方程的常用形式。式中，等式右边第一项是推动液压缸活塞运动所需的流量，第二项是总泄漏流量，第三项是总压缩流量。

③ 液压缸和负载的力平衡方程

液压动力元件的动态特性受负载特性的影响。负载力一般包括惯性力、黏性阻尼力、弹性力和外负载力。

液压缸的输出力与负载力的平衡方程为

$$A_p p_L = m_t \frac{d^2 x_p}{dt^2} + B_p \frac{dx_p}{dt} + K x_p + F_L \tag{7.41}$$

式中，m_t——活塞及负载折算到活塞上的总质量，kg；

B_p——活塞及负载的黏性阻尼系数，N/(m·s^{-1})；

K——负载弹簧刚度，N/m；

F_L——作用在活塞上的任意外负载力，N。

（2）方框图与传递函数

式（7.34）、式（7.40）和式（7.41）是阀控液压缸的3个基本方程，它们完全描述了阀控液压缸的动态特性。其拉普拉斯变换式为

$$Q_L = K_q X_V - K_c P_L \tag{7.42}$$

$$Q_L = A_p s X_p + C_{tp} P_L + \frac{V_t}{4\beta_e} s P_L \tag{7.43}$$

$$A_p P_L = m_t s^2 X_p + B_p s X_p + K X_p + F_L \tag{7.44}$$

由式（7.42）~式（7.44）可以画出阀控液压缸的方框图，如图7.10所示。其中，图7.10（a）是由负载流量获得液压缸位移的方框图，图7.10（b）是由负载压力获得液压缸位移的方框图，这两个方框图是等效的。

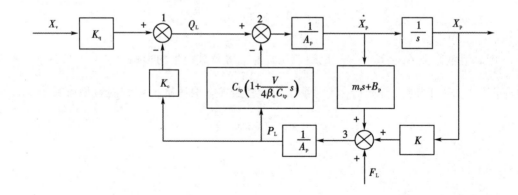

（a）负载流量获得液压缸活塞位移的方框图

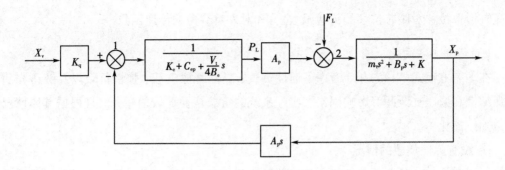

（b）由负载压力获得液压缸活塞位移的方框图

图 7.10　阀控液压缸的方框图

以上方框图可用于模拟计算。从负载流量获得的方框图适合于负载惯量较小、动态过程较快的场合。而从负载压力获得的方框图特别适合于负载惯量和泄漏系数都较大，而动态过程比较缓慢的场合。

由式（7.42）~ 式（7.44）消去中间变量 Q_L 和 P_L，或通过方框图变换，都可以求得阀芯输入位移 X_v 和外负载力 F_L 同时作用时液压缸活塞的总输出位移为

$$X_p = \frac{\dfrac{K_q}{A_p}X_V - \dfrac{K_{ce}}{A_p^2}\left(1 + \dfrac{V_t}{4\beta_e K_{ce}}s\right)F_L}{\dfrac{m_t V_t}{4\beta_e A_p^2}s^3 + \left(\dfrac{m_t K_{ce}}{A_p^2} + \dfrac{B_p V_t}{4\beta_e A_p^2}\right)s^2 + \left(\dfrac{B_p K_{ce}}{A_p^2} + \dfrac{KV_t}{4\beta_e A_p^2} + 1\right)s + \dfrac{KK_{ce}}{A_p^2}} \tag{7.45}$$

式中，K_{ce}——总流量-压力系数，$K_{ce} = K_c + C_{tp}$。

式（7.45）是流量连续性方程的另一种表现形式。式中，分子的第一项是液压缸活塞的空载速度，第二项是外负载力作用引起的速度降低。将分母特征多项式与等号左边的 X_p 相乘后，其第一项 $\dfrac{m_t V_t}{4\beta_e A_p^2}s^3 X_p$ 是惯性力变化引起的压缩流量所产生的活塞速度衰减值；第二项 $\dfrac{m_t K_{ce}}{A_p^2}s^2 X_p$ 是惯性力引起的泄漏流量所产生的活塞速度衰减值；第三项 $\dfrac{B_p V_t}{4\beta_e A_p^2}s^2 X_p$ 是黏性力变化引起的压缩流量所产生的活塞速度衰减值；第四项 $\dfrac{B_p K_{ce}}{A_p^2}s X_p$ 是黏性力引起的泄漏流量所产生的活塞速度衰减值；第五项 $\dfrac{KV_t}{4\beta_e A_p^2}s X_p$ 是弹性力变化引起的压缩流量所产生的活塞速度衰减值；第六项 $s X_p$ 是活塞运动速度衰减值；第七项 $\dfrac{KK_{ce}}{A_p^2}X_p$ 是弹性力引起的泄漏流量所产生的活塞速度衰减值。

式（7.45）中的阀芯位移 X_v 是指令信号，外负载力 F_L 是干扰信号。由该式可以求出

液压缸活塞位移对阀芯位移的传递函数 $\dfrac{X_{\mathrm{p}}}{X_{\mathrm{v}}}$ 和对外负载力的传递函数 $\dfrac{X_{\mathrm{p}}}{F_{\mathrm{L}}}$。

（3）传递函数简化

在动态方程式（7.45）中，考虑了惯性负载、黏性摩擦负载、弹性负载以及液压介质的压缩性和液压缸泄漏等影响因素。实际系统的负载往往比较简单，而且根据具体情况可以加以简化。

① 没有弹性负载的情况

伺服系统的负载在很多情况下是以惯性负载为主，而没有弹性负载或弹性负载很小可以忽略。在液压马达作执行元件的伺服系统中，弹性负载更是少见。所以没有弹性负载的情况是比较普遍的，也是比较典型的。另外，黏性阻尼系数 B_{p} 一般很小，由黏性摩擦力 $B_{\mathrm{p}}sX_{\mathrm{p}}$ 引起的泄漏流量 $\dfrac{B_{\mathrm{p}}K_{\mathrm{ce}}}{A_{\mathrm{p}}}sX_{\mathrm{p}}$ 所产生的活塞速度 $\dfrac{B_{\mathrm{p}}K_{\mathrm{ce}}}{A_{\mathrm{p}}^{2}}sX_{\mathrm{p}}$ 远小于活塞的运动速度 sX_{p}，即 $\dfrac{B_{\mathrm{p}}K_{\mathrm{ce}}}{A_{\mathrm{p}}^{2}}\ll 1$，因此 $\dfrac{B_{\mathrm{p}}K_{\mathrm{ce}}}{A_{\mathrm{p}}^{2}}$ 项与 1 相比可以忽略不计。

在 $\dfrac{B_{\mathrm{p}}K_{\mathrm{ce}}}{A_{\mathrm{p}}^{2}}\ll 1$ 且没有弹性负载时，式（7.45）可简化为

$$X_{\mathrm{p}}=\frac{\dfrac{K_{\mathrm{q}}}{A_{\mathrm{p}}}X_{\mathrm{v}}-\dfrac{K_{\mathrm{ce}}}{A_{\mathrm{p}}^{2}}\left(1+\dfrac{V_{t}}{4\beta_{e}K_{\mathrm{ce}}}s\right)F_{\mathrm{L}}}{s\left[\dfrac{m_{t}V_{t}}{4\beta_{e}A_{\mathrm{p}}^{2}}s^{2}+\left(\dfrac{B_{\mathrm{p}}V_{t}}{4\beta_{e}A_{\mathrm{p}}^{2}}+\dfrac{m_{t}K_{\mathrm{ce}}}{A_{\mathrm{p}}^{2}}\right)s+1\right]} \tag{7.46}$$

或

$$X_{\mathrm{p}}=\frac{\dfrac{K_{\mathrm{q}}}{A_{\mathrm{p}}}X_{\mathrm{v}}-\dfrac{K_{\mathrm{ce}}}{A_{\mathrm{p}}^{2}}\left(1+\dfrac{V_{t}}{4\beta_{e}K_{\mathrm{ce}}}s\right)F_{\mathrm{L}}}{s\left(\dfrac{s^{2}}{\omega_{\mathrm{h}}^{2}}+\dfrac{2\zeta_{\mathrm{h}}}{\omega_{\mathrm{h}}}s+1\right)} \tag{7.47}$$

式中，ω_{h} ——液压固有频率，rad/s ；

ζ_{h} ——液压阻尼比。

$$\omega_{\mathrm{h}}=\sqrt{\frac{4\beta_{e}A_{\mathrm{p}}^{2}}{V_{t}m_{t}}} \tag{7.48}$$

$$\zeta_{\mathrm{h}}=\frac{K_{\mathrm{ce}}}{A_{\mathrm{p}}}\sqrt{\frac{\beta_{e}m_{t}}{V_{t}}}+\frac{B_{\mathrm{p}}}{4A_{\mathrm{p}}}\sqrt{\frac{V_{t}}{\beta_{e}m_{t}}} \tag{7.49}$$

当 B_{p} 较小可以忽略不计时，ζ_{h} 可近似写成

$$\zeta_{\mathrm{h}}=\frac{K_{\mathrm{ce}}}{A_{\mathrm{p}}}\sqrt{\frac{\beta_{e}m_{t}}{V_{t}}} \tag{7.50}$$

$$\frac{2\zeta_h}{\omega_h} = \frac{K_{ce}m_t}{A_p^2} \tag{7.51}$$

式(7.47)给出了以惯性负载为主时的阀控液压缸的动态特性。分子中的第一项是稳态情况下活塞的空载速度，第二项是因外负载力造成的速度降低。

对指令输入 X_v 的传递函数为

$$\frac{X_p}{X_v} = \frac{\dfrac{K_q}{A_p}}{s\left(\dfrac{s^2}{\omega_h^2} + \dfrac{2\zeta_h}{\omega_h}s + 1\right)} \tag{7.52}$$

对干扰输入 F_L 的传递函数为

$$\frac{X_p}{F_L} = \frac{-\dfrac{K_{ce}}{A_p^2}\left(1 + \dfrac{V_t}{4\beta_e K_{ce}}s\right)}{s\left(\dfrac{s^2}{\omega_h^2} + \dfrac{2\zeta_h}{\omega_h}s + 1\right)} \tag{7.53}$$

式(7.52)是阀控液压缸传递函数最常见的形式，在液压伺服系统的分析和设计中经常用到。

② 有弹性负载的情况

在有些应用场合中存在弹性负载，例如在两级液压放大器中，当功率级滑阀带对中弹簧时，就属于这种情况。液压材料实验机是施力于材料而使之变形的，所以实验机的负载就是弹性负载，被实验材料就是一个硬弹簧。

通常负载黏性阻尼系数 B_p 很小，使 $\dfrac{B_p K_{ce}}{A_p^2} \ll 1$，与1相比可以忽略不计，则式(7.45)可简化为

$$X_p = \frac{\dfrac{K_q}{A_p}X_v - \dfrac{K_{ce}}{A_p^2}\left(1 + \dfrac{V_t}{4\beta_e K_{ce}}s\right)F_L}{\dfrac{m_t V_t}{4\beta_e A_p^2}s^3 + \left(\dfrac{m_t K_{ce}}{A_p^2} + \dfrac{B_p V_t}{4\beta_e A_p^2}\right)s^2 + \left(\dfrac{KV_t}{4\beta_e A_p^2} + 1\right)s + \dfrac{KK_{ce}}{A_p^2}} \tag{7.54}$$

或改写成

$$X_p = \frac{\dfrac{K_q}{A_p}X_v - \dfrac{K_{ce}}{A_p^2}\left(1 + \dfrac{V_t}{4\beta_e K_{ce}}s\right)F_L}{\dfrac{s^3}{\omega_h^2} + \dfrac{2\zeta_h}{\omega_h}s^2 + \left(\dfrac{K}{K_h} + 1\right)s + \dfrac{KK_{ce}}{A_p^2}} \tag{7.55}$$

式中，ω_h 和 ζ_h 见式(7.48)和式(7.49)，$K_h = \dfrac{4\beta_e A_p^2}{V_t}$ 为液压弹簧刚度，它是液压缸两腔完全封闭由于液体的压缩性所形成的液压弹簧的刚度。

当满足下面条件时，

$$\left[\frac{K_{ce}\sqrt{Km_t}}{A_p^2\left(\dfrac{K}{K_h}+1\right)}\right]^2 \ll 1 \tag{7.56}$$

式(7.55)的三阶特征方程可近似分解成一阶和二阶两个因子。则式(7.55)变成

$$X_p = \frac{\dfrac{K_q}{A_p}X_v - \dfrac{K_{ce}}{A_p^2}\left(1+\dfrac{V_t}{4\beta_e K_{ce}}s\right)F_L}{\left[\left(\dfrac{K}{K_h}+1\right)s+\dfrac{KK_{ce}}{A_p^2}\right]\left(\dfrac{s^2}{\omega_0^2}+\dfrac{2\zeta_0}{\omega_0}s+1\right)} \tag{7.57}$$

式中，ω_0——综合固有频率，rad/s；

ζ_0——综合阻尼比。

$$\omega_0 = \omega_h\sqrt{1+\frac{K}{K_h}} \tag{7.58}$$

$$\zeta_0 = \frac{1}{2\omega_0}\left[\frac{4\beta_e K_{ce}}{\left(\dfrac{K}{K_h}+1\right)V_t}+\frac{B_p}{m_t}\right] \tag{7.59}$$

将式(7.57)的分母展开，并使其系数与式(7.55)分母的对应项系数相等，可得

$$\frac{1}{\omega_h^2} = \frac{\dfrac{K}{K_h}+1}{\omega_0^2} \tag{7.60}$$

$$\frac{2\zeta_h}{\omega_h} = \frac{K_{ce}K}{A_p^2\omega_0^2}+\left(1+\frac{K}{K_h}\right)\frac{2\zeta_0}{\omega_0} \tag{7.61}$$

$$1+\frac{K}{K_h} = 1+\frac{K}{K_h}+\frac{K_{ce}K}{A_p^2}\frac{2\zeta_0}{\omega_0} \tag{7.62}$$

由式(7.60)和式(7.61)可得 ω_0 和 ζ_0。由式(7.62)可得

$$1+\frac{K}{K_h} = \left(1+\frac{K}{K_h}\right)\left(1+\frac{K_{ce}K}{A_p^2}\frac{2\zeta_0}{\omega_0}\frac{1}{1+K/K_h}\right)$$

为使式(7.57)成立，必须使

$$\frac{K_{ce}K}{A_p^2}\frac{2\zeta_0}{\omega_0}\frac{1}{1+K/K_h} \ll 1$$

将式(7.58)和式(7.59)代入，经整理得

$$\left[\frac{K_{ce}^2 Km_t}{A_p^4\left(1+\dfrac{K}{K_h}\right)^2}+\frac{K_{ce}B_p}{A_p^2}\frac{K}{K+K_h}\right] \ll 1 \tag{7.63}$$

由于 $\dfrac{K_{ce}B_p}{A_p^2}\ll1$，而 $\dfrac{K}{K+K_h}$ 总是小于1，所以 $\dfrac{K_{ce}B_p}{A_p^2}\dfrac{K}{K+K_h}\ll1$ 总是可以满足的。因此

式(7.63)的条件可简化为式(7.56)，这个条件一般总是可以满足的。但对每一种具体情况，还是要检查是否满足 $\dfrac{K_{ce}B_p}{A_p^2} \ll 1$ 和式(7.56)。

式(7.57)还可以写成标准形式

$$X_p = \dfrac{\dfrac{K_{ps}A_p}{K}X_v - \dfrac{1}{K}\left(1 + \dfrac{V_t}{4\beta_e K_{ce}}s\right)F_L}{\left(\dfrac{s}{\omega_r} + 1\right)\left(\dfrac{s^2}{\omega_0^2} + \dfrac{2\zeta_0}{\omega_0}s + 1\right)} \tag{7.64}$$

式中，K_{ps}——总压力增益，$K_{ps} = \dfrac{K_q}{K_{ce}}$；

ω_r——惯性环节的转折频率，rad/s，

$$\omega_r = \dfrac{K_{ce}K}{A_p^2\left(1 + \dfrac{K}{K_h}\right)} = \dfrac{K_{ce}}{A_p^2\left(\dfrac{1}{K} + \dfrac{1}{K_h}\right)} \tag{7.65}$$

在式(7.64)中，分子的第一项表示稳态时阀输入位移所引起的液压缸活塞的输出位移，第二项表示外负载力作用所引起的活塞输出位移的减小量。

在负载弹簧刚度远小于液压弹簧刚度时，即 $\dfrac{K}{K_h} \ll 1$，则式(7.57)可简化成

$$X_p = \dfrac{\dfrac{K_q}{A_p}X_v - \dfrac{K_{ce}}{A_p^2}\left(1 + \dfrac{V_t}{4\beta_e K_{ce}}s\right)F_L}{\left(s + \dfrac{K_{ce}K}{A_p^2}\right)\left(\dfrac{s^2}{\omega_h^2} + \dfrac{2\zeta_h}{\omega_h}s + 1\right)} \tag{7.66}$$

将式(7.66)与式(7.47)相比较，可看出弹性负载的主要影响是用一个转折频率为 ω_r 的惯性环节代替无弹性负载时液压缸的积分环节。随着负载弹簧刚度减小，转折频率将变低，惯性环节就接近积分环节。

③ 其他的简化情况

根据实际应用的负载条件和忽略的因素不同，传递函数尚有以下简化形式：

第一，仅考虑负载质量 m_t，不计液压介质的可压缩性的影响，无弹性和黏性负载时，对指令输入 X_v 的传递函数可由式(7.45)求得

$$\dfrac{X_p}{X_v} = \dfrac{\dfrac{K_q}{A_p}}{s\left(\dfrac{K_{ce}m_t}{A_p^2}s + 1\right)} = \dfrac{\dfrac{K_q}{A_p}}{s\left(\dfrac{s}{\omega_r} + 1\right)} \tag{7.67}$$

式中，ω_r——惯性环节的转折频率，rad/s，$\omega_r = \dfrac{A_p^2}{K_{ce}m_t}$。

第二，考虑负载刚度 K 及 β_e，不计惯性负载与黏性负载的影响，式(7.45)可得

$$\frac{X_{\mathrm{p}}}{X_{\mathrm{v}}} = \frac{\dfrac{K_{\mathrm{q}}}{A_{\mathrm{p}}}}{\left(1 + \dfrac{K}{K_{\mathrm{h}}}\right)s + \dfrac{K_{\mathrm{ce}}K}{A_{\mathrm{p}}^2}} = \frac{\dfrac{A_{\mathrm{p}}K_{\mathrm{q}}}{KK_{\mathrm{ce}}}}{\dfrac{s}{\omega_{\mathrm{r}}} + 1} \tag{7.68}$$

式中，ω_{r}——惯性环节的转折频率，$\mathrm{rad/s}$，$\omega_{\mathrm{r}} = \dfrac{K_{\mathrm{ce}}K}{A_{\mathrm{p}}^2\left(1 + \dfrac{K}{K_{\mathrm{h}}}\right)}$。

第三，理想空载的情况。在这种情况下，不计惯性、黏性、弹性负载的影响，由式(7.45)可得

$$\frac{X_{\mathrm{p}}}{X_{\mathrm{v}}} = \frac{\dfrac{K_{\mathrm{q}}}{A_{\mathrm{p}}}}{s} \tag{7.69}$$

液压控制系统常常是整个控制回路中的一个部分，此时其传递函数常常可以简化为以上三种形式。

(4)频率响应分析

阀控液压缸对指令输入和对干扰输入的动态特性可由相应的传递函数及其性能参数所确定。由于负载特性不同，其传递函数的形式也不同。所以，下面按没有弹性负载和有弹性负载两种情况加以讨论。

① 没有弹性负载时的频率响应分析

a. 对指令输入 X_{v} 的频率响应分析

对指令输入 X_{v} 的动态响应特性由传递函数式(7.52)表示，它由比例、积分和二阶振荡环节组成，主要的性能参数为速度放大系数 $\dfrac{K_{\mathrm{q}}}{A_{\mathrm{p}}}$，液压固有频率 ω_{h} 和液压阻尼比 ζ_{h}，其伯德图如图 7.11 所示。由图中的几何关系可知，穿越频率 $\omega_{\mathrm{c}} = \dfrac{K_{\mathrm{q}}}{A_{\mathrm{p}}}$。

b. 速度放大系数

由于传递函数中包含一个积分环节，所以在稳态时，液压缸活塞的输出速度与阀的输入位移成比例，比例系数 $\dfrac{K_{\mathrm{q}}}{A_{\mathrm{p}}}$ 即为速度放大系数(速度增益)。它表示阀对液压缸活塞速度控制的灵敏度。速度放大系数直接影响系统的稳定性、响应速度和精度。提高速度放大系数可以提高系统的响应速度和精度，但使系统的稳定性变坏。速度放大系数随阀的流量增益变化而变化。在零位工作点，阀的流量增益 K_{q0} 最大，而流量-压力系数 K_{c0} 最小，所以系统的稳定性最差。故在计算系统的稳定性时，应取零位流量增益 K_{q0}。

c. 液压固有频率

液压固有频率是负载质量与液压缸工作腔中液压介质的可压缩性所形成的液压弹簧耦合作用的结果。假设液压缸是无摩擦无泄漏的，两个工作腔充满高压液体并被完全封

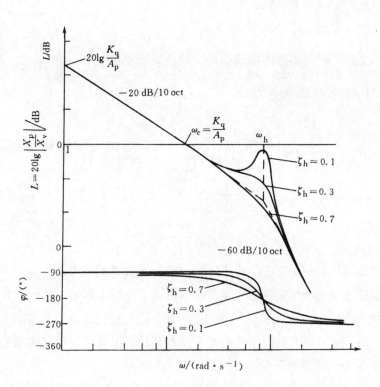

图 7.11 没有弹性负载时的伯德图

闭，如图 7.12 所示。由于液体的压缩性，当活塞受到外力作用时产生位移 Δx_p，使一腔压力升高 Δp_1，另一腔的压力降低 Δp_2，其中 $\Delta p_1 = \dfrac{\beta_e A_p}{V_1} \Delta x_p$，$\Delta p_2 = -\dfrac{\beta_e A_p}{V_2} \Delta x_p$。

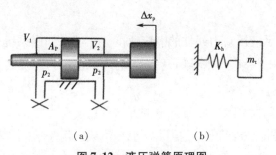

$$(a) \qquad\qquad (b)$$

图 7.12 液压弹簧原理图

被压缩液体产生的复位力为

$$A_p(\Delta p_1 - \Delta p_2) = \beta_e A_p{}^2 \left(\frac{1}{V_1} + \frac{1}{V_2} \right) \Delta x_p \qquad (7.70)$$

式(7.70)表明，被压缩液体产生的复位力与活塞位移成比例，因此被压缩液体的作用相当于一个线性液压弹簧，其刚度称为液压弹簧刚度。由式(7.70)得总液压弹簧刚度为

$$K_h = \beta_e A_p^2 \left(\frac{1}{V_1} + \frac{1}{V_2} \right) \tag{7.71}$$

它是液压缸两腔被压缩液体形成的两个液压弹簧刚度之和。式（7.71）表明 K_h 和活塞在液压缸中的位置有关。设 $V_1 = \frac{1}{2} V_t + \Delta V$，则 $V_2 = \frac{1}{2} V_t - \Delta V$。即 $K_h =$

$\beta_e A_p^2 \left(\dfrac{1}{\frac{1}{2} V_t + \Delta V} + \dfrac{1}{\frac{1}{2} V_t - \Delta V} \right) = \beta_e A_p^2 \dfrac{V_t}{\frac{V_t^2}{4} - \Delta V^2}$，可见当 $\Delta V = 0$ 时，即当活塞处在中间位

置时，液压弹簧刚度最小，为

$$K_h = \frac{4 \beta_e A_p^2}{V_t} \tag{7.72}$$

当活塞处在液压缸两端时，V_1 或 V_2 接近于零，液压弹簧刚度最大。

液压弹簧刚度是在液压缸两腔完全封闭的情况下推导出来的，实际上由于阀的开度和液压缸的泄漏的影响，液压缸不可能完全封闭，因此在稳态下这个弹簧刚度不存在。但在动态时，在一定的频率范围内泄漏来不及起作用，相当于一种封闭状态。因此，液压弹簧应理解为动态弹簧而不是静态弹簧。

液压弹簧与负载质量构成一个液压弹簧-质量系统，该系统的固有频率（活塞在中间位置时）为

$$\omega_h = \sqrt{\frac{K_h}{m_t}} = \sqrt{\frac{2 \beta_e A_p^2}{V_0 m_t}} = \sqrt{\frac{4 \beta_e A_p^2}{V_t m_t}} \tag{7.73}$$

在计算液压固有频率时，通常取活塞在中间位置时的值，因为此时 ω_h 最低，系统稳定性最差。

液压固有频率表示液压动力元件的响应速度。在液压伺服系统中，液压固有频率往往是整个系统中最低的频率，它限制了系统的响应速度。为了提高系统的响应速度，应提高液压固有频率。

由式（7.73）可见，提高液压固有频率的方法有：

第一，增大液压缸活塞面积 V_t。但 ω_h 与 A_p 不成比例关系，因为 A_p 增大压缩容积 V_t 也随之增加。增大 A_p 的缺点是，为了满足同样的负载速度，需要的负载流量增大了，使阀、连接管道和液压能源装置的尺寸重量也随之增大。活塞面积 A_p 主要是由负载决定的，有时为满足响应速度的要求，也采用增大 A_p 的办法来提高 ω_h。

第二，减小总压缩容积 V_t，主要是减小液压缸的无效容积和连接管道的容积。应使阀靠近液压缸，最好将阀和液压缸装在一起。另外，也应考虑液压执行元件型式的选择，长行程、输出力小时可选用液压马达，短行程、输出力大时可选用液压缸。

第三，减小折算到活塞上的总质量 m_t。m_t 包括活塞质量、负载折算到活塞上的质量、液压缸两腔的油液质量、阀与液压缸连接管道中的油液折算质量。负载质量由负载

决定，改变的余地不大。当连接管道细而长时，管道中的油液质量对 ω_h 的影响不容忽视，否则将造成比较大的计算误差。假设管道过流面积为 a，管道中油液的总质量为 m_0，则折算到液压缸活塞上的等效质量为 $m_0 \dfrac{A_p^2}{a^2}$。

第四，提高油液的有效体积弹性模量 β_e。在 ω_h 所包含的物理量中，β_e 是最难确定的。β_e 值受油液的压缩性、管道及缸体机械柔性和油液中所含空气的影响，其中以混入油液中的空气的影响最为严重。为了提高 β_e 值，应当尽量减少混入空气，并避免使用软管。一般取 $\beta_e = 700\mathrm{MPa}$，有条件时取实测值最好。

d. 液压阻尼比

由式(7.49)可见，液压阻尼比 ζ_h 主要由总流量-压力系数 K_{ce} 和负载的黏性阻尼系数 B_p 所决定，式中其他参数是考虑其他因素确定的。在一般的液压控制伺服系统中，B_p 较 K_{ce} 小得多，故 B_p 可以忽略不计。在 K_{ce} 中，液压缸的总泄漏系数 C_{tp} 又较阀的流量-压力系数 K_c 小得多，所以 ζ_h 主要由 K_c 值决定。在零位时 K_c 值最小，从而具有最小的阻尼比。在计算系统的稳定性时应取零位时的 K_c 值，因为此时系统的稳定性最差。K_c 值随工作点不同会有很大的变化。在阀芯位移 X_v 和负载压力 p_L 较大时，由于 K_c 值增大使液压阻尼比急剧增大，可使 $\zeta_h > 1$，其变化范围达 20~30 倍。液压阻尼比是一个难以准确计算的"软量"。零位阻尼比小、阻尼比变化范围大，是液压伺服系统的一个特点。在进行系统分析和设计时，特别是进行系统校正时，应该注意这一点。

液压阻尼比表示系统的相对稳定性。为获得满意的性能，液压阻尼比应具有适当的值。一般液压伺服系统是低阻尼的，提高液压阻尼比对改善系统性能是十分重要的。其方法有：

第一，设置旁路泄漏通道。在液压缸两个工作腔之间设置旁路通道增加泄漏系数 C_{tp}。缺点是增大了功率损失，降低了系统的总压力增益和系统的刚度，增加外负载力引起的误差。另外，系统性能受温度变化的影响较大。

第二，采用正开口阀。正开口阀的 K_{c0} 值大，可以增加阻尼，但也要使系统刚度降低，而且零位泄漏量引起的功率损失比第一种办法还要大。另外正开口阀还要带来非线性流量增益、稳态液动力变化等问题。

第三，增加负载的黏性阻尼。需要另外设置阻尼器，增加了结构的复杂性。

e. 对干扰输入 F_L 的频率响应分析

负载干扰力 F_L 对液压缸的输出位移 X_p 和输出速度 $\dot{X}_p$ 有影响，这种影响可以用刚度来表示。下面分别研究阀控液压缸的动态位置刚度特性和动态速度刚度特性。

第一，动态位置刚度特性。传递函数式(7.73)表示阀控液压缸的动态位置柔度特性，其倒数即为动态位置刚度特性，可写为

$$\frac{F_{\mathrm{L}}}{X_{\mathrm{p}}} = -\frac{\dfrac{A_{\mathrm{p}}^2}{K_{\mathrm{ce}}}s\left(\dfrac{s^2}{\omega_{\mathrm{h}}^2} + \dfrac{2\zeta_{\mathrm{h}}}{\omega_{\mathrm{h}}}s + 1\right)}{\dfrac{V_{\mathrm{t}}}{4\beta_{\mathrm{e}}K_{\mathrm{ce}}}s + 1} \tag{7.74}$$

当 $B_{\mathrm{p}} = 0$ 时，$\dfrac{4\beta_{\mathrm{e}}K_{\mathrm{ce}}}{V_{\mathrm{t}}} = 2\zeta_{\mathrm{h}}\omega_{\mathrm{h}}$，则式(7.74)可改写成

$$\frac{F_{\mathrm{L}}}{X_{\mathrm{p}}} = -\frac{\dfrac{A_{\mathrm{p}}^2}{K_{\mathrm{ce}}}s\left(\dfrac{s^2}{\omega_{\mathrm{h}}^2} + \dfrac{2\zeta_{\mathrm{h}}}{\omega_{\mathrm{h}}}s + 1\right)}{\dfrac{s}{2\zeta_{\mathrm{h}}\omega_{\mathrm{h}}} + 1} \tag{7.75}$$

式(7.75)表示的动态位置刚度特性由惯性环节、比例环节、理想微分环节和二阶微分环节组成。由于 ζ_{h} 很小，因此转折频率 $2\zeta_{\mathrm{h}}\omega_{\mathrm{h}} < \omega_{\mathrm{h}}$。式中的负号表示负载力增加使输出减小。式(7.75)的幅频特性如图 7.13 所示。

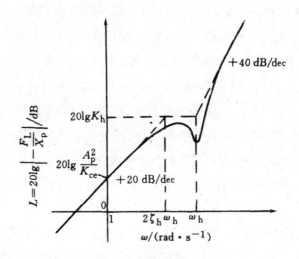

图 7.13　动态位置刚度的幅频特性

动态位置刚度与负载干扰力 F_{L} 的变化频率 ω 有关。在 $\omega < 2\zeta_{\mathrm{h}}\omega_{\mathrm{h}}$ 的低频段上，惯性环节和二阶微分环节不起作用，由式(7.75)可得

$$\left|-\frac{F_{\mathrm{L}}}{X_{\mathrm{p}}}\right| = \frac{A_{\mathrm{p}}^2}{K_{\mathrm{ce}}}\omega \tag{7.76}$$

当 $\omega = 0$ 时，得静态位置刚度 $|-F_{\mathrm{L}}/X_{\mathrm{p}}|_{\omega=0} = 0$。因为在恒定的外负载力作用下，由于泄漏的影响，活塞将连续不断移动，没有确定的位置。随着频率增加，泄漏的影响越来越小，动态位置刚度随频率成比例增大。

在 $2\zeta_{\mathrm{h}}\omega_{\mathrm{h}} < \omega < \omega_{\mathrm{h}}$ 的中频段上，比例环节、惯性环节和理想微分环节同时起作用，动态位置刚度为一常数，其值为

$$\left| -\frac{F_{\text{L}}}{X_{\text{p}}} \right| = \left. \frac{A_{\text{p}}^2}{K_{\text{ce}}} s \right|_{s=j2\zeta_{\text{h}}\,\omega_{\text{h}}} = \frac{4\beta_{\text{e}}A_{\text{p}}^2}{V_{\text{t}}} = K_{\text{h}} \tag{7.77}$$

在中频段上，由于负载干扰力的变化频率较高，液压缸工作腔的油液来不及泄漏，可以看成完全封闭的，其动态位置刚度就等于液压刚度。

在 $\omega > \omega_{\text{h}}$ 的高频段上，二阶微分环节起主要作用，动态位置刚度由负载惯性所决定。动态位置刚度随频率的二次方增加，但一般很少在此频率范围工作。

第二，动态速度刚度特性。由式(7.75)或式(7.76)可求得低频段（ $\omega < 2\zeta_{\text{h}}\omega_{\text{h}}$ ）上的动态速度刚度为

$$\left| -\frac{F_{\text{L}}}{\dot{X}_{\text{p}}} \right| = \frac{A_{\text{p}}^2}{K_{\text{ce}}} \tag{7.78}$$

此时，液压缸相当于一个阻尼系数为 $\dfrac{A_{\text{p}}^2}{K_{\text{ce}}}$ 的黏性阻尼器。从物理意义上说，在低频时因负载压差产生的泄漏流量被很小的泄漏通道所阻碍，产生黏性阻尼作用。

在 $\omega = 0$ 时，由式(7.75)可求得静态速度刚度为

$$\left| -\frac{F_{\text{L}}}{\dot{X}_{\text{p}}} \right|_{\omega=0} = \frac{A_{\text{p}}^2}{K_{\text{ce}}} \tag{7.79}$$

其倒数为静态速度柔度：

$$\left| -\frac{\dot{X}_{\text{p}}}{F_{\text{L}}} \right| = \frac{K_{\text{ce}}}{A_{\text{p}}^2} \tag{7.80}$$

它是速度下降值与所加恒定外负载力之比。

② 有弹性负载时的频率响应分析

有弹性负载时，活塞位移对阀芯位移的传递函数可由式(7.64)求得：

$$\frac{X_{\text{p}}}{X_{\text{v}}} = \frac{\dfrac{K_{\text{ps}}A_{\text{p}}}{K}}{\left(\dfrac{s}{\omega_{\text{r}}} + 1 \right)\left(\dfrac{s^2}{\omega_0^2} + \dfrac{2\zeta_0}{\omega_0}s + 1 \right)} \tag{7.81}$$

其主要性能参数有 $\dfrac{K_{\text{ps}}A_{\text{p}}}{K}$ 、 ω_{r} 、 ω_0 和 ζ_0 。

在稳态情况下，对于一定的阀芯位移 X_{v} ，液压缸活塞有一个确定的输出位移 X_{p} ，两者之间的比例系数 $\dfrac{K_{\text{ps}}A_{\text{p}}}{K}$ 即为位置放大系数。位置放大系数中的总压力增益 K_{ps} 包含阀的压力增益 K_{p} ， K_{p} 随工作点在很大的范围内变化，因此位置放大系数也随工作点在很大范围内变化，在零位时其值最大。另外，位置放大系数和负载刚度有关，这和无弹性负载的情况不同。

综合固有频率 ω_0 见式(7.58)，它是液压弹簧与负载弹簧并联时的刚度与负载质量

之比。负载刚度提高了二阶振荡环节的固有频率 ω_0，ω_0 是 ω_h 的 $\sqrt{1+\dfrac{K}{K_h}}$ 倍。综合阻尼比 ζ_0 见式(7.59)。负载刚度降低了二阶振荡环节的阻尼比。在 $B_p=0$ 时，ζ_0 是 ζ_h 的 $\dfrac{1}{(1+K/K_h)^{1.5}}$。惯性环节的转折频率 ω_r 见式(7.65)。它是液压弹簧与负载弹簧串联时的刚度与阻尼系数之比。ω_r 随负载刚度变化，如果负载刚度很小，则 ω_r 很低，惯性环节可以近似看成积分环节。这种近似对动态分析不会有什么影响，但对稳态误差分析是有影响的。

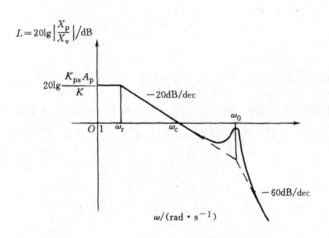

图 7.14　有弹性负载时的幅频特性曲线

根据式(7.81)可以作出有弹性负载时的幅频特性，如图 7.14 所示。由图中的几何关系可得穿越频率 ω_c 为

$$\omega_c = \frac{K_q}{A_p\left(1+\dfrac{K}{K_h}\right)} \tag{7.82}$$

7.3.2.2　四边阀控制液压马达

阀控液压马达也是一种常用的液压动力元件。其分析方法与阀控液压缸的相同，下面简要加以介绍。

阀控液压马达原理图如图 7.15 所示。利用 7.3.2.1 中分析阀控液压缸的方法，可以得到阀控液压马达的三个基本方程的拉普拉斯变换式：

$$Q_L = K_q X_v - K_c P_L \tag{7.83}$$

$$Q_L = D_m s\theta_m + C_{tm}P_L + \frac{V_t}{4\beta_e}sP_L \tag{7.84}$$

$$D_m P_L = J_t s^2 \theta_m + B_m s\theta_m + G\theta_m + T_L \tag{7.85}$$

式中，θ_m ——液压马达的转角，(°)；

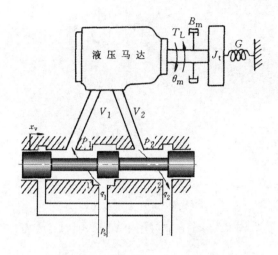

图 7.15　阀控液压马达原理图

D_m ——液压马达的排量，m^3；

C_{tm} ——液压马达的总泄漏系数，$\mathrm{m}^3 \cdot \mathrm{s}^{-1}/\mathrm{Pa}$，$C_{tm} = C_{im} + \dfrac{1}{2}C_{em}$，$C_{im}$ 和 C_{em} 分别为
内、外泄漏系数；

V_t ——液压马达两腔及连接管道总容积，m^3；

J_t ——液压马达和负载折算到马达轴上的总惯量，$\mathrm{kg} \cdot \mathrm{m}^2$；

B_m ——液压马达和负载的黏性阻尼系数，$\mathrm{N} \cdot \mathrm{s}/\mathrm{m}$；

G ——负载的扭转弹簧刚度，N/m；

T_L ——作用在马达轴上的任意外负载力矩，$\mathrm{N} \cdot \mathrm{m}$。

将式(7.83)~式(7.85)与式(7.86)~式(7.88)相比较，可以看出它们的形式相同。只要将阀控液压缸基本方程中的结构参数和负载参数改成液压马达的相应参数，就可以得到阀控液压马达的基本方程。由于基本方程的形式相同，所以只要将式(7.45)中的液压缸参数改成液压马达参数，即可得阀控液压马达在阀芯位移 X_v 和外负载力矩 T_L 同时输入时的总输出为

$$\theta_m = \frac{\dfrac{K_q}{D_m}X_v - \dfrac{K_{ce}}{D_m^2}\left(1 + \dfrac{V_t}{4\beta_e K_{ce}}s\right)T_L}{\dfrac{J_t V_t}{4\beta_e D_m^2}s^3 + \left(\dfrac{B_m V_t}{4\beta_e D_m^2} + \dfrac{J_t K_{ce}}{D_m^2}\right)s^2 + \left(\dfrac{G V_t}{4\beta_e D_m^2} + \dfrac{B_m K_{ce}}{D_m^2} + 1\right)s + \dfrac{G K_{ce}}{D_m^2}} \tag{7.86}$$

式中，K_{ce} ——总流量-压力系数，$K_{ce} = K_c + C_{tm}$。

对阀控液压马达弹簧负载很少见，无弹性负载，且 $\dfrac{B_m K_{ce}}{D_m^2} \leqslant 1$ 时，式(7.86)可简化为

$$\theta_{\mathrm{m}} = \cfrac{\cfrac{K_{\mathrm{q}}}{D_{\mathrm{m}}}X_{\mathrm{v}} - \cfrac{K_{\mathrm{ce}}}{D_{\mathrm{m}}^2}\left(1 + \cfrac{V_{\mathrm{t}}}{4\beta_{e}K_{\mathrm{ce}}}s\right)T_{\mathrm{L}}}{s\left(\cfrac{s^2}{\omega_{\mathrm{h}}^2} + \cfrac{2\zeta_{\mathrm{h}}}{\omega_{\mathrm{h}}}s + 1\right)} \tag{7.87}$$

式中，

$$\omega_{\mathrm{h}} = \sqrt{\frac{4\beta_{e}D_{\mathrm{m}}^2}{V_{\mathrm{t}}J}} \tag{7.88}$$

$$\zeta_{\mathrm{h}} = \frac{K_{\mathrm{ce}}}{D_{\mathrm{m}}}\sqrt{\frac{\beta_{e}J_{\mathrm{t}}}{V_{\mathrm{t}}}} + \frac{B_{\mathrm{m}}}{4D_{\mathrm{m}}}\sqrt{\frac{V_{\mathrm{t}}}{\beta_{e}J_{\mathrm{t}}}} \tag{7.89}$$

通常负载黏性阻尼系数 B_{m} 很小，ζ_{h} 可用下式表示

$$\zeta_{\mathrm{h}} = \frac{K_{\mathrm{ce}}}{D_{\mathrm{m}}}\sqrt{\frac{\beta_{e}J_{\mathrm{t}}}{V_{\mathrm{t}}}} \tag{7.90}$$

液压马达轴的转角对阀芯位移的传递函数为

$$\frac{\theta_{\mathrm{m}}}{X_{\mathrm{v}}} = \cfrac{\cfrac{K_{\mathrm{q}}}{D_{\mathrm{m}}}}{s\left(\cfrac{s^2}{\omega_{\mathrm{h}}^2} + \cfrac{2\zeta_{\mathrm{h}}}{\omega_{\mathrm{h}}}s + 1\right)} \tag{7.91}$$

液压马达轴的转角对外负载力矩的传递函数为

$$\frac{\theta_{\mathrm{m}}}{T_{\mathrm{L}}} = \cfrac{-\cfrac{K_{\mathrm{ce}}}{D_{\mathrm{m}}^2}\left(1 + \cfrac{V_{\mathrm{t}}}{4\beta_{e}K_{\mathrm{ce}}}s\right)}{s\left(\cfrac{s^2}{\omega_{\mathrm{h}}^2} + \cfrac{2\zeta_{h}}{\omega_{\mathrm{h}}}s + 1\right)} \tag{7.92}$$

阀控液压马达的方框图、传递函数简化和动态特性分析与前述阀控液压缸各项的类似。

7.3.2.3　三通阀控制差动液压缸

三通阀控制差动液压缸的原理如图 7.16 所示。三通阀控制差动液压缸经常用作机液位置控制系统的动力元件，例如用于仿形机床和助力操纵系统中。

（1）基本方程

① 阀的流量线性化方程为

$$q_{\mathrm{L}} = K_{\mathrm{q}}x_{\mathrm{v}} - K_{\mathrm{c}}p_{\mathrm{c}} \tag{7.93}$$

式中，p_{c}——液压缸控制腔的控制压力，Pa 。

② 液压缸控制腔的流量连续性方程为

$$q_{\mathrm{L}} + C_{\mathrm{ip}}(p_{\mathrm{s}} - p_{\mathrm{c}}) = A_{\mathrm{h}}\frac{\mathrm{d}x_{\mathrm{p}}}{\mathrm{d}t} + \frac{V_{\mathrm{c}}}{\beta_{e}}\frac{\mathrm{d}p_{\mathrm{c}}}{\mathrm{d}t} \tag{7.94}$$

式中，C_{ip}——液压缸内部泄漏系数，$\mathrm{m}^3/(\mathrm{s} \cdot \mathrm{Pa})$；

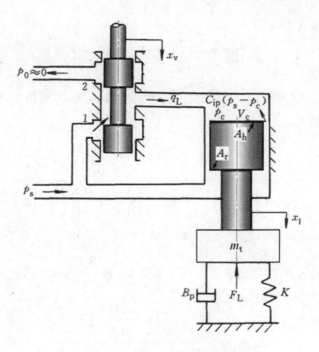

图 7.16　三通阀控制差动液压缸原理图

A_h ——液压缸控制腔的活塞面积，m^2；

V_c ——液压缸控制腔的容积，m^3。

$$V_c = V_0 + A_h x_p \tag{7.95}$$

式中，V_0——液压缸控制腔的初始容积，m^3。

假定活塞位移很小，即 $|A_h x_p| \ll V_0$，则 $V_c \approx V_0$。将式(7.94)与式(7.95)合并，得到

$$q_L + C_{ip} p_s = A_h \frac{\mathrm{d}x_p}{\mathrm{d}t} + C_{ip} p_c + \frac{V_0}{\beta_e} \frac{\mathrm{d}p_c}{\mathrm{d}t}$$

其增量的拉普拉斯变换为

$$Q_L = A_h s X_p + C_{ip} p_c + \frac{V_0}{\beta_e} s P_c \tag{7.96}$$

③ 活塞和负载的力平衡方程为

$$A_h p_c - A_r p_s = m_t \frac{\mathrm{d}^2 X_p}{\mathrm{d}t^2} + B_p \frac{\mathrm{d}X_p}{\mathrm{d}t} + K X_p + F_L$$

式中，A_r ——活塞杆侧的活塞有效面积，m^2；

m_t ——活塞和负载的总质量，kg；

B_p ——黏性阻尼系数，N·s/m；

K ——负载弹簧刚度，N/m；

F_L ——外负载力，N。

其增量的拉氏变换式为

$$A_h P_c = m_t s^2 X_p + B_p s X_p + K X_p + F_L \tag{7.97}$$

（2）传递函数

由式（7.93）、式（7.96）、式（7.97）消去中间变量 Q_L 和 P_c 可得 X_v 和 F_L 同时作用时活塞的总输出位移为

$$X_p = \frac{\dfrac{K_q}{A_h} X_v - \dfrac{K_{ce}}{A_h^2}\left(1 + \dfrac{V_0}{\beta_e K_{ce}}s\right) F_L}{\dfrac{m_t V_0}{\beta_e A_h^2}s^3 + \left(\dfrac{B_p V_0}{\beta_e A_h^2} + \dfrac{m_t K_{ce}}{A_h^2}\right)s^2 + \left(\dfrac{K V_0}{\beta_e A_h^2} + \dfrac{B_p K_{ce}}{A_h^2} + 1\right)s + \dfrac{K K_{ce}}{A_h^2}} \tag{7.98}$$

式中，K_{ce}——总流量-压力系数，$K_{ce} = K_c + C_{tp}$。

如前所述，通常 B_p 比阻尼系数 A_h^2/K_{ce} 小得多，即 $\dfrac{B_p K_{ce}}{A_h^2} \ll 1$，则上式可简化为

$$X_p = \frac{\dfrac{K_q}{A_h} X_v - \dfrac{K_{ce}}{A_h^2}\left(1 + \dfrac{V_0}{\beta_e K_{ce}}s\right) F_L}{\dfrac{s^3}{\omega_h^2} + \dfrac{2\zeta_h}{\omega_h}s^2 + \left(1 + \dfrac{K}{K_h}\right)s + \dfrac{K_{ce} K}{A_h^2}} \tag{7.99}$$

式中，K_h——液压弹簧刚度，$K_h = \dfrac{\beta_e A_h^2}{V_0}$，N/m；

ω_h——液压固有频率，rad/s；

ζ_h——液压阻尼比。

$$\omega_h = \sqrt{\frac{K_h}{m_t}} = \sqrt{\frac{\beta_e A_h^2}{V_0 m_t}} \tag{7.100}$$

$$\zeta_h = \frac{K_{ce}}{2A_h}\sqrt{\frac{\beta_e m_t}{V_0}} + \frac{B_p}{2A_h}\sqrt{\frac{V_0}{\beta_e m_t}} \tag{7.101}$$

式（7.99）与式（7.55）的分母多项式在形式上是一样的。因此，在满足下列条件时，

$$\frac{K}{K_h} \ll 1$$

$$\left[\frac{K_{ce}\sqrt{m_t K}}{A_h^2}\right]^2 \ll 1$$

式（7.99）可近似简化为

$$X_p = \frac{\dfrac{K_q}{A_h} X_v - \dfrac{K_{ce}}{A_h^2}\left(1 + \dfrac{V_0}{\beta_e K_{ce}}s\right) F_L}{\left(s + \dfrac{K_{ce} K}{A_h^2}\right)\left(\dfrac{s^2}{\omega_h^2} + \dfrac{2\zeta_h}{\omega_h}s + 1\right)} \tag{7.102}$$

式（7.102）可改写为

$$X_p = \dfrac{\dfrac{K_q A_h}{K_{ce} K} X_v - \dfrac{1}{K}\left(1 + \dfrac{V_0}{\beta_e K_{ce}} s\right) F_L}{\left(\dfrac{s}{\omega_r} + 1\right)\left(\dfrac{s^2}{\omega_h^2} + \dfrac{2\zeta_h}{\omega_h} s + 1\right)} \tag{7.103}$$

式中，$\dfrac{K_q}{K_{ce}}$——总压力增益，$\mathrm{Pa/m}$；

$\qquad \omega_r$——惯性环节的转折频率，$\mathrm{rad/s}$，$\omega_r = \dfrac{K_{ce} K}{A_h^2}$。

没有弹性负载时，式（7.102）可简化为

$$X_p = \dfrac{\dfrac{K_q}{A_h} X_v - \dfrac{K_{ce}}{A_h^2}\left(1 + \dfrac{V_0}{\beta_e K_{ce}} s\right) F_L}{s\left(\dfrac{s^2}{\omega_h^2} + \dfrac{2\zeta_h}{\omega_h} s + 1\right)} \tag{7.104}$$

活塞位移对阀芯位移的传递函数为

$$\dfrac{X_p}{X_v} = \dfrac{\dfrac{K_q}{A_h}}{S\left(\dfrac{s^2}{\omega_h^2} + \dfrac{2\zeta_h}{\omega_h} s + 1\right)} \tag{7.105}$$

将式（7.105）、式（7.100）、式（7.101）与式（7.52）、式（7.73）、式（7.49）相比较可以看出，三通阀控制差动液压缸和四通阀控制液压缸的传递函数式形式是一样的，但液压固有频率和阻尼比不同。前者的液压固有频率是后者 $1/\sqrt{2}$，在不考虑 B_p 的影响时，阻尼比也是后者的 $1/\sqrt{2}$。其原因是，在三通阀控制差动液压缸中只有一个控制腔，因而只形成一个液压弹簧。而在四边阀控制双作用液压缸中有两个控制腔，形成两个液压弹簧，其总刚度是一个控制腔的两倍。

7.3.2.4　泵控液压马达

泵控液压马达是由变量泵和定量马达组成的，如图 7.17 所示。变量泵 1 以恒定的转速 ω_p 旋转，通过改变变量泵的排量来控制液压马达 2 的转动状态。补油系统是一个小流量的恒压源，补油泵 7 的压力由补油溢流阀 5 调定。补油泵通过单向阀 4 向低压管道补油，用以补偿液压泵和液压马达的泄漏，并保证低压管道有一个恒定的压力值，以防止出现气穴现象和空气渗入系统，同时也能帮助系统散热，补油泵通常也可作为液压泵变量控制机构的液压源。

（1）基本方程

在推导液压马达转角与液压泵摆角的传递函数时，假设：

①连接管道较短，可以忽略管道中的压力损失和管道动态。并设两根管道完全相同，液压泵和液压马达腔的容积为常数。

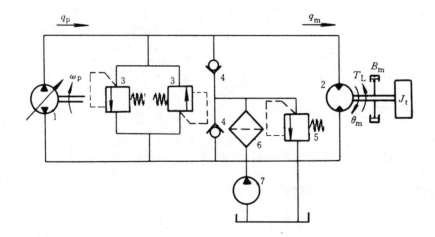

1—变量泵；2—液压马达；3—安全阀；4—单向阀；5—溢流阀；6—过滤器；7—液压泵

图 7.17 泵控液压马达系统

②液压泵和液压马达的泄漏为层流，壳体内压力为大气压，忽略低压腔向壳体内的泄漏。

③每个腔室内的压力是均匀相等的，液体黏度和密度为常数。

④补油系统工作无滞后，补油压力为常数。在工作中低压管道压力不变等于补油压力，只有高压管道压力变化。

⑤输入信号较小，不发生压力饱和现象。

⑥液压泵的转速恒定。

变量泵的排量为

$$D_p = K_p \gamma \tag{7.106}$$

式中，K_p——变量泵的排量梯度，$m^3/(°)$；

γ——变量泵变量机构的摆角，$(°)$。

变量泵的流量方程为

$$q_p = D_p \omega_p - C_{ip}(p_1 - p_r) - C_{ep}p_1 \tag{7.107}$$

式中，ω_p——变量泵的转速，rad/s；

C_{ip}——变量泵的内泄漏系数，$m^3/(s \cdot Pa)$；

C_{ep}——变量泵的外泄漏系数，$m^3/(s \cdot Pa)$；

p_r——低压管道的补油压力，Pa。

将式(7.106)代入式(7.107)，其增量方程的拉普拉斯变换式为

$$Q_p = K_{qp} \gamma - C_{tp} P_1 \tag{7.108}$$

式中，K_{qp}——变量泵的流量增益，$K_{qp} = K_p \omega_p$；

C_{tp}——变量泵的总泄漏系数，$C_{tp} = C_{ip} + C_{ep}$，$m^3/(s \cdot Pa)$。

液压马达高压腔的流量连续性方程为

$$q_{\mathrm{p}} = C_{\mathrm{im}}(p_1 - p_{\mathrm{r}}) + C_{\mathrm{em}}p_1 + D_{\mathrm{m}}\frac{\mathrm{d}\theta_{\mathrm{m}}}{\mathrm{d}t} + \frac{V_0}{\beta_{\mathrm{e}}}\frac{\mathrm{d}p_1}{\mathrm{d}t}$$

式中，C_{im} ——液压马达的内泄漏系数，$\mathrm{m}^3/(\mathrm{s} \cdot \mathrm{Pa})$ ；

$\quad\;\; C_{\mathrm{em}}$ ——液压马达的外泄漏系数，$\mathrm{m}^3/(\mathrm{s} \cdot \mathrm{Pa})$ ；

$\quad\;\; D_{\mathrm{m}}$ ——液压马达的排量，m^3 ；

$\quad\;\; \theta_{\mathrm{m}}$ ——液压马达的转角，rad ；

$\quad\;\; V_0$ ——一个腔室的总容积(包括液压泵和液压马达的一个工作腔、一根连接管道及与此相连的非工作容积)，m^3 。

其增量方程的拉普拉斯变换式为

$$Q_{\mathrm{p}} = C_{\mathrm{tm}}P_1 + D_{\mathrm{m}}s\theta_{\mathrm{m}} + \frac{V_0}{\beta_{\mathrm{e}}}sP_1 \tag{7.109}$$

式中，C_{tm} ——液压马达的总泄漏系数，$C_{\mathrm{tm}} = C_{\mathrm{im}} + C_{\mathrm{em}}$ ，$\mathrm{m}^3/(\mathrm{s} \cdot \mathrm{Pa})$ 。

液压马达和负载的力矩平衡方程为

$$D_{\mathrm{m}}(p_1 - p_{\mathrm{r}}) = J_{\mathrm{t}}\frac{\mathrm{d}^2\theta_{\mathrm{m}}}{\mathrm{d}t^2} + B_{\mathrm{m}}\frac{\mathrm{d}\theta_{\mathrm{m}}}{\mathrm{d}t} + G\theta_{\mathrm{m}} + T_{\mathrm{L}}$$

式中，J_{t} ——液压马达和负载(折算到液压马达轴上)的总惯量，$\mathrm{kg} \cdot \mathrm{m}^2$ ；

$\quad\;\; B_{\mathrm{m}}$ ——黏性阻尼系数，$\mathrm{N} \cdot \mathrm{m} \cdot \mathrm{s/rad}$ ；

$\quad\;\; G$ ——负载扭簧刚度，$\mathrm{N} \cdot \mathrm{m/rad}$ ；

$\quad\;\; T_{\mathrm{L}}$ ——作用在液压马达轴上的任意外负载力矩，$\mathrm{N} \cdot \mathrm{m}$ 。

增量方程的拉普拉斯变换式为

$$D_{\mathrm{m}}P_1 = J_{\mathrm{t}}s^2\theta_{\mathrm{m}} + B_{\mathrm{m}}s\theta_{\mathrm{m}} + G\theta_{\mathrm{m}} + T_{\mathrm{L}} \tag{7.110}$$

（2）传递函数

由基本方程式(7.108)、式(7.109)、式(4.78)消去中间变量 Q_p、P_l 可得

$$\theta_{\mathrm{m}} = \frac{\dfrac{K_{\mathrm{qp}}}{D_{\mathrm{m}}}\gamma - \dfrac{C_{\mathrm{t}}}{D_{\mathrm{m}}^{2}}\left(1 + \dfrac{V_0}{\beta_{\mathrm{e}}C_{\mathrm{t}}}s\right)T_{\mathrm{L}}}{\dfrac{V_0 J_{\mathrm{t}}}{\beta_{\mathrm{e}}D_{\mathrm{m}}^{2}}s^3 + \left(\dfrac{C_{\mathrm{t}}J_{\mathrm{t}}}{D_{\mathrm{m}}^{2}} + \dfrac{B_{\mathrm{m}}V_0}{\beta_{\mathrm{e}}D_{\mathrm{m}}^{2}}\right)s^2 + \left(1 + \dfrac{C_{\mathrm{t}}B_{\mathrm{m}}}{D_{\mathrm{m}}^{2}} + \dfrac{GV_0}{\beta_{\mathrm{e}}D_{\mathrm{m}}^{2}}\right)s + \dfrac{GC_{\mathrm{t}}}{D_{\mathrm{m}}^{2}}} \tag{7.111}$$

式中，C_{t} ——总的泄漏系数，$C_{\mathrm{t}} = C_{\mathrm{tp}} + C_{\mathrm{tm}}$ ，$\mathrm{m}^3/(\mathrm{s} \cdot \mathrm{Pa})$ 。

当 $\dfrac{C_{\mathrm{t}}B_{\mathrm{m}}}{D_{\mathrm{m}}^{2}} \leqslant 1$ 且无弹性负载时，上式可简化成

$$\theta_{\mathrm{m}} = \frac{\dfrac{K_{\mathrm{qp}}}{D_{\mathrm{m}}}\gamma - \dfrac{C_{\mathrm{t}}}{D_{\mathrm{m}}^{2}}\left(1 + \dfrac{V_0}{\beta_{\mathrm{e}}C_{\mathrm{t}}}s\right)T_{\mathrm{L}}}{s\left(\dfrac{s^2}{\omega_{\mathrm{h}}^{2}} + \dfrac{2\zeta_{\mathrm{h}}}{\omega_{\mathrm{h}}}s + 1\right)} \tag{7.112}$$

式中，ω_h——液压固有频率，rad/s；

ζ_h——液压阻尼比。

$$\omega_h = \sqrt{\frac{\beta_e D_m^2}{V_0 J_t}} \tag{7.113}$$

$$\zeta_h = \frac{C_t}{2D_m}\sqrt{\frac{\beta_e J_t}{V_0}} + \frac{B_m}{2D_m}\sqrt{\frac{V_0}{\beta_e J_t}} \tag{7.114}$$

液压马达轴转角对变量泵摆角的传递函数为

$$\frac{\theta_m}{\gamma} = \frac{\dfrac{K_{qp}}{D_m}}{s\left(\dfrac{s^2}{\omega_h^2} + \dfrac{2\zeta_h}{\omega_h}s + 1\right)} \tag{7.115}$$

液压马达轴转角对任意外负载力矩的传递函数为

$$\frac{\theta_m}{T_L} = \frac{-\dfrac{C_t}{D_m^2}\left(1 + \dfrac{V_0}{\beta_e C_t}s\right)}{s\left(\dfrac{s^2}{\omega_h^2} + \dfrac{2\zeta_h}{\omega_h}s + 1\right)} \tag{7.116}$$

7.4.2.5 泵控液压马达与阀控液压马达的比较

将式(7.112)与式(7.87)进行比较，可以看出这两个方程的形式是一样的，因此这两种动力元件的动态特性没有什么根本的差别，但相应参数的数值及变化范围却有很大的不同。

① 泵控液压马达的液压固有频率较低。在一根管道的压力等于常数时，因为只有一个控制管道压力发生变化，所以液压弹簧刚度为阀控液压马达的一半，液压固有频率是阀控液压马达的$1/\sqrt{2}$。另外，液压泵的工作腔容积较大，这使液压固有频率进一步降低。

② 泵控液压马达的阻尼比较小，但较恒定。泵控液压马达的总泄漏系数C_t比阀控液压马达的总流量-压力系数K_{ce}小，因此，阻尼比小于阀控液压马达的阻尼比。泵控液压马达几乎总是欠阻尼的，为达到满意的阻尼比往往有意地设置旁路泄漏通道或内部压力反馈回路。泵控液压马达的总泄漏系数基本上是恒定的，因此阻尼比也比较恒定。

③ 泵控液压马达的增益K_{qp}/C_t和静态速度刚度D_m^2/C_t比较恒定。

④ 由式(7.116)所确定的动态柔度或由其倒数所确定的动态刚度特性，由于泵控液压马达的液压固有频率和阻尼比较低，所以动态刚度不如阀控液压马达好。但由于C_t较小，故静态速度刚度是很好的。

总之，泵控液压马达是相当线性的元件，其增益和阻尼比都是比较恒定的，固有频率的变化与阀控液压马达相似。所以泵控液压马达的动态特性比阀控液压马达更加易于预测，计算出的性能和实测的性能比较接近，而且受工作点变化的影响也较小。但是，由于泵控液压马达固有频率较低，还要附加一个变量控制伺服机构，因此总的响应特性不如阀控液压马达好。

第8章 液压系统仿真建模实例

8.1 精密液压播种机

精密液压播种机主要用于实现精密播种，完成现代农业保护性耕种的需求。相比与传统的播种机，精密液压播种机具有节省人工、节省种子用量、降低能源消耗、增加产量等显著的优点。本节将对精密液压播种机的动态性能进行建模和仿真研究。这种播种机采用电液技术与传统的播种机相结合的形式，仿形机构由传统的机械仿形机构变为电液仿形机构，使仿形更具有主动性。仿真研究的目的是实现对液压播种机的精确深度控制。

8.1.1 系统工作原理及建模过程

精密液压播种机单体是以拖拉机牵引来实施作业的，利用拖拉机自身齿轮泵提供的液压油，作为液压系统的动力源。根据工作装置工作时的负载和动作要求，设计并确定液压系统的工作方案，选择与之匹配的电液伺服阀。液压系统的设计必须满足油缸动作快速、准确、稳定，以保证精密液压播种机单体能够精确地仿形。

精密液压播种机单体的液压系统的原理图如图8.1所示，其中主要的液压元器件包括液压泵、伺服阀、伺服信号放大器、安全阀、单向阀、液压缸、油箱。电液仿形播种机仿形的工作原理：当伺服阀左端通电，电磁阀换向，液压泵出口液压油进入液压缸左腔，液压缸另一腔油液回油箱，缸杆伸出；当伺服阀右端通电，电磁阀换向，液压泵出口液压油进入液压缸右腔，液压缸另一腔油液回油箱，缸杆收缩。伺服阀阀两端都断电时，换向阀阀口处于中位，液压泵的液压油直接回油箱；换向阀处于工作位置时，高压油不仅将高压油路单向阀顶开供油，同时将低压油路上的液控单向阀打开，使油缸因此可回油。当系统压力超过溢流阀设定的压力时，溢流阀打开，液压油经过溢流阀回油箱导致系统压力下降。

8.1.2 液压伺服系统模型的建立

精密液压播种机采用的是阀控非对称缸的模型。系统的数学模型是不同的，该播种机的液压仿形系统在液压缸伸出时受力复杂，即负载力变化比较大，液压缸收缩时，不受地面的反作用力，只克服土壤阻力产生的力矩，因此只对液压缸伸出时进行仿真分析。

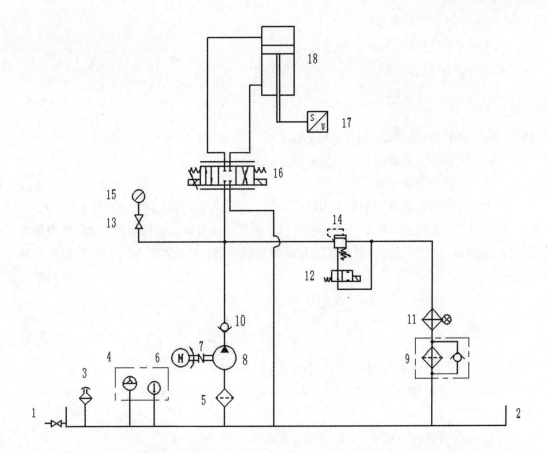

1—螺塞；2—油箱；3—空气滤清器；4—液位液温计；5—吸油过滤器；6—电机；7—联轴器；

8—定量泵；9—回油过滤器；10—单向阀；11—冷却器；12—电磁换向阀；13—截止阀；

14—溢流阀；15—压力表；16—伺服阀；17—位移传感器；18—液压缸

图 8.1 液压系统原理图

伺服阀的线性化流量方程是

$$q_L = K_q x_v - K_c p_L \tag{8.1}$$

流量增益和压力增益为

$$K_q = \frac{\partial q_L}{\partial x_v} = C_d \omega \sqrt{\frac{2(p_s - p_L)}{\rho(1 + n^3)}} \tag{8.2}$$

$$K_c = \frac{\partial q_L}{\partial p_L} = \frac{C_d \omega x_v}{\sqrt{2(p_s - p_L)\rho(1 + n^3)}} \tag{8.3}$$

在阀控缸动态分析的过程中，需要考虑液压缸的外泄露和油液的压缩性对流量的影响，负载流量为

$$q_L = A_1 \frac{dy}{dt} + C_{ic} p_L + C_{ec} p_s + \frac{V_t}{4\beta_e} \frac{dp_L}{dt} \tag{8.4}$$

式中，C_{ic}——负载泄露系数，$m^5/(N \cdot s)$；

C_{ec}——油源泄漏系数;

V_t——等效容积, $1.59 \times 10^{-4} \mathrm{m}^3$。

而液压缸力平衡方程为

$$A_1 p_L = m_t \frac{\mathrm{d}^2 y}{\mathrm{d}t^2} + B_p \frac{\mathrm{d}y}{\mathrm{d}t} + Ky + F \tag{8.5}$$

式中, m_t——活塞(含负载)的总质量, Kg;

B_p——活塞及负载的黏性阻尼系数, $\mathrm{N}/(\mathrm{m} \cdot \mathrm{s})$;

K——负载弹簧刚度, N/m;

以上为分析阀控液压缸的基本方程, 这3个方程描述了阀控缸的动态性能。

建模过程中忽略影响较小的管廊模板台车侧模在张开时的弹性负载, 由黏性摩擦力引起的泄漏流量所产生的活塞速度以及油源泄漏系数, 将基本方程进行拉普拉斯变换后, 得

$$Y = \frac{\dfrac{K_q}{A_1} X_v - \dfrac{K_{ce}}{A_1^2}\left(1 + \dfrac{V_t}{4\beta_e K_{ce}}s\right) F}{s\left(\dfrac{s^2}{\omega_h^2} + \dfrac{2\zeta_h}{\omega_h}s + 1\right)} \tag{8.6}$$

式中, K_{ce}——总流量压力系数, $K_{ce} = K_c + C_{ic}$, 其中 $K_c = 5.41 \times 10^{-13}$, $K_{ce} = 1.09 \times 10^{-12} \mathrm{m}^5 \cdot \mathrm{N}^{-1} \cdot \mathrm{s}^{-1}$;

ω_h——液压固有频率, $\mathrm{rad/s}$, $152.2 \mathrm{~rad/s}$;

ζ_h——液压阻尼比, 0.3;

B_p——较小可以忽略不计。

对指令输入 X_v 的传递函数为

$$\frac{Y}{X_v} = \frac{\dfrac{K_q}{A_1}}{s\left(\dfrac{s^2}{\omega_h^2} + \dfrac{2\zeta_h}{\omega_h}s + 1\right)} \tag{8.7}$$

对于干扰输入 F 的传递函数为

$$\frac{Y}{F} = \frac{-\dfrac{K_{ce}}{A_1^2}\left(1 + \dfrac{V_t}{4\beta_e K_{ce}}s\right)}{s\left(\dfrac{s^2}{\omega_h^2} + \dfrac{2\zeta_h}{\omega_h}s + 1\right)} \tag{8.8}$$

伺服放大器是高输出阻抗的电压与电流转换的元件, 频率比液压固有频率高得多, 可将其视为比例环节:

$$K_a = \frac{i(s)}{u_e(s)} \tag{8.9}$$

式中, $i(s)$——比例放大器的输出电流, A;

$u_e(s)$ ——伺服放大器的输出电压，V；

　　K_a ——伺服放大器的增益，A/V

位移传感器将位移信号转变为电压信号，此处将位移传感器看成比例环节：

$$K_f = \frac{u_f}{Y} \tag{8.10}$$

式中，Y ——液压缸活塞位移变化，m；

　　u_f ——位移传感器输出电压，V；

　　K_f ——位移传感器反馈增益，V/m，为 50 V/m。

当伺服阀频宽与液压固有频率接近时，伺服阀传递函数可视为二级振荡环节：

$$K_{sv}(s) G_{sv}(s) = \frac{q_0}{\Delta I} = \frac{K_{sv}}{\dfrac{s^2}{\omega_{sv}^2} + \dfrac{2\zeta_{sv}}{\omega_{sv}}s + 1} \tag{8.11}$$

其中，$K_{sv} = 0.0283$，$\omega_{sv} = 251.2$，$\zeta_{sv} = 0.7$。

则系统的开环传递函数为

$$
\begin{aligned}
G(S)H(S) &= \frac{K_V}{s\left(\dfrac{s^2}{\omega_{sv}^2} + \dfrac{2\zeta_{sv}}{\omega_{sv}}s + 1\right)\left(\dfrac{s^2}{\omega_h^2} + \dfrac{2\zeta_h}{\omega_h}s + 1\right)} \\
&= \frac{K_V}{s\left(\dfrac{s^2}{251.2^2} + \dfrac{2\times0.7}{251.2}s + 1\right)\left(\dfrac{s^2}{152.2^2} + \dfrac{0.6}{152.2}s + 1\right)}
\end{aligned} \tag{8.12}
$$

其中，K_v 为系统的开环增益，$K_v = K_a K_{sv} K_f / A_1$。

　　利用开环系统的 Bode 图来判断系统的稳定性以及稳定裕度，调整参数使裕量变大。通过相位裕度和幅值裕度的裕量可以确定伺服放大器的系数范围。通过 Matlab 求解该开环系统的幅值裕度和相位裕度，根据开环增益值的大小，取 $K_a = 0.02$，则系统的 Bode 图如图 8.2 所示。可以得出系统的幅值裕度为 9.85 dB，系统的相位裕量为 77°，此时满足幅值裕量的范围，因此该系统是稳定的。

8.1.3　液压系统的 MATLAB/Simulink 仿真

　　在系统建模仿真的过程中，重点考虑对精密液压播种机播种深度控制直接影响作用的因素。仿真的结果如图 8.3 和图 8.4 所示。从中可以看出，精密液压播种机的电液仿形系统对阶跃信号的响应时间大概在 0.25 s 到达了稳定的状态，但是距离目标值有一定的误差，误差为 1 mm。播种机电液仿形系统对正弦信号的响应存在明显的滞后，滞后时间大约在 0.03 s，在没有加控制器的条件下，系统的响应存在响应不迅速，响应滞后的问题，因此可以加入相应的控制算法，设计合理的控制器实现仿形系统对地面的仿形。

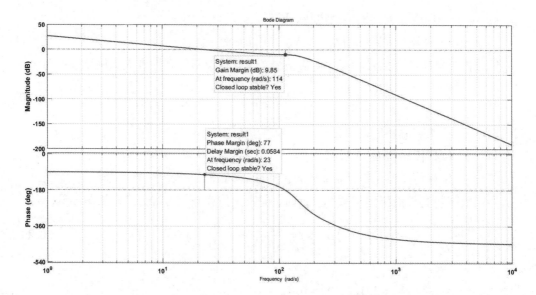

图 8.2　开环系统的伯德图

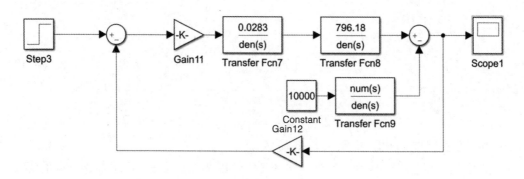

图 8.3　液压系统 Simulink 仿真模型

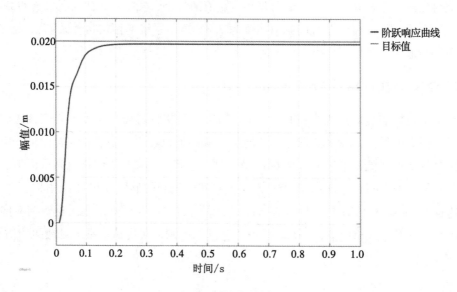

（a）阶跃响应输出曲线；

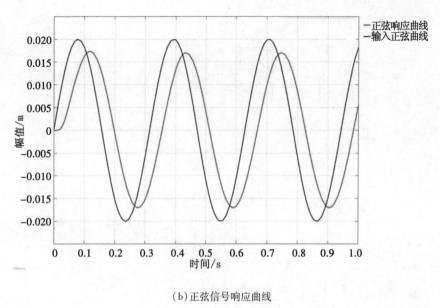

（b）正弦信号响应曲线

图 8.4　输出曲线

8.2　风力发电机变桨距液压系统的键合图法建模

8.2.1　风力发电机变桨距液压系统原理图

由于风力发电机变桨距液压系统控制的是桨叶的角度，即是控制液压缸的位移，所以属于位置控制系统。要保证桨叶的角度变化准确，就需要系统具有很好的位置精度，这样所设计的系统应为闭环系统。

电液比例控制系统有阀控和泵控两种控制方案，因本系统需要比较高的控制精度和响应精度，故选择阀控系统；液压系统的动力源有多种形式，如定量泵-比例溢流阀方式、定量泵-蓄能器-卸荷溢流阀方式、恒压变量泵-安全阀方式、恒压泵串联减压阀方式。本系统的功率较大，流量变化也相对较大，综合考虑各种方式的特点，选择恒压变量泵-安全阀方式，并在系统中安装蓄能器，以便可以减小系统压力的波动，起到稳压作用。综合以上几点，风力发电机变桨距液压系统原理图如图 8.5 所示。

整个液压系统的动力源是由电机驱动液压泵实现的。蓄能器的作用是在风速大于30 m/s 或泵源出现故障、风机紧急顺桨时为系统提供流量。

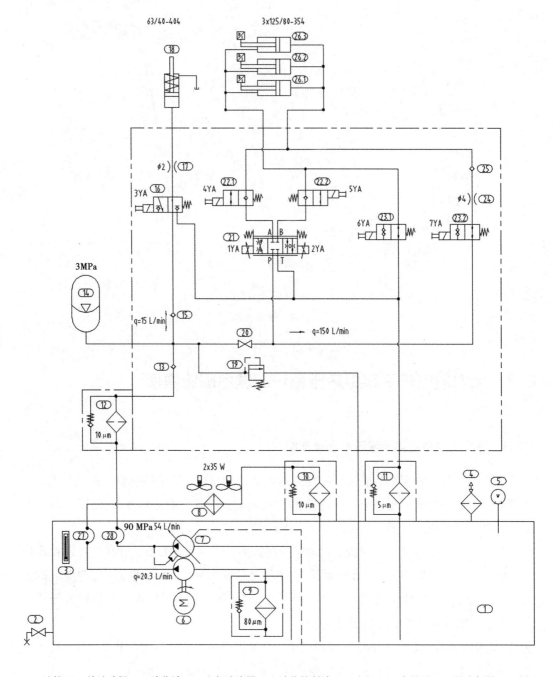

1—油箱；2—放油球阀；3—液位计；4—空气滤清器；5—液位控制计；6—电机；7—变量泵；8—风冷却器；9—循环吸油滤油器；10—循环回油滤油器；11—回路回油滤油器；12—高压过滤器；13—单向阀；14—蓄能器；15—单向阀；16—电磁球阀；17—阻尼器；18—制动液压缸；19—溢流阀；20—高压球阀；21—比例方向阀；22—电磁球阀；23—电磁球阀；24—阻尼器；25—单向阀；26—变桨距液压缸；27—软管；28—软管

图8.5　风力发电机变桨距液压系统原理图

8. 2. 2　液压缸输出力与阻力矩的关系

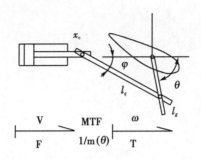

图 8.6　变桨驱动机构示意图及键合图模型

图 8.6 为变桨驱动器机构的动作示意图及键合图模型，由图可得几何关系式 (8.13)：

$$x_c = l_g\cos\theta + l_q\cos\varphi = l_g\cos\theta + l_q\sqrt{1 - (l_g\sin\theta/l_q)^2} \qquad (8.13)$$

对式 (8.13) 两边求导，有

$$\dot{x}_c = \left(-l_g\sin\sin\theta - l_q\frac{(l_g/l_q)^2\sin\sin\theta\cos\cos\theta}{\sqrt{1 - (l_g\sin\sin\theta/l_q)^2}}\right)\dot{\theta} \qquad (8.14)$$

若忽略各构件的质量及摩擦，在每一瞬间，输入功率等于输出功率，因此偏心块机构的数学模型可以用可调二通口转换器来表示。根据式 (8.14)，可有

$$\left.\begin{aligned} F &= \frac{T}{m(\theta)} \\ m(\theta) &= -l_g\sin\sin\theta - l_q\frac{(l_g/l_q)^2\sin\sin\theta\cos\cos\theta}{\sqrt{1 - (l_g\sin\sin\theta/l_q)^2}} \end{aligned}\right\} \qquad (8.15)$$

曲柄滑块机构的可调变换器中的模数就是变桨机构液压系统中的非线性因素。根据上述的受力分析，以 1 MW 的风力发电机组为例，液压缸的外负载力随 θ 值在区间 [10°，170°] 变化而成的曲线，如图 8.7 所示。随着节距角的变化，变桨驱动机构的外负载力将急剧地变化。

8. 2. 3　液压系统的数学建模

采用功率键合图以状态方程作为数学模型形式，能够方便、直观地考虑系统中的非线性环节。图 8.8 为根据变桨驱动机构建立的功率键合图模型。该模型对系统做了如下的简化：

① 忽略了液压缸的内泄漏影响；

② 变桨机构在紧急顺桨时，液压缸的负载力最大，因此在数学建模时仅考虑比例控制系统在顺桨时的工作状态，即仅考虑比例阀阀芯只在某一端移动的工作状态；

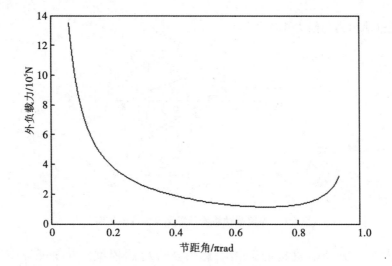

图 8.7　液压缸驱动力与节距角关系曲线

③ 溢流阀的模型用一个液阻来表示；

④ 液压缸中低压的一端液容效应忽略。

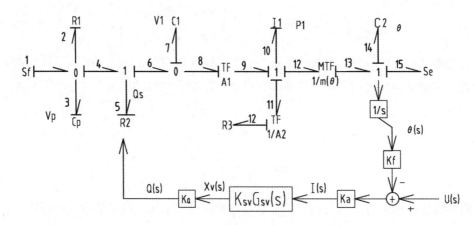

图 8.8　系统的键合图模型

图中 Q 为能量输入变量，u 为控制信号输入；图中的储能元件都具有积分因果关系。选择键合图中的惯性元件 I 和容性元件 C 上的能量变量作为系统的状态变量 $x_1 = V_1$，$x_2 = V_2$，$x_3 = P_1$，$x_4 = \theta$。按照键合图模型中的各节点关系推导出的功率流的势平衡方程和变位连续方程可以得到键合图部分的状态方程为

$$\left.\begin{array}{l}\dot{x}_1 = Q - Q_s - \dfrac{V_p}{C_p R_2} \\[3mm] \dot{x}_2 = Q_s - \dfrac{P_1 A_1}{I_1} \\[3mm] \dot{x}_3 = \dfrac{V_1 A_1}{C_1} - \dfrac{P_1 R_3 A_2{}^2}{I_1} - \left(\dfrac{\theta}{k} + S_e\right) m(\theta) \\[3mm] \dot{x}_4 = \dfrac{P_1}{I_1} m(\theta)\end{array}\right\} \tag{8.16}$$

只描述了系统的键合图部分的状态方程,方程组中仍然有不尽项 Q_s,需要结合控制信号的方块图进一步分析,才能完成的描述系统的状态变化。

图 8.8 描述了系统的反馈位置控制回路。由液压原理图 8.5 可知,变桨机构的液压系统为比例位置控制系统。式中的不尽项可以根据方块图描述的关系结合比例阀的传递函数确定:

$$\left.\begin{array}{l}Q_s(s) = K_q X_v(s) \\[2mm] I(s) = K_a(U(s) - K_f x_4(s)) \\[2mm] X_v(s) = K_{sv} G_{sv}(s) I(s)\end{array}\right\} \tag{8.17}$$

式中,$G_{sv}(s)$ 为比例阀的传递函数。

$$G_{sv} = \dfrac{1}{\left(\dfrac{s}{w_{sv}}\right)^2 + 2\xi \dfrac{s}{w_{sv}} + 1} \tag{8.18}$$

取拉普拉斯反变换,得

$$\left.\begin{array}{l}Q_s = K_Q x_v \\[2mm] i = K_a(u - K_f x_4) \\[2mm] \dfrac{1}{w_{sv}{}^2}\ddot{x}_v + \dfrac{2\xi}{w_{sv}}\dot{x}_v + x_v = K_{sv} i\end{array}\right\} \tag{8.19}$$

取变量 $x_5 = x_v$,$x_6 = \dot{x}_v$,则式(8.19)可以表达为

$$\left.\begin{array}{l}\dot{x}_5 = x_6 \\[2mm] \dot{x}_6 = w_{sv}^2 K_{sv} K_a(u - K_f x_4) - w_{sv}^2 x_5 - 2\xi w_{sv} x_6\end{array}\right\} \tag{8.20}$$

将式(8.16)与式(8.20)联立,即可得到系统的状态方程

$$\dot{X} = AX + BU \tag{8.21}$$

式中,$X = \begin{bmatrix} V_p & V_1 & P_1 & \theta & x_v & \dot{x}_v \end{bmatrix}$ 为系统的状态变量;$U = \begin{bmatrix} Q & Se & u \end{bmatrix}$ 为系统的输入;

$$A = \begin{bmatrix} -\dfrac{1}{C_pR_2} & 0 & 0 & 0 & -K_Q & 0 \\[2mm] 0 & 0 & -\dfrac{A_1}{I_1} & 0 & K_Q & 0 \\[2mm] 0 & \dfrac{A_1}{C_1} & 0 & -\dfrac{R_3A_2^2}{I_1} & -\dfrac{m(\theta)}{k} & 0 \\[2mm] 0 & 0 & \dfrac{m(\theta)}{I_1} & 0 & 0 & 0 \\[2mm] 0 & 0 & 0 & 0 & 0 & 1 \\[2mm] 0 & 0 & 0 & -K_{sv}K_aK_f\omega_{sv}^2 & K_a\omega_{sv}^2 & 2\xi\omega_{sv} \end{bmatrix}$$

$$B = \begin{bmatrix} 1 & 0 & 0 \\ 0 & 0 & 0 \\ 0 & -m(\theta) & 0 \\ 0 & 0 & 0 \\ 0 & 0 & 0 \\ 0 & 0 & K_{sv}K_a\omega_{sv}^2 \end{bmatrix}$$

8.3 预制地下综合管廊的多缸同步控制仿真

8.3.1 地下综合管廊模板同步设计简介

地下综合管廊是一条埋在地下的水泥管道走廊，内部集中安置各种类型的管线。地下综合管廊的兴起，有效地解决了城市路面反复开挖的问题，为了想要浇筑出不同截面形状的地下综合管廊作为内部支撑的内模板支撑动作需要液压系统来完成。由于由模板在顶升的过程中需要四缸完全同步，这就带来了一个问题——如果四缸运动稍有不同步，就会造成很大的偏载力和扭矩，进而损坏模板机构和管廊成品。由此可见其四缸同步的重要性。

预制地下综合管廊模板台车由内模板、中间钢架、导轨、托架和行走结构、液压系统、以及配重块六部分组成。内模板形状既为管廊构件的内部边界，其撑开后为一个口子形。中间钢架连接模板导轨和液压缸，也是主要承受混凝土压力的部分。导轨为模板收缩时起到导向作用。托架承受口子件重力和混凝土的压力，并与马达轨道和轮子共同组成行走机构。配重块置于托架之后，防止机构倾翻，如图 8.9 所示。

图 8.9　预制地下综合管廊板台车机构整体三维图

8.3.2　数学模型的建立

比例方向阀的传递函数为

$$G(s) = \frac{0.09}{\left(\dfrac{s^2}{314^2} + \dfrac{1.2}{314}s + 1\right)} \tag{8.22}$$

单缸模型传递函数为

$$G(s) = \frac{X_p(s)}{X_v(s)} = \frac{\dfrac{K_q}{A_1}}{s\left(\dfrac{s^2}{\omega_h^2} + \dfrac{2\zeta_h}{\omega_h}s + 1\right)} = \frac{307.3}{s\left(\dfrac{s^2}{314^2} + \dfrac{1.2}{314}s + 1\right)} \tag{8.23}$$

以负载压力 F 为输入的系统传递函数，得

$$G(s) = \frac{X_p(s)}{F_L(s)} = \frac{-\dfrac{K_{ce}}{A_1^2}\left(1 + \dfrac{V_t}{4\beta_e K_{ce}}s\right)}{s\left(\dfrac{s^2}{\omega_h^2} + \dfrac{2\zeta_h}{\omega_h}s + 1\right)} = -\frac{1.054 \times 10^{-6} + 2 \times 10^{-7}s}{s\left(\dfrac{s^2}{314^2} + \dfrac{1.2}{314}s + 1\right)} \tag{8.24}$$

控制系统最基本也是最重要的指标就是系统的稳定性，具有较好的同步性能及抗干扰性能。在控制系统的初步设计和校正中通常都采用频率特性的图解方法来进行分析，这就需要计算得到控制系统的开环传递函数。

开环放大系数为

$$K_v = K_a K_{sv} K_m K_q / A_1 = 55.73 \tag{8.25}$$

开环传递函数为

$$G(s) = \frac{K_\text{v}}{s\left(\dfrac{s^2}{\omega_\text{h}^2} + \dfrac{2\zeta_\text{h}}{\omega_\text{h}}s + 1\right)\left(\dfrac{s^2}{\omega_\text{sv}^2} + \dfrac{2\zeta_\text{sv}}{\omega_\text{sv}}s + 1\right)} \qquad (8.26)$$

将计算得到的参数带入开环传递函数,得

$$G(s) = \frac{55.73}{s\left(\dfrac{s^2}{314^2} + \dfrac{1.2}{314}s + 1\right)\left(\dfrac{s^2}{248.6^2} + \dfrac{1.2}{248.6}s + 1\right)} \qquad (8.27)$$

图 8.10 和图 8.11 所示分别为上模板多缸同步顶升系统的奈奎斯特图及伯德图。本文采用 MATLAB 软件绘制代替手动。

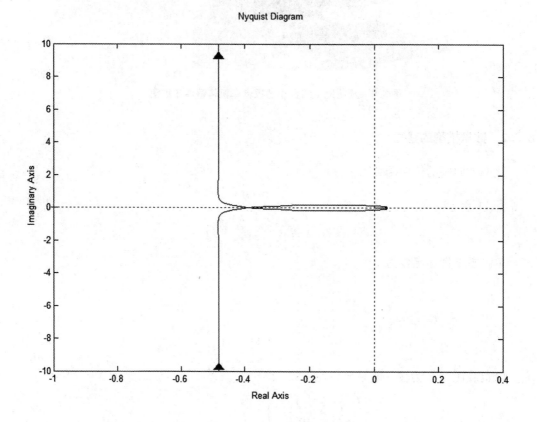

图 8.10 上模板同步系统奈奎斯特图

根据奈奎斯特图(图 8.10)的零极点分布和奈奎斯特稳定判据可知,该闭环系统是稳定。控制系统不仅需要简单的稳定,还需要较好的稳定程度,也就是系统的相对稳定性,用稳定裕量来表示。由伯德图(图 8.11)得到,上模板顶升控制系统的幅值裕度为 8.34 dB,幅值穿越频率为 157 rad/s,相位裕度为 61.1°,相位交界频率为 57 rad/s。

一般来说,液压控制系统都具有比较好性能的条件是:相位裕度大于等于 30°,幅值裕度大于等于 6 dB。根据图 8.11 得到的数据,可以证明对应的闭环系统是稳定的。

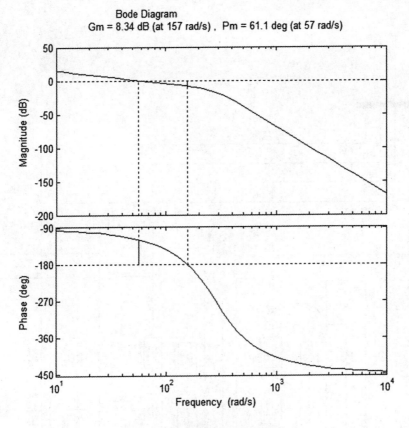

图 8.11　上模板同步系统伯德图

8.4　三缸、四缸同步顶升系统控制策略

在多缸同步系统中，各子系统的参数存在误差是导致不同步产生的根本原因，一方面这是因为各液压缸在生产及装配过程中无法保证完全一样，另一方面四缸同步系统是一个非线性的系统，在参数时变以及外界干扰的情况下，无法被完全测算。同步控制的目的即消除以上各误差的影响，从而实现各子系统的运动一致。多液压缸的同步控制要选取合适的同步控制方法，因为每种控制策略的适用场合不同，所以要根据实际情况判断。兼顾到实用性及控制效果，工程中常用的多液压缸同步控制方法主要有"主从同步方式"控制和"等同同步方式"控制。

在 MATLAB/Simulink 中建立四缸同步仿真模型和阶跃响应如图 8.12 所示。将第一个液压缸当作主动缸，其余 3 个液压缸作为从动缸。把主动缸的输出信号、阶跃输入信号 step 以及各从动缸反馈回来的电压信号进行叠加作为从动缸的输入信号。

在四缸同步 Simulink 仿真图中，如果 4 个缸的控制参数设置都相同，会导致 4 个液压缸的曲线完全相同，即使施加偏载力影响也很小。在现实生产中，即使同一厂家同一

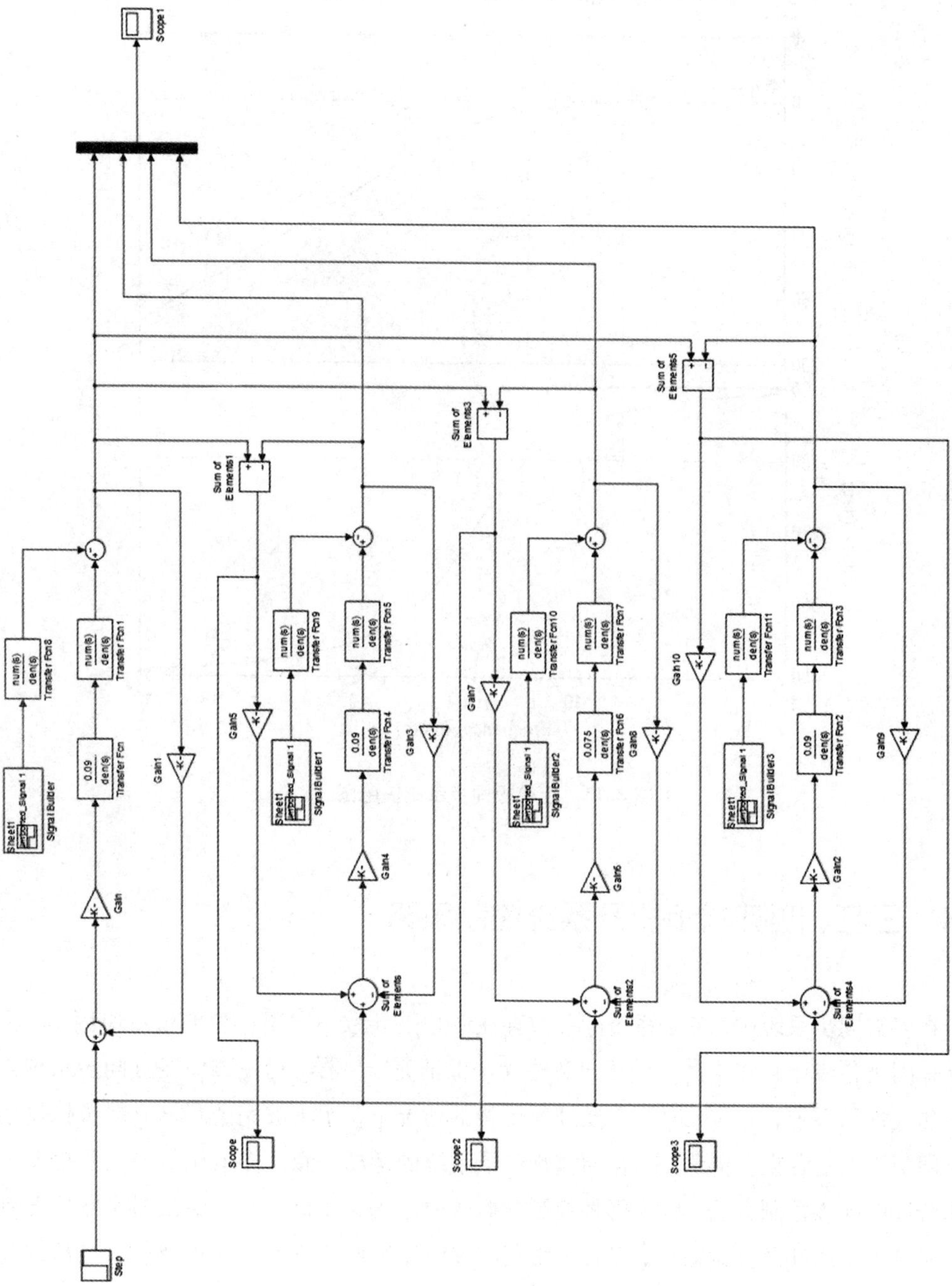

图8.12 四缸同步仿真图

批次生产出来的液压件，控制系统参数也不会完全相同，这就是通常所说的制造误差。因此 4 个相同的阀控缸系统也会存在不同步现象。另外，在同步举升的过程中，往往会伴随偏载的出现，这是因为一开始的不同步会造成上模板的变形和转动，根据刚性连接的假设，4 个缸的负载力就会不一样。同时，上模板生产过程中材料的不均匀导致重心的偏离，也会导致 4 个缸受到偏载力，如图 8.13 所示。

除了控制系数的微调，这里还引入 imported_Signal 模块来添加一个斜坡信号，模拟举升过程中的偏载现象。因为之前的信号模块只能设置单一的固定值，而 imported_Signal 模块可以直接调用 excel 表格事先编写好的数据，根据用户对复杂信号的不同需求，施加分段或斜坡信号。设置 4 个液压缸的斜坡信号要保证负载力之和等于上模板的重力 1.2×10^4 N。

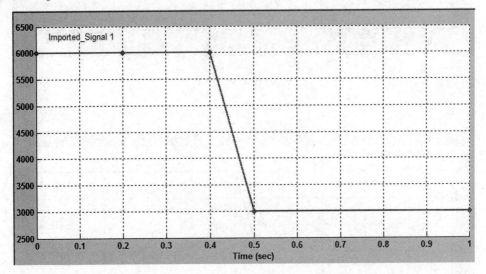

(a) 1 号缸负载力信号

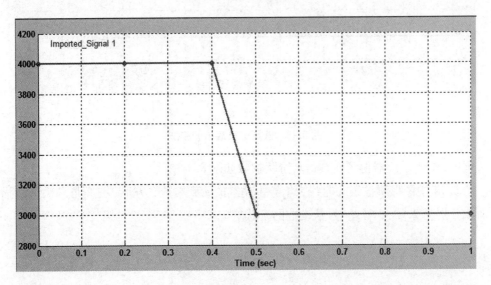

(b) 2 号缸负载力信号

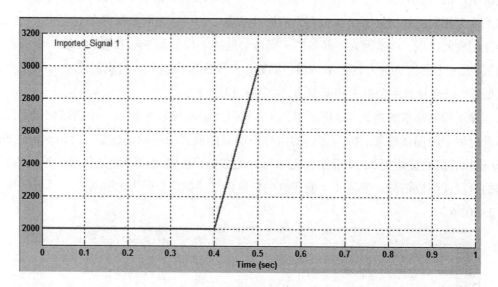

（c）3号缸负载力信号

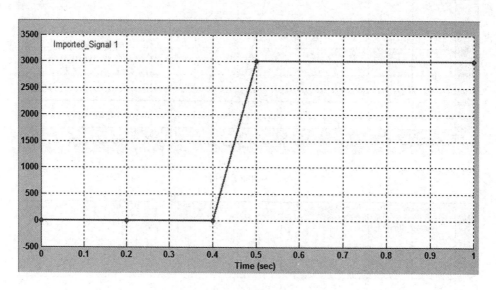

（d）4号缸负载力信号

图8.13 液压缸负载力的施加

调用 scope 示波器得到四缸仿真阶跃响应如图 8.14 所示：

图 8.14 中图形所描绘的曲线为 1 号主动缸的阶跃响应，方形、三角形和叉形所描绘的曲线分别为 2 号、3 号、4 号从动缸的阶跃响应。

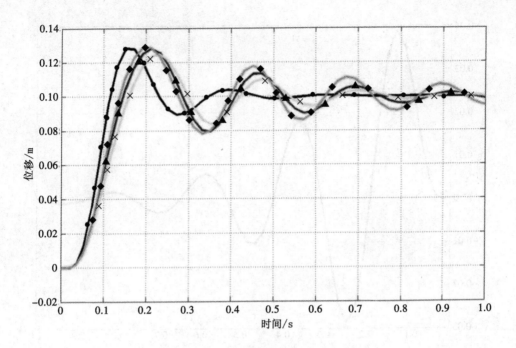

图 8.14　四缸同步阶跃响应

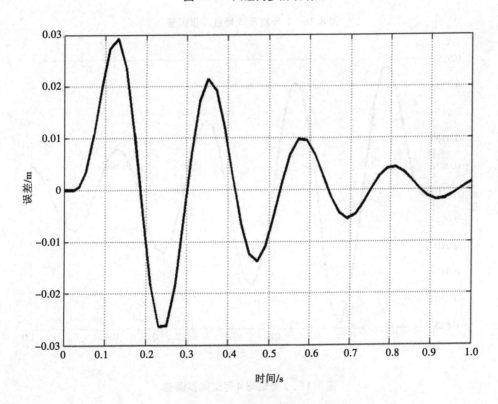

图 8.15　1 号缸与 2 号缸同步误差

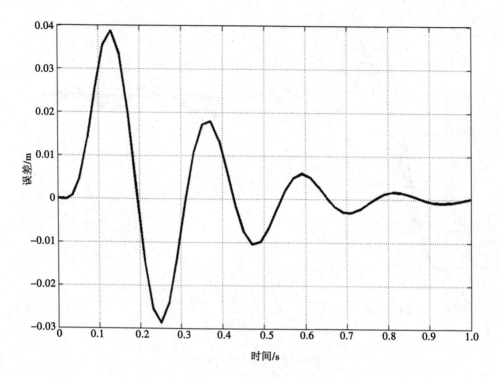

图 8.16　1 号缸与 3 号缸同步误差

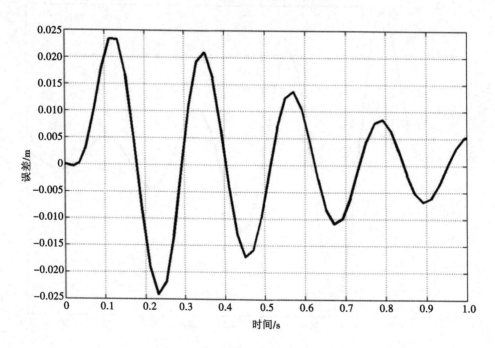

图 8.17　1 号缸与 4 号缸同步误差

由图可知，4 个缸之间同步误差较大，且从动缸均具有一定的滞后，整个系统的动态响应较慢。由图 8.15 至图 8.17 可知，1 号缸与 2 号缸有-26~28mm 的同步误差，1 号缸与 3 号缸有-28~39mm 的同步误差，1 号缸与 4 号有-24~23mm 的同步误差。综合考虑，系统无论动态性能还是同步精度都需要改善。

参考文献

[1] 李永堂,雷步芳.液压系统建模与仿真[M].北京:冶金工业出版社,2003.

[2] 温熙森.机械系统建模与动态分析[M].北京:科学出版社,2004.

[3] 蔡延文.液压系统现代建模方法[M].北京:中国标准出版社,2002.

[4] 雷天觉,杨尔庄.新编液压工程手册[M].北京:北京理工大学出版社,1999.

[5] 高钦和,马长林.液压系统动态特性建模仿真技术及应用[M].北京:电子工业出版社,2013.

[6] 李诗久.工程流体力学[M].北京:机械工业出版社,1990.

[7] 盛敬超.工程流体力学[M].北京:机械工业出版社,1988.

[8] 许益民.电液比例控制系统分析与设计[M].北京:机械工业出版社,2005.

[9] 李成功,和彦森.液压系统建模与仿真分析[M].北京:航空工业出版社,2008.

[10] 曹鑫铭.液压伺服系统[M].北京:冶金工业出版社,1991.

[11] 王春行.液压控制系统[M].北京:机械工业出版社,1999.

[12] 刘党辉.系统辨识方法及应用[M].北京:国防工业出版社,2010.

[13] 李鹏波,胡德文.系统辨识基础[M].北京:中国水利水电出版社,2006.

[14] 徐家蓓.控制系统数字仿真[M].北京:北京理工大学出版社,1998.

[15] 陆元章.液压系统的建模与分析[M].上海:上海交通大学出版社,1989.

[16] 吴跃斌,谢英俊,徐立.液压仿真技术的现在和未来[J].液压与气动,2002(11):1-3.

[17] 程不时.工程设计的系统工程[M].北京:航空工业出版社,1997.

[18] 宋俊,殷庆文.液压系统优化[M].北京:机械工业出版社,1996.

[19] 任锦堂.键图理论及应用[M].上海:上海交通大学出版社,1992.

[20] 蔡金师.动力学系统辨识与建模[M].北京:国防工业出版社,1991.

[21] 钱祥生.系统的建模与响应[M].北京:机械工业出版社,1990.

[22] 吴振顺.液压系统仿真与CAD[M].哈尔滨:哈尔滨工业大学出版社,2000.

[23] 李壮云.液压元件与系统[M].北京:机械工业出版社,1999.

[24] 阎世敏,李洪人.层流流体管路分段集中参数键图模型研究[J].工程设计学报,2002,9(3):113-115.

[25] 焦宗夏,华清,于凯.传输管道流固耦合振动的模态分析[J].航空学报,1990,40(4):316-320.

[26] 丛恒斌.液压油和软管的等效体积弹性模量测定[J].机床与液压,2010,38(5):81-83.

[27] 杨尚平,吴张永,杨晓玉,等.黏性阻尼系数的动态测试法[J].机床与液压,2005,1:80-82.

[28] 胡寿松.自动控制原理[M].北京:科学出版社,2007.

[29] 袁兆鼎,费景高,刘德贵.刚性常微分方程初值问题的数值解法[M].北京:科学出版社,2007.

[30] 葛渭高,田玉,廉海荣.应用常微分方程[M].北京:科学出版社,2010.

[31] 宋锦春.机械设计手册第4卷[M].5版,北京:机械工业出版社,2010.

[32] 宋锦春,陈建文.液压伺服与比例控制[M].北京:高等教育出版社,2013.

[33] 成大先.机械设计手册[M].北京:化学工业出版社,2004.

[34] 路甬祥.电液比例控制技术[M].北京:机械工业出版社,1988.

[35] 黎启柏.电液比例控制与数字控制系统[M].北京:机械工业出版社,1997.

[36] 宋锦春,苏东海,张志伟.液压与气压传动[M].北京:科学出版社,2006.

[37] 刘春荣,宋锦春,张志伟.液压传动[M].北京:冶金工业出版社,2005.

[38] 宋锦春.液压技术实用手册[M].北京:中国电力出版社,2011.

[39] 宋锦春.液压工必备手册[M].北京:机械工业出版社,2010.

[40] 关景泰.机电液控制技术[M].上海:同济大学出版社,2003.

[41] 董景新.控制工程基础[M].北京:清华大学出版社,1992.

[42] 张利平.现代液压技术应用220例[M].北京:化学工业出版社,2004.

[43] 张平格.液压传动与控制[M].北京:冶金工业出版社,2004.

[44] 李壮云,葛宜远.液压元件与系统[M].北京:机械工业出版社,2004.

[45] 杨逢瑜.电液伺服与电液比例控制技术[M].北京:清华大学出版社,2009.

[46] 王丹力.MATLAB控制系统设计仿真应用[M].北京:中国电力出版社,2007.

[47] 薛定宇,陈阳泉.基于MATLAB/Simulink的系统仿真技术与应用[M].北京:清华大学出版社,2002.

[48] 王沫然.Simulink建模及动态仿真[M].北京:电子工业出版社,2002.

[49] 马庆杰,宋锦春.新型浮动式管拧机液压夹钳装置的设计[J].机床与液压,2005(1):202-203.

[50] 宋锦春,王艳,张志伟.飞机拦阻系统电液比例控制研究[J].航空学报,2005,26(4):520-523.

[51] 陈建文,郝彦军,游显盛.弧形连铸机液压伺服振动台的研究[J].冶金设备,2006(6):52-55.

[52] FITCH E C, HONG I T.Hydraulic component design and selection[M].Stillwater:Bar-Dyne,Inc.,2010.